装备科技译著出版基金

球形阵列信号处理原理

[以色列] Boaz Rafaely 著

万群 邹麟 殷吉昊 等译

国防工业出版社

·北京·

著作权合同登记　图字：军-2018-040 号

图书在版编目（CIP）数据

球形阵列信号处理原理/（以）博阿兹·拉菲利（Boaz Rafaely）著；万群等译. —北京：国防工业出版社，2019.1

（高新科技译丛）

书名原文：Fundamentals of Spherical Array Processing

ISBN 978-7-118-11746-2

Ⅰ. ①球…　Ⅱ. ①博…　②万…　Ⅲ. ①信号处理　Ⅳ. ①TN911.7

中国版本图书馆 CIP 数据核字（2018）第 250975 号

※

国防工业出版社出版发行
（北京市海淀区紫竹院南路 23 号　邮政编码 100048）
三河市腾飞印务有限公司印刷
新华书店经售

*

开本 710×1000　1/16　印张 11¾　插页 4　字数 208 千字
2019 年 1 月第 1 版第 1 次印刷　印数 1—2000 册　定价 79.00 元

（本书如有印装错误，我社负责调换）

国防书店：（010）88540777　发行邮购：（010）88540776
发行传真：（010）88540755　发行业务：（010）88540717

谨以此著献给我的父母，Nitan 和 Rivka Rafaely！

前 言

麦克风阵列和与之相关的阵列处理技术在过去的数十年中，已经在许多应用领域得到了发展。这些应用涵盖了语音通信、音乐录音、室内声学分析、噪声控制、声学全息技术、防务与安全、娱乐和其他更多领域。在室内语音和音乐厅里的音乐中，声音往往会传输到整个密闭空间，由此产生了一个三维声场。能够有效测量和处理三维声场的麦克风阵列，通常需要在三维空间中的一个体积范围之内对麦克风进行布置。安装在一堵围墙上的平面阵列，业界几十年以来业已对其进行了长期的探究；在最近的一段时间里，球形阵列，比如麦克风安装在一个刚性球体上的阵列，已经被业界提出。这类阵列相对于经典的线性阵列、矩形阵列和圆形阵列，具有以下一些优势：

（1）具有复杂旋转对称性的球形阵列，易于空间滤波或者波束形成，可以被设计用于对任意方向的目标源进行有效的增强或者削弱。

（2）阵列处理和性能分析可以在球面谐波域上解析表示，对于球体而言正是其傅里叶域。该变换域有利于建构有效的算法，有利于对包含阵列及其周围声场的广阔的声场进行建模。

（3）波束形成可以通过从波束方向图指向上，对波束方向图设计进行解耦而高效地实现，因此，对于阵列实现而言，提供了更多的简化手段和灵活性。

上述优势促使越来越多的研究者，近年来对球形麦克风阵列进行了纵深探索，研究了球形阵列的结构配置，研发了适用于球形阵列的算法，使这些阵列在广泛的应用领域中大显身手。这些日益活跃的科学活动，为本书作者提供了撰写此书的动力和灵感：本书的宗旨是以一种指南的方式，将球形阵列处理的基本原理呈献给广大的研究学者、研究生和关注该主题的工程技术人员。

本书开头两章为读者提供了必要的数学和物理背景，包括对球面傅里叶变换和球谐波域上平面波声场建构的介绍。第三章涵盖了空域采样理论，这对于通过选择麦克风的位置，用以对空间中的声压函数进行采样是有帮助的。接下来的一章，将各种各样的球形阵列结构配置呈现给读者，其中包含了基于一个刚性球体的普遍性结构配置。第五章引入了波束形成的概念与基本方程，包括了常见的设计方法，诸如“延迟-求和”和常规波束形成。紧随其后的一章中，给出了波束方向图最优化设计方法，用以获得不同的设计目标，诸如最大鲁棒性、最大指向性或者最低旁瓣电平。最后一章介绍了更多先进的阵列处理算法，比如最小方差无失真响应算法。这些算法利用期望信号和噪声在球谐波域上独特的解析式，旨在衰减不期望的噪声成分的同时增强期望信号。

我本人对于球形阵列处理的兴趣，始于 2002 年对麻省理工学院“感官通信小组”为期 6 个月的访问，在此期间和 Julie Greenberg 共事，深切地享受了波士顿那让我兴奋的氛围。我想感谢 Julie 提供的这次机会，感谢她的热情款待和让我受益匪浅的讨论。在我访问波士顿期间，我接触了让我颇受启发的 Jens Meyer 和 Gary Elko 的关于球形阵列的著作。他们开拓性的工作播下了种子，那颗种子其后在我的实验室，即 Negev 的本·古里安声学实验室中茁壮成长。声学实验室中的研究，得到了大量研究生、博士后研究者和访问学者非常宝贵的支持协作。实验室轻松的氛围、强大的团队协作和无尽的讨论正是让我能够得以完成这本书的不竭动力。在此，我万分感谢声学实验室的研究者们：Jonathan Sheaffer 博士、Jonathan Rathsam 博士、Noam Shabtai 博士、Dror Lederman 博士、Yotam Peled 博士、Etan Fisher 博士、Vladimir Tournabin、Hai Morgenstern、David Alon、Koby Alhaiany、Mickey Jeffet、Elad Cohen、Dima Lvov、Or Nadiri、Shahar Villeval、Tal Szpruch、Nejem Hulihel、Ilan Ben-Hagai、Tomer Peleg、Amir Avni、Morag Agmon、Maor Klieder、Dima Haykin、Itai Peer 和 Ilya Balmages。同时，还要特别感谢在来实验室访问的 Franz Zotter 博士，其对本书原稿提出了有用的意见，也要感谢 Debbie Kedar 能够迅捷和专业地对本书进行编辑和校对。最后，感谢我的家人 Vered、Asaf、Yonathan 和 Tal 为我提供了宽松家庭环境，使我最终完成了作品。

Boaz Rafaely 于贝尔·谢巴

2014 年 12 月

目　录

第一章　数学背景知识

摘要： 本章给出了研究球形阵列处理所必需的数学背景知识。因为球形阵列在球面上典型的采样函数（如声压），因此，与一些球面上函数的实例一样，本章首先提出了球坐标系。球谐函数由于其构建了表征球面函数的一组基底，因此成为了本书的一个中心议题。接着本章定义并阐明了球谐函数，随后介绍了球面傅里叶变换，给出了希尔伯特空间里对球面函数的描述。本章最后以为球面函数定义的“旋转”“卷积”和“相关”等论题的说明作为结语。

1.1　球面函数

考虑标准笛卡儿坐标系中的坐标：

$$\boldsymbol{x} \equiv (x, y, z) \in \mathbb{R}^3 \tag{1.1}$$

式中：$\mathbb{R}^3$ 为实数的三维空间；$\boldsymbol{x}$ 为一个向量的几何标记法表示形式。具有单位半径的球形表面以 S^2 来表示，它在笛卡儿坐标系中可以被定义为

$$S^2 = \left\{\boldsymbol{x} \in \mathbb{R}^3 : \|\boldsymbol{x}\| = 1\right\} \tag{1.2}$$

它表征了距离原点为单位长度的所有位置，这里用 $\|\cdot\|$ 表示欧几里得范数。S^2 上的位置可以用俯仰角 θ 和方位角 ϕ 来表示，二者和径向距离（或者半径）一同定义了球坐标：

$$\boldsymbol{r} \equiv (r, \theta, \phi) \tag{1.3}$$

方位角 ϕ 通过测量从 x 轴向 y 轴方向旋转所掠过的角度得到，而俯仰角 θ 则通过测量从 z 轴向下转动而与之形成的夹角得到，如图 1.1 所示。

球坐标上的一个位置 $\boldsymbol{r} = (r, \theta, \phi)$ 可以通过式（1.4）映射到在笛卡儿坐标系中，以 $\boldsymbol{x} = (x, y, z)$ 所表示的同一位置，其映射关系为

$$\begin{cases} x = r\sin\theta\cos\phi \\ y = r\sin\theta\sin\phi \\ z = r\cos\theta \end{cases} \tag{1.4}$$

球面函数，或者说定义在单位球面上的函数，在本书中是至关重要的。下面举一个球面函数的例子：

$$f(\theta, \phi) = \sin^2\theta\cos(2\phi) \tag{1.5}$$

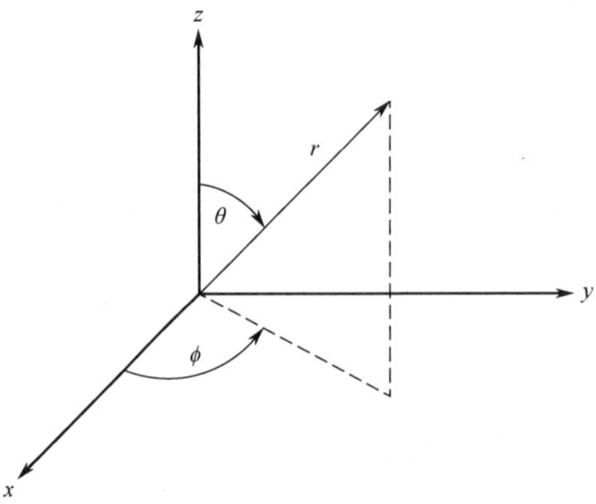

图 1.1　相对于笛卡儿坐标系所定义的球坐标系

这个函数可以通过各种方式形象地展示出来：如图 1.2 所示，可以采用一个单位球表面上的彩色图谱来展示；如图 1.3 所示，可以采用从一个单位球表面映射到 $\theta\phi$ 平面上的彩色等高线图谱来展现；如图 1.4 所示，还可以通过到原点的距离大小（球状图）来展示。在后面的图谱中，青（绿蓝）色阴影部分表示正值，而品红（紫红）色阴影部分表示负值。上述三幅图都展示了对于 θ 变量的一个最大值和两个零点，这是由于 $\sin^2\theta$ 这一项中 θ 的取值范围是 $\theta\in[0,\pi]$；而对于 ϕ 变量，则有两个最大值、两个最小值和四个零点，这是因为 $\cos(2\phi)$ 这一项中 ϕ 的取值范围是 $\phi\in[0,2\pi]$。

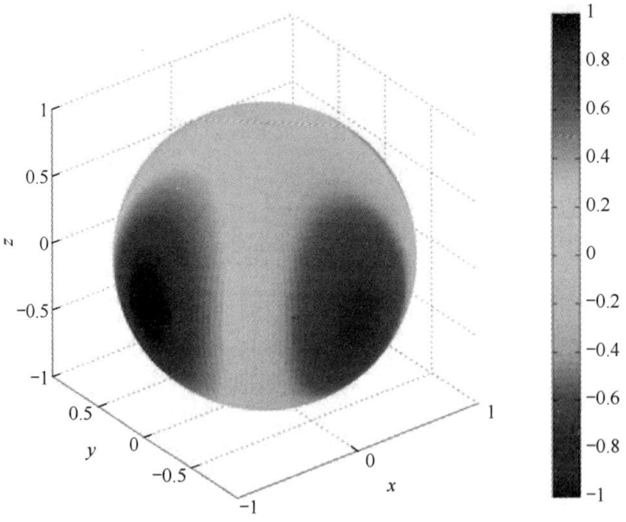

图 1.2　单位球表面上的函数 $f(\theta,\phi)=\sin^2\theta\cos(2\phi)$ 的图像（见彩图）

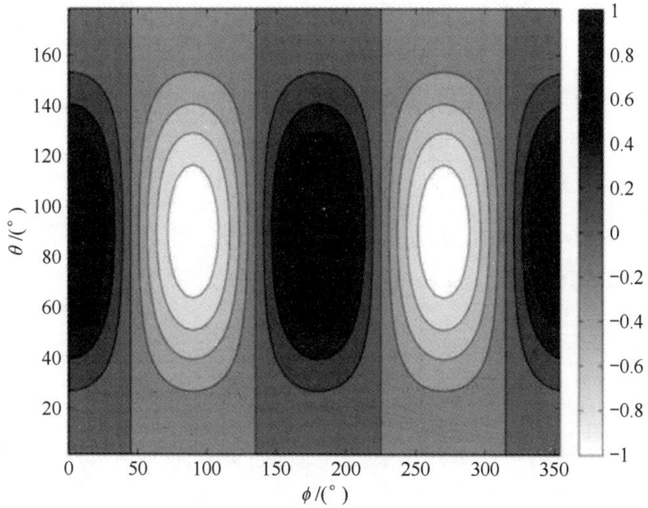

图 1.3　$\theta\phi$ 平面上的函数 $f(\theta,\phi)=\sin^2\theta\cos(2\phi)$ 的图像

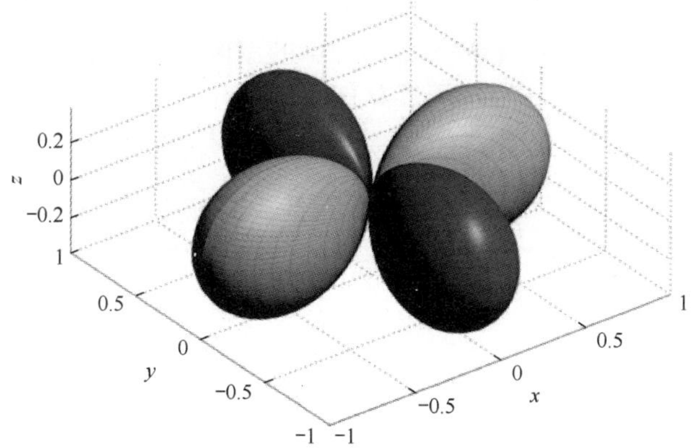

图 1.4　函数 $f(\theta,\phi)=\sin^2\theta\cos(2\phi)$ 的球状图，依据用 $\left|f(\theta,\phi)\right|$ 表示的到原点的距离进行绘制，其中青（绿蓝）色的阴影部分表示 f 的正值，品红（紫红）色的阴影部分表示 f 的负值（见彩图）

本书不只采用了单一的一种标记符来表示单位球面上的函数。一种直接采用球坐标系中的角度来表示的常见标记符也会用于此书，即

$$f(\theta,\phi),\quad (\theta,\phi)\in S^2 \tag{1.6}$$

有时候也希望采用一种更简洁的标记法，这种表示法将两个角度变量表示为一个单一的参数，如 $\mu\equiv\mu(\theta,\phi)$，函数可表示为

$$f(\theta,\phi),\quad \mu\equiv\mu(\theta,\phi)\in S^2 \tag{1.7}$$

最后，也可采用笛卡儿坐标来表征球面，此时采取下列符号来加以表示：

$$f(\boldsymbol{x}),\ \boldsymbol{x}=(\sin\theta\cos\phi,\ \sin\theta\sin\phi,\ \cos\theta)\in S^2 \tag{1.8}$$

1.2 球谐函数

在接下来各节中，单位球面上的函数将被表示为一组基函数的加权和，同时构成了球函数的傅里叶基底。这些基函数正是球谐函数，按照文献[56]定义如下：

$$Y_n^m(\theta,\phi)\equiv\sqrt{\frac{2n+1}{4\pi}\frac{(n-m)!}{(n+m)!}}P_n^m(\cos\theta)\mathrm{e}^{\mathrm{i}m\phi} \tag{1.9}$$

式中：$(\cdot)!$ 为阶乘函数；P_n^m 为连带勒让德函数；$m\in\mathbb{Z}$ 为函数次数的整数；$n\in\mathbb{N}$ 为函数阶数的自然数。

表 1.1 列出了阶数从 0 到 4 的球谐函数的表达式[54]。注意到球谐函数里有一个取决于 ϕ 的复指数，所以无论 ϕ 值如何变化，绝对值 $\left|Y_n^m(\theta,\phi)\right|$ 都是恒定不变的。因此，通常给出球谐函数实部和虚部的图像，而不是幅度和相位的图像。阶数 n 决定了 $\cos\theta$ 和 $\sin\theta$ 两项的最高幂次，同时也控制了球谐函数对于 θ 的依赖性；而次数 m 通过指数项 $\mathrm{e}^{\mathrm{i}m\phi}$ 决定了对于 ϕ 的依赖性。

表 1.1 阶数为 $n=0,\cdots,4$ 的球谐函数 $Y_n^m(\theta,\phi)$

$n=0$	$Y_0^0(\theta,\phi)=\sqrt{\frac{1}{4\pi}}$
$n=1$	$Y_1^{-1}(\theta,\phi)=\sqrt{\frac{3}{8\pi}}\sin\theta\mathrm{e}^{-\mathrm{i}\phi}$
	$Y_1^0(\theta,\phi)=\sqrt{\frac{3}{4\pi}}\cos\theta$
	$Y_1^1(\theta,\phi)=-\sqrt{\frac{3}{8\pi}}\sin\theta\mathrm{e}^{\mathrm{i}\phi}$
$n=2$	$Y_2^{-2}(\theta,\phi)=\sqrt{\frac{15}{32\pi}}\sin^2\theta\mathrm{e}^{-2\mathrm{i}\phi}$
	$Y_2^{-1}(\theta,\phi)=\sqrt{\frac{15}{8\pi}}\sin\theta\cos\theta\mathrm{e}^{-\mathrm{i}\phi}$
	$Y_2^0(\theta,\phi)=-\sqrt{\frac{5}{16\pi}}(3\cos^2\theta-1)$
	$Y_2^1(\theta,\phi)=-\sqrt{\frac{15}{8\pi}}\sin\theta\cos\theta\mathrm{e}^{\mathrm{i}\phi}$
	$Y_2^2(\theta,\phi)=\sqrt{\frac{15}{32\pi}}\sin^2\theta\mathrm{e}^{2\mathrm{i}\phi}$

（续表）

$n=3$	$Y_3^{-3}(\theta,\phi)=\sqrt{\frac{35}{64\pi}}\sin^3\theta e^{-3i\phi}$
	$Y_3^{-2}(\theta,\phi)=\sqrt{\frac{105}{32\pi}}\cos\theta\sin^2\theta e^{-2i\phi}$
	$Y_3^{-1}(\theta,\phi)=\sqrt{\frac{21}{64\pi}}\left(5\cos^2\theta-1\right)\sin\theta e^{-i\phi}$
	$Y_3^{0}(\theta,\phi)=\sqrt{\frac{7}{16\pi}}\left(5\cos^3\theta-3\cos\theta\right)$
	$Y_3^{1}(\theta,\phi)=-\sqrt{\frac{21}{64\pi}}\left(5\cos^2\theta-1\right)\sin\theta e^{i\phi}$
	$Y_3^{2}(\theta,\phi)=\sqrt{\frac{105}{32\pi}}\cos\theta\sin^2\theta e^{2i\phi}$
	$Y_3^{3}(\theta,\phi)=-\sqrt{\frac{35}{64\pi}}\sin^3\theta e^{3i\phi}$
$n=4$	$Y_4^{-4}(\theta,\phi)=\sqrt{\frac{315}{512\pi}}\sin^4\theta e^{-4i\phi}$
	$Y_4^{-3}(\theta,\phi)=\sqrt{\frac{315}{64\pi}}\cos\theta\sin^3\theta e^{-3i\phi}$
	$Y_4^{-2}(\theta,\phi)=\sqrt{\frac{45}{128\pi}}\left(7\cos^2\theta-1\right)\sin^2\theta e^{-2i\phi}$
	$Y_4^{-1}(\theta,\phi)=\sqrt{\frac{45}{64\pi}}\left(7\cos^3\theta-3\cos\theta\right)\sin\theta e^{-i\phi}$
	$Y_4^{0}(\theta,\phi)=\sqrt{\frac{9}{256\pi}}\left(35\cos^4\theta-30\cos^2\theta+3\right)$
	$Y_4^{1}(\theta,\phi)=-\sqrt{\frac{45}{64\pi}}\left(7\cos^3\theta-3\cos\theta\right)\sin\theta e^{i\phi}$
	$Y_4^{2}(\theta,\phi)=\sqrt{\frac{45}{128\pi}}\left(7\cos^2\theta-1\right)\sin^2\theta e^{2i\phi}$
	$Y_4^{3}(\theta,\phi)=-\sqrt{\frac{315}{64\pi}}\cos\theta\sin^3\theta e^{3i\phi}$
	$Y_4^{4}(\theta,\phi)=\sqrt{\frac{315}{512\pi}}\sin^4\theta e^{4i\phi}$

图 1.5 展示了球谐函数实部 $\mathrm{Re}\left\{Y_n^m(\theta,\phi)\right\}$ 和虚部 $\mathrm{Im}\left\{Y_n^m(\theta,\phi)\right\}$ 的球状图像，视角为 $(\theta,\phi)=\left(60^\circ,-127.5^\circ\right)$。图中各行展示了从 $n=0$（顶行）到 $n=4$（底行）的图像，而图中各列展示了从 $m=-n$（最左列）到 $m=n$（最右列）的图像。给出了 $m<0$ 时的 $\mathrm{Im}\left\{Y_n^m(\theta,\phi)\right\}$ 和 $m>0$ 时的 $\mathrm{Re}\left\{Y_n^m(\theta,\phi)\right\}$，实函数 $Y_n^0(\theta,\phi)$ 在正中的列上。为明晰起见，表 1.2 明确地说明了图 1.5 中给出的函数。图 1.5 显示出 Y_0^0 在球面上是恒定不变的，这与单极函数是类似的。阶数 $n=1$ 的球谐

函数的实部和虚部具有类似于偶极子的形状，而更高阶数的球谐函数随着 n 和 m 的增大，波瓣数量也随之增加，具有更为复杂的形状。

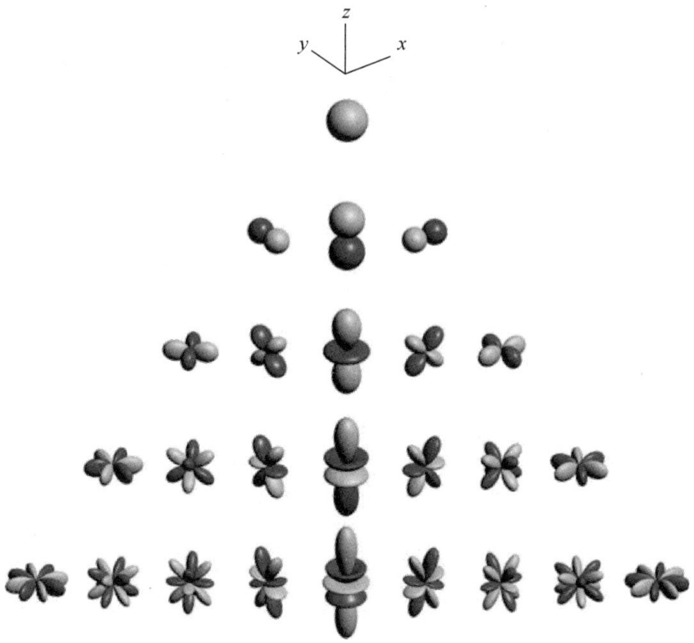

图 1.5 球谐函数的球状图，从 $n=0$（顶行）到 $n=4$（底行），实函数 $Y_n^0(\theta,\phi)$ 排在正中的列上。$\mathrm{Im}\{Y_n^m(\theta,\phi)\}(-n\leqslant m\leqslant -1)$ 排在左手边各列上，$\mathrm{Re}\{Y_n^m(\theta,\phi)\}(1\leqslant m\leqslant n)$ 排在右手边各列上。观察方向由图顶部给出的坐标轴的取向来指示。颜色表明了球谐函数的正负号，青（绿蓝）色阴影部分表示正值，而品红（紫红）色阴影部分表示负值（见彩图）

表 1.2 图 1.5 中函数图像的说明

Y_0^0
$\mathrm{Im}\{Y_1^{-1}\}\,Y_1^0\,\mathrm{Re}\{Y_1^1\}$
$\mathrm{Im}\{Y_2^{-2}\}\,\mathrm{Im}\{Y_2^{-1}\}\,Y_2^0\,\mathrm{Re}\{Y_2^1\}\,\mathrm{Re}\{Y_2^2\}$
$\mathrm{Im}\{Y_3^{-3}\}\,\mathrm{Im}\{Y_3^{-2}\}\,\mathrm{Im}\{Y_3^{-1}\}\,Y_3^0\,\mathrm{Re}\{Y_3^1\}\,\mathrm{Re}\{Y_3^2\}\,\mathrm{Re}\{Y_3^3\}$
$\mathrm{Im}\{Y_4^{-4}\}\,\mathrm{Im}\{Y_4^{-3}\}\,\mathrm{Im}\{Y_4^{-2}\}\,\mathrm{Im}\{Y_4^{-1}\}\,Y_4^0\,\mathrm{Re}\{Y_4^1\}\,\mathrm{Re}\{Y_4^2\}\,\mathrm{Re}\{Y_4^3\}\,\mathrm{Re}\{Y_4^4\}$

为了让球谐函数更加清楚地可视化，图 1.6 以和图 1.5 相似的方式展示了从 z 轴方向观察球谐函数的图像，也就是从上方俯视。在这种情况下，球谐函数实部和虚部的运转状态与方位角 ϕ 之间的关系清晰地展现出来。当 $m=0$ 时，无论 ϕ 如何变化，所有的球谐函数都是恒定不变的，而实部以 $\cos(m\phi)$ 的运转

状态呈现，虚部以 $\sin(m\phi)$ 的运转状态呈现。图 1.6 的左边部分（虚部，$m<0$）是该图右边部分（实部，$m>0$）旋转 $90^\circ/m$ 的结果。

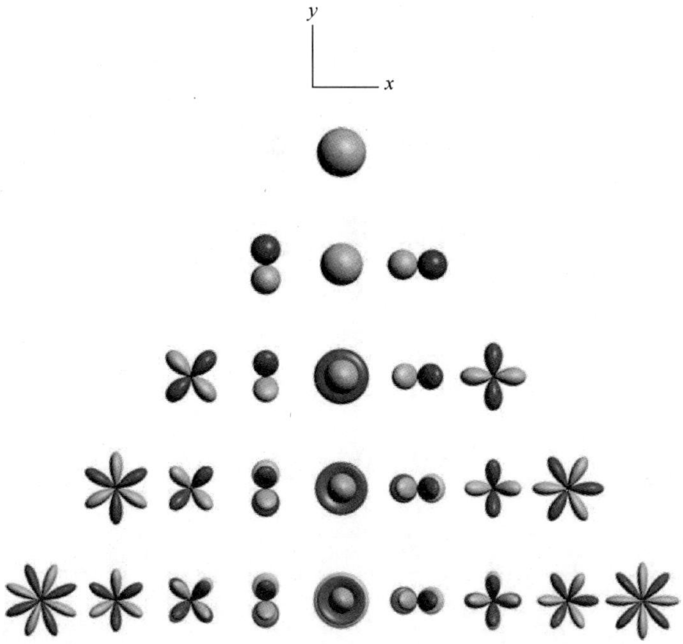

图 1.6　和图 1.5 相同，只是从 z 轴方向看（俯视图，见彩图）

图 1.7 和图 1.8 沿袭了与图 1.6 相同的方法，分别从 x 轴方向和 y 轴方向观察，更加清晰地展示了与 θ 的关系。由于含有 $\cos^n\theta$ 这一项，球谐函数 Y_n^0 在 $\theta=0$ 和 $\theta=\pi$ 处有一个高位值。其他球谐函数的运转状态更加复杂。例如，球谐函数 Y_n^n 和 Y_n^{-n} 与 $\sin^n\theta$ 项相关，如图 1.7 和图 1.8 中的视角所示，产生了“平坦”状的函数。

下面将给出球谐函数的一些性质，从基本性质开始，发展到包含积分、求和等其他性质。

- **复共轭。** 由于含有复指数项 $e^{im\phi}$，因此球谐函数是复函数，而连带勒让德函数 $P_n^m(\cos\theta)$ 全为实数。球谐函数的复共轭采用的表示方式为

$$\left[Y_n^m(\theta,\phi)\right]^* = (-1)^m Y_n^{-m}(\theta,\phi) \tag{1.10}$$

式（1.10）可由负值 m 的连带勒让德函数表达式（式（1.31））推导而来。复共轭性质也限定了 $Y_n^m(\theta,\phi)$ 和 $Y_n^{-m}(\theta,\phi)$ 的关系，这两项是相同阶数、相反次数的球谐函数。

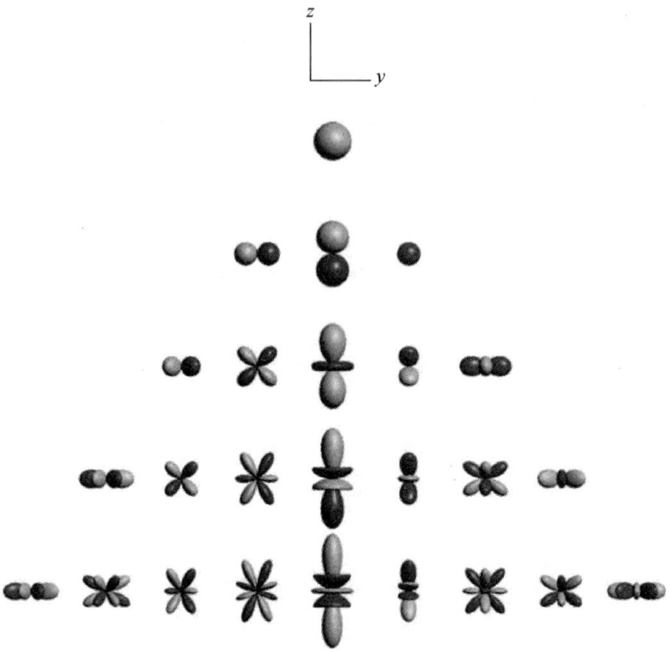

图 1.7　和图 1.5 相同，只是从 x 轴方向看（前视图，见彩图）

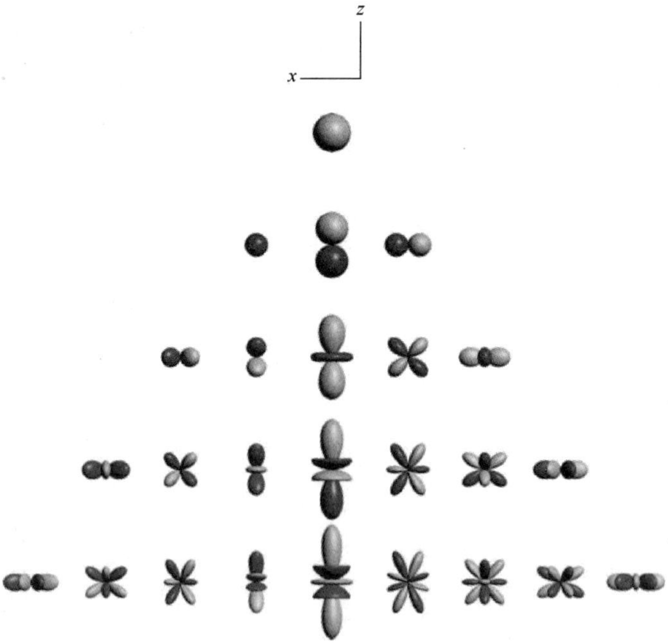

图 1.8　和图 1.5 相同，只是从 y 轴方向看（侧视图，见彩图）

- **次数值 m 的限制。**根据定义，次数高于阶数的球谐函数值为零，即

$$Y_n^m(\theta,\phi)=0,\ \ \forall|m|>n \tag{1.11}$$

- **球谐函数的零点。**球谐函数包含 $\sin^{|m|}\theta$ 项，界定了 $m\neq 0$ 时的函数零点，即

$$Y_n^m(0,\phi)=Y_n^m(\pi,\phi)=0,\ \ \forall m\neq 0 \tag{1.12}$$

- **$m=0$ 时的球谐函数。**当 $m=0$ 时，连带勒让德函数退化为勒让德多项式（参见 1.3 节），因此球谐函数有一个简化了的表达式：

$$Y_n^0(\theta,\phi)=\sqrt{\frac{2n+1}{4\pi}}P_n(\cos\theta) \tag{1.13}$$

这些球谐函数并不取决于 ϕ，且关于 z 轴对称，这一点在图 1.7 和图 1.8 的球谐函数中的正中一列上明确地展现出来。

- **$m=n$ 和 $m=-n$ 时的球谐函数。**对这些 m 的极值，球谐函数与 θ 具有正弦关系，且具有一个简化的形式：

$$\begin{cases} Y_n^{-n}(\theta,\phi)=\dfrac{1}{2^{n+1}n!}\sqrt{\dfrac{(2n+1)!}{\pi}}\sin^n\theta\mathrm{e}^{-\mathrm{i}n\phi} \\ Y_n^{n}(\theta,\phi)=\dfrac{(-1)^n}{2^{n+1}n!}\sqrt{\dfrac{(2n+1)!}{\pi}}\sin^n\theta\mathrm{e}^{\mathrm{i}n\phi} \end{cases} \tag{1.14}$$

- **随 θ 变化关于赤道 $\theta=\pi/2$ 具有镜面对称性。**球谐函数具有关于 θ 的镜面对称性，这使得上半球的函数与下半球的函数相等，取决于符号因子：

$$Y_n^m(\pi-\theta,\phi)=(-1)^{n+m}Y_n^m(\theta,\phi) \tag{1.15}$$

这种对称性通过球谐函数的实部和虚部在图 1.7 和图 1.8 中进行了明确地展示，其中的符号用不同颜色表示。当 $n+m$ 为偶数时，函数关于赤道对称；当 $n+m$ 为奇数时，函数关于赤道反对称。

- **关于 ϕ 对称。**由于含有指数函数，球谐函数关于 ϕ 镜面对称，这使得

$$Y_n^m(\theta,\phi+\pi)=(-1)^m Y_n^m(\theta,\phi) \tag{1.16}$$

这个性质在图 1.6 中进行了展示：当 m 为偶数时，球谐函数和由 ϕ 定义的圆周的另一边也与其对等；当 m 为奇数时，球谐函数和由 ϕ 定义的圆周的另一边异号（不同的颜色），沿着 ϕ 具有 180° 相移。

同样地，因为含有指数函数，另一个对称性体现在 ϕ 关于 x 轴对称：

$$Y_n^m(\theta,-\phi)=\left[Y_n^m(\theta,\phi)\right]^* \tag{1.17}$$

图 1.6 在该图的右手边各列上展示了球谐函数的实数部分，它们都关于 x 轴对称；而函数的虚部关于 x 轴反对称。

- **相反的方向。** 结合上面两条性质（式（1.15）和式（1.16）），球面在(θ,ϕ)相反方向$(\pi-\theta,\phi+\pi)$处的球谐函数可以写作

$$Y_n^m(\pi-\theta,\phi+\pi)=(-1)^n Y_n^m(\theta,\phi) \tag{1.18}$$

- **关于ϕ的周期性。** 由于球谐函数的指数项$e^{im\phi}$中，关于ϕ具有$2\pi/m$的周期，因此球谐函数也是周期的，满足

$$Y_n^m(\theta,\phi+2\pi/m)=Y_n^m(\theta,\phi) \tag{1.19}$$

函数的周期性在图 1.6 进行了展示，比如其中球谐函数的正中间那一列$(m=0)$在ϕ变化时恒定不变；当$m=\pm1$时，周期为2π；而当$m=\pm2$时，周期为π；依此类推。

下面的一系列性质与球谐函数在单位球上的积分相关。一般说来，如图 1.9 所示，半径为r的一个球面上的积分可以通过球面面积元来进行计算。每个球表面分块上沿着ϕ的长度由$r\sin\theta\,\mathrm{d}\phi$给出，这种方式表明了在方位角维度上，越靠近两级该分块越狭窄这一事实。每个分块沿着θ方向的宽度由$r\,\mathrm{d}\theta$给出。这一面积元可以定义为

$$r^2\mathrm{d}\Omega=r^2\sin\theta\,\mathrm{d}\theta\,\mathrm{d}\phi \tag{1.20}$$

式中：Ω为立体角；$\mathrm{d}\Omega$为一个单位球面上被$\sin\theta\,\mathrm{d}\theta\,\mathrm{d}\phi$所覆盖的面积元。若在球面上进行更为精细化的网格划分，面积元将会变得微乎其微，面积可以通过对整个球面的积分进行计算：

$$r^2\int_{S^2}\mathrm{d}\Omega=r^2\int_0^{2\pi}\int_0^{\pi}\sin\theta\,\mathrm{d}\theta\mathrm{d}\phi=r^2\int_0^{2\pi}\int_{-1}^{1}\mathrm{d}z\mathrm{d}\phi=4\pi r^2 \tag{1.21}$$

其中，$z=\cos\theta$被替代用于导出最后的积分。

接下来将会呈现和球谐函数积分、求和相关的性质。

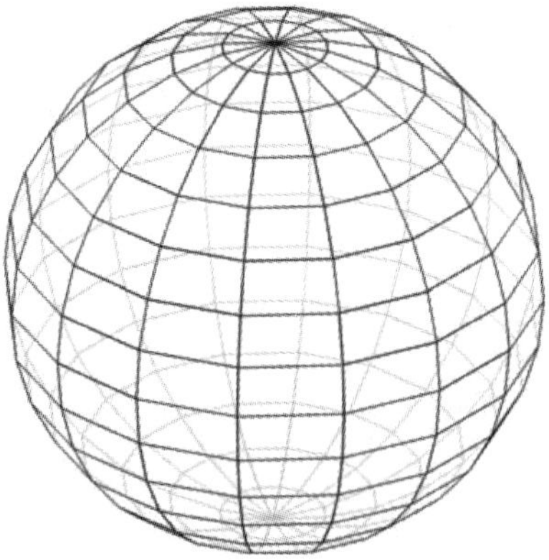

图 1.9　面积元在一个球面上的示例

- **球谐函数的积分。**除了零阶球谐函数以外，单位球上所有球谐函数的积分都为零：

$$\int_0^{2\pi}\int_0^{\pi} Y_n^m(\theta,\phi)\sin\theta\,\mathrm{d}\theta\mathrm{d}\phi=\sqrt{4\pi}\delta_{n0}\delta_{m0} \tag{1.22}$$

式中：δ_{n0} 为 Kronecker-delta 函数，除了 $n=0$ 以外，它对所有 n 的函数值都为零。

- **球谐函数的正交性。**上一项性质可以通过球表面上球谐函数的正交特性迅速推导得出：

$$\int_0^{2\pi}\int_0^{\pi}\left[Y_n^m(\theta,\phi)\right]^* Y_{n'}^{m'}(\theta,\phi)\,\sin\theta\,\mathrm{d}\theta\mathrm{d}\phi=\delta_{nn'}\delta_{mm'} \tag{1.23}$$

其中，当 $n=n'$ 时，$\delta_{nn'}=1$；其他情况下，$\delta_{nn'}=0$。

- **球谐函数的完备性。**完备性规定

$$\sum_{n=0}^{\infty}\sum_{m=-n}^{n}\left[Y_n^m(\theta,\phi)\right]^* Y_n^m(\theta',\phi')=\delta(\cos\theta-\cos\theta')\delta(\phi-\phi') \tag{1.24}$$

式中：$\delta(\cos\theta)\delta(\phi)$ 为球面上的 Dirac-delta 函数，在 $(\theta,\phi)=(\pi/2,0)$ 以外的其余各处均为零，并且满足

$$\int_0^{2\pi}\int_0^{\pi}\delta(\cos\theta)\delta(\phi)\sin\theta\,\mathrm{d}\theta\mathrm{d}\phi=\int_0^{2\pi}\int_{-1}^{1}\delta(z)\delta(\phi)\mathrm{d}z\mathrm{d}\phi=1 \tag{1.25}$$

其中，$z=\cos\theta$ 用于解除 Dirac-delta 函数和余弦函数的相关性。

- **球谐函数的加法定理。**另一个与完备性相关的性质是加法定理，该定理包含了关于 m 的一个累加：

$$\sum_{m=-n}^{n}\left[Y_n^m(\theta,\phi)\right]^* Y_n^m(\theta',\phi')=\frac{2n+1}{4\pi}P_n(\cos\Theta) \tag{1.26}$$

其中

$$\cos\Theta=\cos\theta\cos\theta'+\cos(\phi-\phi')\sin\theta\sin\theta' \tag{1.27}$$

式中：Θ 为 (θ,ϕ) 与 (θ',ϕ') 的夹角；$P_n(\cdot)$ 为勒让德多项式。

1.3 指数函数和勒让德函数

1.2 节中给出的球谐函数的性质，是构成球谐函数的函数所具备性质的直接结果，如复指数函数 $\mathrm{e}^{\mathrm{i}m\phi}$、连带勒让德函数 $P_n^m(\cos\theta)$ 和当 $m=0$ 时的勒让德多项式 $P_n(\cos\theta)$。因此，这些函数和它们的一些性质将在本节呈现。复指数函

数在信号处理领域中被广泛应用，构成了一组圆函数的完备正交基，即

$$\sum_{m=-\infty}^{\infty} \mathrm{e}^{-\mathrm{i}m\phi}\mathrm{e}^{\mathrm{i}m\phi'} = 2\pi\delta(\phi-\phi') \tag{1.28}$$

$$\frac{1}{2\pi}\int_0^{2\pi} \mathrm{e}^{-\mathrm{i}m\phi}\mathrm{e}^{\mathrm{i}m'\phi}\mathrm{d}\phi = \delta_{mm'} \tag{1.29}$$

此外，复指数体现了变量 ϕ 对球谐函数运行状态的影响。由于定义在单位圆上，因此，当 $|m|>0$ 时，复指数函数的周期为 $2\pi/m$，且具有单位幅值，这也是球谐函数是复函数，而不是实函数的原因。

连带勒让德函数，这一在信号处理或工程应用上不如复指数常见的函数，将在本节中更为详细地介绍。这些函数是通过对勒让德多项式求导而推导出来的，本节也将其展示为

$$P_n^m(x) = (-1)^m\left(1-x^2\right)^{\frac{m}{2}}\frac{\mathrm{d}^m}{\mathrm{d}x^m}P_n(x),\quad x\in[-1,1] \tag{1.30}$$

表 1.3 展示了阶数为 0 到 4 的连带勒让德函数的表达式。图 1.10 展示了 $m \geqslant 0$ 时 $P_n^m(x)$ 的图像。m 为负值的连带勒让德函数，与 m 为正值的连带勒让德函数是成比例的：

$$P_n^{-m}(x) = (-1)^m\frac{(n-m)!}{(n+m)!}P_n^m(x) \tag{1.31}$$

表 1.3　阶数为 $n=0,\cdots,4$ 的连带勒让德函数 $P_n^m(x)$

$n=0$	$P_0^0(x)=1$
$n=1$	$P_1^{-1}(x)-\frac{1}{2}\left(1-x^2\right)^{\frac{1}{2}}$
	$P_1^0(x)=x$
	$P_1^1(x)=-\left(1-x^2\right)^{\frac{1}{2}}$
$n=2$	$P_2^{-2}(x)=\frac{1}{8}\left(1-x^2\right)$
	$P_2^{-1}(x)=\frac{1}{2}x\left(1-x^2\right)^{\frac{1}{2}}$
	$P_2^0(x)=\frac{1}{2}\left(3x^2-1\right)$
	$P_2^1(x)=-3x\left(1-x^2\right)^{\frac{1}{2}}$
	$P_2^2(x)=3\left(1-x^2\right)$

（续表）

$n=3$	$P_3^{-3}(x)=\frac{1}{48}\left(1-x^2\right)^{\frac{3}{2}}$
	$P_3^{-2}(x)=\frac{1}{8}x\left(1-x^2\right)$
	$P_3^{-1}(x)=\frac{1}{8}\left(5x^2-1\right)\left(1-x^2\right)^{\frac{1}{2}}$
	$P_3^{0}(x)=\frac{1}{2}\left(5x^3-3x\right)$
	$P_3^{1}(x)=-\frac{3}{2}\left(5x^2-1\right)\left(1-x^2\right)^{\frac{1}{2}}$
	$P_3^{2}(x)=15x\left(1-x^2\right)$
	$P_3^{3}(x)=-15\left(1-x^2\right)^{\frac{3}{2}}$
$n=4$	$P_4^{-4}(x)=\frac{1}{384}\left(1-x^2\right)^{2}$
	$P_4^{-3}(x)=\frac{1}{48}x\left(1-x^2\right)^{\frac{3}{2}}$
	$P_4^{-2}(x)=\frac{1}{48}\left(7x^2-1\right)\left(1-x^2\right)$
	$P_4^{-1}(x)=\frac{1}{8}\left(7x^3-3x\right)\left(1-x^2\right)^{\frac{1}{2}}$
	$P_4^{0}(x)=\frac{1}{8}\left(35x^4-30x^2+3\right)$
	$P_4^{1}(x)=-\frac{5}{2}\left(7x^3-3x\right)\left(1-x^2\right)^{\frac{1}{2}}$
	$P_4^{2}(x)=\frac{15}{2}\left(7x^2-1\right)\left(1-x^2\right)$
	$P_4^{3}(x)=-105x\left(1-x^2\right)^{\frac{3}{2}}$
	$P_4^{4}(x)=105\left(1-x^2\right)^{2}$

m 为负值的连带勒让德函数没有在图 1.10 中列出。图 1.10 中曲线所示的 $P_n^m(x)$ 的运转状态，体现了在图 1.7 和图 1.8 中列出的球谐函数关于俯仰角 θ 的运转状态。

对于对不同阶数 n、相同次数 m 的连带勒让德函数，在积分下是正交的，即满足

$$\int_{-1}^{1} P_n^m(x) P_{n'}^m(x)\mathrm{d}x=\frac{2}{2n+1}\frac{(n+m)!}{(n-m)!}\delta_{nn'},\quad -n\leqslant m\leqslant n \qquad (1.32)$$

这一性质体现了沿着 θ 积分时球谐函数的正交性，即式（1.23）。联立式（1.32）和式（1.29）（指数函数的正交性），可以直接推导出球谐函数的正交性，即式（1.23）。

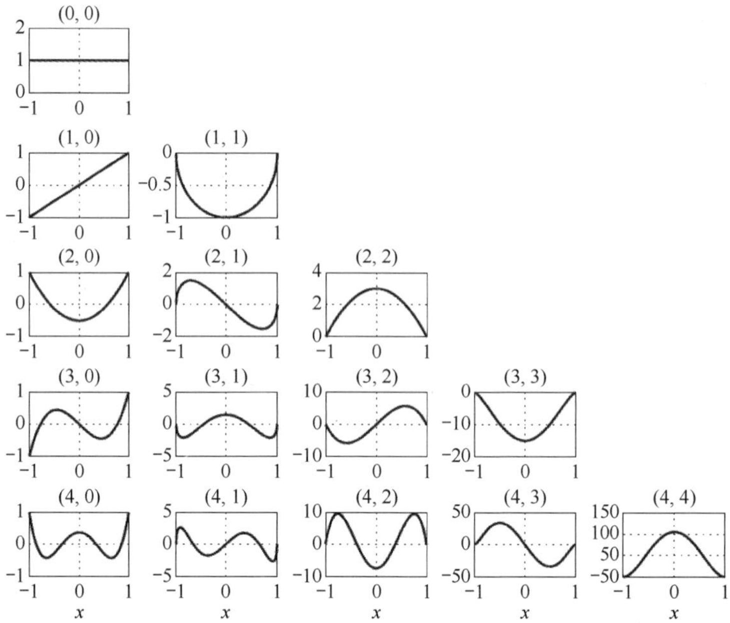

图 1.10　连带勒让德函数 $P_n^m(x)$，标记了每一幅图对应的 (m,n)

对于 $m=0$ 时的连带勒让德函数值，即 $P_n^0(x)$，或者是 $m=0$ 时的球谐函数值，即 $Y_n^0(\theta,\phi)$，由满足下式的勒让德多项式确定：

$$P_n(x)=P_n^0(x) \tag{1.33}$$

表 1.4 给出了阶数从 0 到 4 的勒让德多项式的表达式。图 1.11 展示了 $n=0,\cdots,4$ 时 $P_n(x)$ 的图像。请注意，这些曲线与表示连带勒让德函数的图 1.10 中最左列的曲线是一样的。

表 1.4　阶数为 $n=0,\cdots,4$ 的勒让德多项式 $P_n(x)$

$P_0(x)=1$
$P_1(x)=x$
$P_2(x)=\frac{1}{2}(3x^2-1)$
$P_3(x)=\frac{1}{2}(5x^3-3x)$
$P_4(x)=\frac{1}{8}(35x^4-30x^2+3)$

勒让德多项式可以由下列求导公式直接推导得出：

$$P_n(x)=\frac{1}{2^n n!}\frac{\mathrm{d}^n}{\mathrm{d}x^n}(x^2-1)^n \tag{1.34}$$

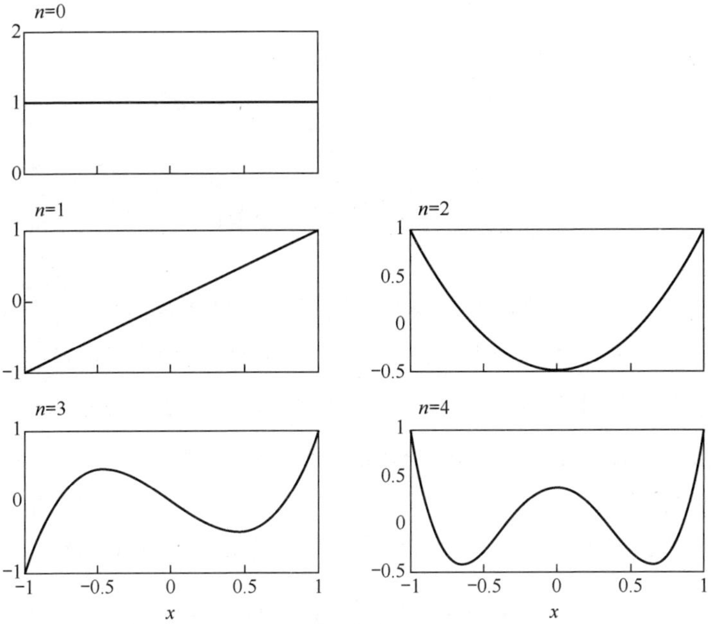

图 1.11 阶数为 $n=0,\cdots,4$ 的勒让德多项式 $P_n(x)$

勒让德多项式在线段 $x\in[-1,1]$ 上构成了基函数中的一组完备正交基，它们存在于 $L_2([-1,1])$ 中（该线段上平方可积函数的空间），并且满足[4]

$$\sum_{n=0}^{\infty}\frac{2n+1}{2}P_n(x)P_n(x')=\delta(x-x') \tag{1.35}$$

$$\int_{-1}^{1}P_n(x)P_{n'}(x)\mathrm{d}x=\frac{2}{2n+1}\delta_{nn'} \tag{1.36}$$

因此，可以像式（1.48）将要给出的那样定义一个勒让德变换，或者是傅里叶勒让德级数[4]。将式（1.26）代入式（1.24），或者仅将 $x'=1$ 和 $P_n(1)=1$ [4]代入式（1.35），可以得到

$$\sum_{n=0}^{\infty}\frac{2n+1}{2}P_n(x)=\delta(x-1) \tag{1.37}$$

上述等式可以视为勒让德级数对，即 $\frac{2n+1}{2}$ 和 $\delta(\cos\Theta-1)$，其中按照式（1.27）定义的 Θ 是 (θ,ϕ) 与 (θ',ϕ') 的夹角。式（1.35）在关于 n 的一个有限求和的形式可以和在文献[2]中一样，写作

$$\sum_{n=0}^{N}(2n+1)P_n(x)P_n(x')=\frac{N+1}{x-x'}\left[P_{N+1}(x)P_N(x')-P_N(x)P_{N+1}(x')\right] \tag{1.38}$$

式（1.38）就是广为人知的Christoffel求和公式[50]。将 $x'=1$ 和 $P_n(1)=1$ 代入，式（1.37）也可以写为关于 n 的一个有限求和形式：

$$\sum_{n=0}^{N}(2n+1)P_n(x)=\frac{N+1}{x-1}\left[P_{N+1}(x)-P_N(x)\right] \tag{1.39}$$

1.4 球傅里叶变换

基于球谐函数，本节将介绍球傅里叶变换。球谐函数集合 $Y_n^m(\theta,\phi)$，在 $n\geqslant 0$ 和 $-n\leqslant m\leqslant n$ 时，可用以构成球面上许多不同的函数。事实上，$Y_n^m(\theta,\phi)$ 构成了希尔伯特空间 $L_2(S^2)$ 中的一组基，这组基是单位球上所有平方可积函数的集合。范数 L_2 说明球谐函数可以构成一个具有平方积分误差逐渐减小的、任意平方可积的函数。

一个函数 $f(\theta,\phi)\in L_2(S^2)$ 可以通过球谐函数的一组加权和表示为

$$f(\theta,\phi)=\sum_{n=0}^{\infty}\sum_{m=-n}^{n}f_{nm}Y_n^m(\theta,\phi) \tag{1.40}$$

式中，f_{nm} 为加权值。这些权值构成了 $f(\theta,\phi)$ 的球傅里叶变换，并且可以从 $f(\theta,\phi)$ 中通过下式推导得出：

$$f_{nm}=\int_0^{2\pi}\int_0^{\pi}f(\theta,\phi)\left[Y_n^m(\theta,\phi)\right]^*\sin\theta\,\mathrm{d}\theta\mathrm{d}\phi \tag{1.41}$$

式（1.41）和式（1.40）分别构成了球傅里叶变换和它的逆变换。虽然本书中（和别处）标记为“变换”，但傅里叶级数可能会是一个更为合适的命名方式，因为式（1.40）含有一项求和而非一项积分，f_{nm} 是离散的而非连续的，且 $f(\theta,\phi)$ 在 (θ,ϕ) 具有一个有限的支撑，正如在 $\mathbb{R}$ 上周期函数的傅里叶级数的表现形式一样。

$f(\theta,\phi)\in L_2(S^2)$ 这一要求，也是有界球傅里叶变换的一个充分条件，即 $|f_{nm}|<\infty$（$n\in N$，$-n\leqslant m\leqslant n$）。证明过程使用了柯西–施瓦茨不等式，如下所示：

$$\begin{aligned}|f_{nm}|^2&=\left|\int_0^{2\pi}\int_0^{\pi}f(\theta,\phi)\left[Y_n^m(\theta,\phi)\right]^*\sin\theta\,\mathrm{d}\theta\mathrm{d}\phi\right|^2\\&\leqslant\int_0^{2\pi}\int_0^{\pi}|f(\theta,\phi)|^2\sin\theta\,\mathrm{d}\theta\mathrm{d}\phi\times\int_0^{2\pi}\int_0^{\pi}|Y_n^m(\theta,\phi)|^2\sin\theta\,\mathrm{d}\theta\mathrm{d}\phi\\&=\int_0^{2\pi}\int_0^{\pi}|f(\theta,\phi)|^2\sin\theta\,\mathrm{d}\theta\mathrm{d}\phi<\infty\end{aligned} \tag{1.42}$$

其中，正交特性（式（1.23））被用于计算$\left|Y_n^m(\theta,\phi)\right|^2$的积分，且$f\in L_2(S^2)$被代入用以导出最后的不等式。式（1.42）表明$L_2(S^2)$中的任何函数都具有有界系数的球傅里叶变换。这显然是一项充分条件而并非一项必要条件。比如，$f(\theta,\phi)=\delta(\cos\theta-\cos\theta')\delta(\phi-\phi')$并不在$L_2(S^2)$中，这是因为一个 delta 函数的平方积分是发散的；然而，这种情况中球谐函数的系数$f_{nm}=Y_n^m(\theta',\phi')$，这可以从式（1.24）推断得出，并且对于所有的$n$和$m$都是有界的。

接下来将对球傅里叶变换和一些函数的一些性质进行概述，这些函数可以定义为一组球谐函数的线性组合。

- **帕斯瓦尔关系。**球谐函数的正交性和完备性已经分别在式（1.23）和式（1.24）中给出，可以直接得出 Paseval 关系：

$$\int_0^{2\pi}\int_0^{\pi}\left|f(\theta,\phi)\right|^2\sin\theta\mathrm{d}\theta\mathrm{d}\phi=\sum_{n=0}^{\infty}\sum_{m=-n}^{n}\left|f_{nm}\right|^2 \tag{1.43}$$

或者，更为一般地

$$\int_0^{2\pi}\int_0^{\pi}f(\theta,\phi)\left[g(\theta,\phi)\right]^*\sin\theta\mathrm{d}\theta\mathrm{d}\phi=\sum_{n=0}^{\infty}\sum_{m=-n}^{n}f_{nm}g_{nm}^* \tag{1.44}$$

- **线性性质。**由于变换的积分运算特性，球傅里叶变换保持了线性性质。这表明两个函数的缩放和相加，会引出了其对应变换的缩放和相加：

$$\begin{cases}h(\theta,\phi)=\alpha f(\theta,\phi)+\beta g(\theta,\phi)\\ h_{nm}=\alpha f_{nm}+\beta g_{nm}, \quad \alpha,\beta\in\mathbb{R}\end{cases} \tag{1.45}$$

- **复共轭。**通过式（1.10）给出的球谐函数的复共轭性质，连同式（1.40）给出的球傅里叶逆变换，可以联立推导$f(\theta,\phi)$的复共轭及其变换：

$$\begin{cases}g(\theta,\phi)=\left[f(\theta,\phi)\right]^*\\ g_{nm}=(-1)^m f_{n(-m)}^*\end{cases} \tag{1.46}$$

- **沿ϕ方向的不变性。**如果沿ϕ方向，函数f恒定不变，即$f(\theta,\phi)=f(\theta)$，则系数具有下列性质：

$$\begin{aligned}f_{nm}&=\int_0^{2\pi}\int_0^{\pi}f(\theta)\left[Y_n^m(\theta,\phi)\right]^*\sin\theta\mathrm{d}\theta\mathrm{d}\phi\\ &=2\pi\delta_{m0}\sqrt{\frac{2n+1}{4\pi}}\int_0^{\pi}f(\theta)P_n^m(\cos\theta)\sin\theta\mathrm{d}\theta\\ &=\sqrt{\frac{4\pi}{2n+1}}f_n\delta_{m0}\end{aligned} \tag{1.47}$$

其中，f_n仅和n有关。这一性质通过求解对ϕ的积分已经推导出来。在这种情况下，f_n 沿袭了勒让德级数的性质[4]：

$$\begin{cases} f_n = \dfrac{2n+1}{2}\displaystyle\int_0^{\pi} f(\theta) P_n(\cos\theta)\sin\theta \mathrm{d}\theta \\ f(\theta) = \displaystyle\sum_{n=0}^{\infty} f_n P_n(\cos\theta) \end{cases} \tag{1.48}$$

并且二维球傅里叶变换退化为一维傅里叶–勒让德级数。

- **沿 θ 方向的不变性。**如果沿 θ 方向，函数 f 恒定不变，即 $f(\theta,\phi)$=$f(\phi)$，则球谐系数将会退化为

$$\begin{aligned} f_{nm} &= \int_0^{2\pi}\int_0^{\pi} f(\phi)\left[Y_n^m(\theta,\phi)\right]^* \sin\theta\mathrm{d}\theta\mathrm{d}\phi \\ &= \frac{1}{2\pi}\int_0^{2\pi} f(\phi)\mathrm{e}^{-\mathrm{i}m\phi}\mathrm{d}\phi \times 2\pi\sqrt{\frac{2n+1}{4\pi}\frac{(n-m)!}{(n+m)!}}\int_0^{\pi} P_n^m(\cos\theta)\sin\theta\mathrm{d}\theta \\ &= f_m C_n^m \end{aligned} \tag{1.49}$$

式中：f_m 为 $f(\phi)$ 的傅里叶级数系数；C_n^m 为通过求取对的积分得到的一个常量[24]。在这种情况下，f_m 沿袭了所有傅里叶级数的性质：

$$\begin{cases} f_m = \dfrac{1}{2\pi}\displaystyle\int_0^{2\pi} f(\phi)\mathrm{e}^{-\mathrm{i}m\phi}\mathrm{d}\phi \\ f(\phi) = \displaystyle\sum_{m=-\infty}^{\infty} f_m \mathrm{e}^{\mathrm{i}m\phi} \end{cases} \tag{1.50}$$

除了二维球傅里叶变换退化为一维，还增加了一个可加的二维因子 C_n^m。

- **关于 ϕ 的对称性。**一个函数若关于 ϕ 对称，则其满足 $f(\theta,\phi) = f(\theta,\pi-\phi)$，具有一个对称的球傅里叶变换：

$$\begin{aligned} f(\theta,\phi) &= \sum_{n=0}^{\infty}\sum_{m=-n}^{n} f_{nm}Y_n^m(\theta,\phi) \\ &= \sum_{n=0}^{\infty}\sum_{m=-n}^{n} f_{nm}Y_n^m(\theta,\pi-\phi) \\ &= \sum_{n=0}^{\infty}\sum_{m=-n}^{n} f_{nm}(-1)^m\left[Y_n^m(\theta,\phi)\right]^* \\ &= \sum_{n=0}^{\infty}\sum_{m=-n}^{n} f_{nm}Y_n^{-m}(\theta,\phi) \\ &= \sum_{n=0}^{\infty}\sum_{m=-n}^{n} f_{n(-m)}Y_n^m(\theta,\phi) \end{aligned} \tag{1.51}$$

可以导出 f_{nm}=$f_{n(-m)}$。上述推导利用了式（1.10）、式（1.16）和式（1.17）

中给出的球谐函数的性质。

- **筛选特性。**函数乘以一个 Dirac-delt 函数的积分具有筛选特性，该特性在球面上仍然有效：

$$\int_0^{2\pi}\int_0^{\pi} f(\theta,\phi)\delta(\cos\theta-\cos\theta')\delta(\phi-\phi')\sin\theta\mathrm{d}\theta\mathrm{d}\phi = f(\theta',\phi') \tag{1.52}$$

式（1.52）的推导用到了下面的等式：

$$\delta(\cos\theta-\cos\theta')\delta(\phi-\phi') = \frac{1}{\sin\theta}\delta(\theta-\theta')\delta(\phi-\phi') \tag{1.53}$$

球谐函数和定义在球面上的函数所具有的一些性质，是球谐函数组成希尔伯特空间 $L_2(S^2)$ 里的一组基的直接结果，$L_2(S^2)$ 也就是所有单位球面上平方可积函数的集合空间。空间里的内积定义为

$$\langle f,g\rangle \equiv \int_0^{2\pi}\int_0^{\pi} f(\theta,\phi)[g(\theta,\phi)]^* \sin\theta\mathrm{d}\theta\mathrm{d}\phi \tag{1.54}$$

现在，球傅里叶变换可以用一种简洁的形式写为

$$f_{nm} = \langle f, Y_n^m\rangle \tag{1.55}$$

因此有

$$f = \sum_{n=0}^{\infty}\sum_{m=-n}^{n}\langle f, Y_n^m\rangle Y_n^m \tag{1.56}$$

除了不连续性函数以外，系数 f_{nm} 为 $L_2(S^2)$ 空间里的所有函数都提供了完备的描述。在这种情况下，表现形式受制于吉布斯现象。这已经在傅里叶级数中深入研究过，但是其他基函数也可用于傅里叶表示，如球谐函数[4,16,55]。对于不连续的函数（式（1.56）），利用傅里叶级数进行重构，将不会与原函数完全相同，但是 L_2 意义上差别为零。

1.5 一些有用的函数

本节将给出一些有用的函数，这些函数定义在球面，以及它们的球傅里叶变换中。

- **常数函数。**一个随 θ 和 ϕ 变化，函数值为恒定值的函数，可以只用零阶球谐函数来表示，可以得出下列变换对：

$$\begin{cases} f(\theta,\phi)=1 \\ f_{nm}=\sqrt{4\pi}\delta_{n0}\delta_{m0} \end{cases} \tag{1.57}$$

注意到，$f(\theta,\phi)=1=\sqrt{4\pi}Y_0^0(\theta,\phi)$，将其代入式（1.41），利用式（1.23）

给出的正交性求解积分，就可以导出式（1.57）的结论。

- **Dirac-delta 函数。**接下来考虑球面上的 Dirac-delta 函数 $\delta(\cos\theta-\cos\theta')\times\delta(\phi-\phi')$。将 Dirac-delta 函数代入式（1.41）（球傅里叶变换），利用式（1.52）给出的筛选性质求解积分，将会发现 Dirac-delta 函数的球傅里叶系数不过是球谐函数：

$$\begin{cases} f(\theta,\phi)=\delta(\cos\theta-\cos\theta')\delta(\phi-\phi') \\ f_{nm}=\left[Y_n^m(\theta',\phi')\right]^* \end{cases} \tag{1.58}$$

- **球谐函数。**因为 $f(\theta,\phi)=Y_{n'}^{m'}(\theta,\phi)$，式（1.41）给出的球傅里叶变换可以利用式（1.23）给出的正交性求解，将会得出以下的球傅里叶变换对：

$$\begin{cases} f(\theta,\phi)=Y_{n'}^{m'}(\theta,\phi) \\ f_{nm}=\delta_{nn'}\delta_{mm'} \end{cases} \tag{1.59}$$

- **截断球谐函数级数。**如式（1.58）所示，具有系数 $\left[Y_n^m(\theta',\phi')\right]^*$ 的一个无限球谐函数级数，构成了球面上在 (θ',ϕ') 附近的 Dirac-delta 函数。如果该和函数被截断至一个有限阶 N，结果可以退化为如下的闭式表达形式[41]：

$$\begin{aligned} f(\theta,\phi)&=\sum_{n=0}^{N}\sum_{m=-n}^{n}\left[Y_n^m(\theta',\phi')\right]^*Y_n^m(\theta,\phi) \\ &=\sum_{n=0}^{N}\frac{2n+1}{4\pi}P_n(\cos\Theta) \\ &=\frac{N+1}{4\pi(\cos\Theta-1)}\left[P_{N+1}(\cos\Theta)-P_N(\cos\Theta)\right] \end{aligned} \tag{1.60}$$

式（1.60）第二行的推导，使用了式（1.26）给出的球谐函数加法定理，其中 Θ 是式（1.27）中定义的 θ 和 θ' 之间的夹角。式（1.60）第三行的推导，使用了式（1.39）[41]，得到下列变换对：

$$\begin{cases} f(\theta,\phi)=\dfrac{N+1}{4\pi(\cos\Theta-1)}\left[P_{N+1}(\cos\Theta)-P_N(\cos\Theta)\right] \\ f_{nm}=\begin{cases}\left[Y_n^m(\theta',\phi')\right]^*, & n\leqslant N \\ 0, & n>N\end{cases} \end{cases} \tag{1.61}$$

这个函数的运转状态以一种类似于 sinc 函数的形式运作，当 $n\to\infty$ 时收敛于一个 Dirac-delta 函数（图 1.12 给出了示例）。

- **球冠。**球面上的一个有用的函数，是以北极点为中心的一个球冠，定义为：在 $|\theta|\leqslant\alpha$ 时具有同样的值，其他位置函数值为 0。这个函数的球傅里叶变换遵照文献[46,56]可以推导得出：

$$
\begin{aligned}
f_{nm} &= \int_0^{2\pi}\int_0^{\alpha} f\left[Y_n^m(\theta,\phi)\right]^* \sin\theta \mathrm{d}\theta \mathrm{d}\phi \\
&= \int_0^{2\pi}\int_0^{\alpha} \sqrt{\frac{2n+1}{4\pi}\frac{(n-m)!}{(n+m)!}} P_n^m(\cos\theta)\mathrm{e}^{-\mathrm{i}m\phi}\sin\theta \mathrm{d}\theta \mathrm{d}\phi \\
&= 2\pi\delta_{m0}\sqrt{\frac{2n+1}{4\pi}\frac{(n-m)!}{(n+m)!}}\int_0^{\alpha} P_n^m(\cos\theta)\sin\theta \mathrm{d}\theta \\
&= 2\pi\delta_{m0}\sqrt{\frac{2n+1}{4\pi}}\int_{\cos\alpha}^{1} P_n(z)\mathrm{d}z
\end{aligned} \tag{1.62}
$$

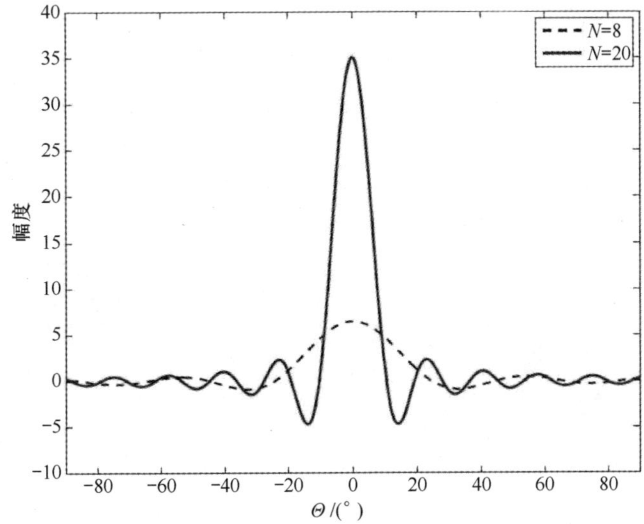

图 1.12　阶数为 N 的截断球谐函数级数（一个类似于 sinc 函数的函数），其系数为 $\left[Y_n^m(\theta',\phi')\right]^*$，图中以阶数 $N=8,20$ 为例

当 $n=0$ 时，$P_n(\cos\theta)$ 降为 1，可以得到 $f_{00}=\sqrt{\pi}(1-\cos\alpha)$。而当 $n>0$ 时，一个勒让德多项式的递推公式，可以用于计算积分[56]，从而得到

$$
\begin{cases}
f(\theta,\phi)=\begin{cases}1, & 0\leqslant\theta\leqslant\alpha \\ 0, & \alpha\leqslant\theta\leqslant\pi^{①}\end{cases} \\
f_{nm}=\begin{cases}\sqrt{\pi}(1-\cos\alpha), & n=0 \\ \delta_{m0}\sqrt{\dfrac{\pi}{2n+1}}\left[P_{n-1}(\cos\alpha)-P_{n+1}(\cos\alpha)\right], & n>0\end{cases}
\end{cases} \tag{1.63}
$$

① 已根据原书作者提供的勘误表进行了修正。

如图 1.13 所示，系数 f_{nm} 具有类似于 sinc 函数的形态，图中展示了函数及其球傅里叶变换。

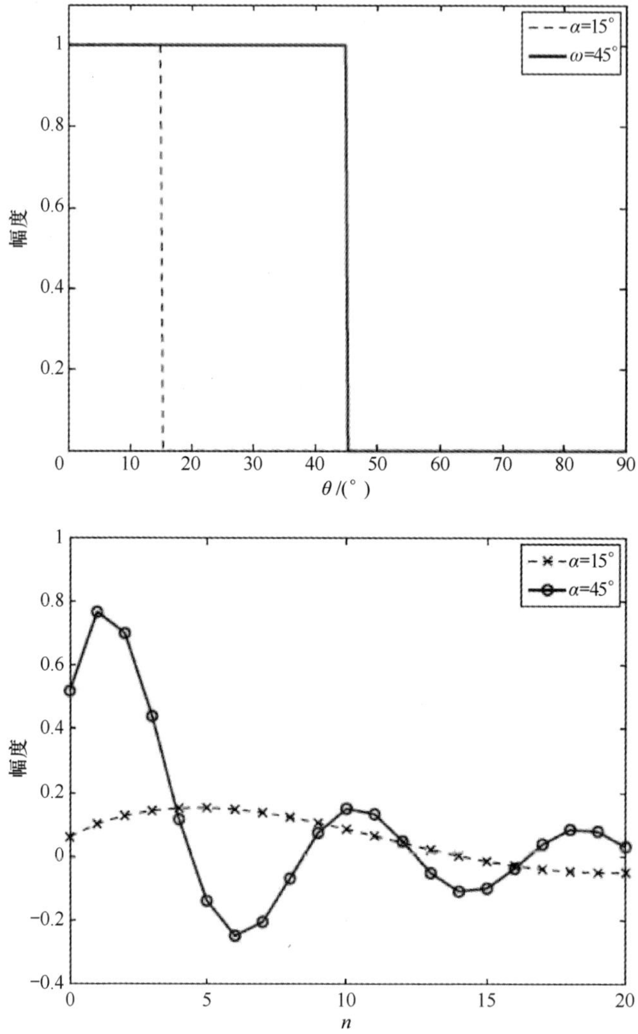

图 1.13　变量为 θ（顶部）的球冠函数 $f(\theta,\phi)$，及其球傅里叶变换 f_{nm}，其中 $m=0$（底部），以 $\alpha=15^{\circ},45^{\circ}$ 为例

下面将使用球冠来阐明吉布斯现象。定义一个球冠函数，其中 $\alpha=30^{\circ}$，球谐系数可以通过式（1.63）计算，图 1.14 中使用了一个球状图来进行说明，图中函数截断至不同的阶数 N。通过增加 f_{00} 的值，球面上的一个常量将会叠加在函数上。由于吉布斯现象，注意到即使是较高的阶数，函数值也会在其取值

上出现波纹现象。

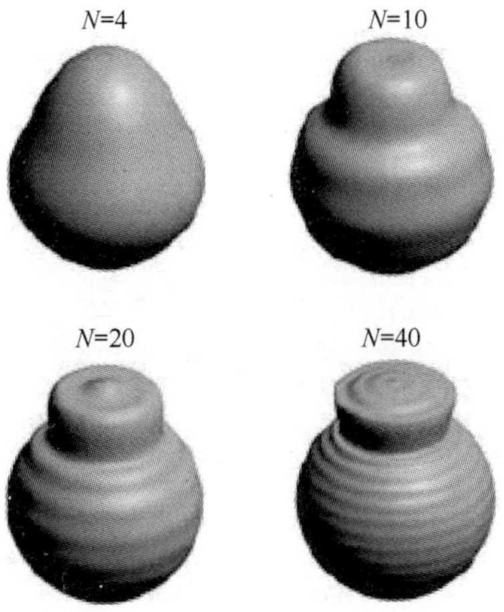

图 1.14　一个球冠函数的球状图，如式（1.63）定义，$\alpha = 30^\circ$，图中使用截断至不同阶数 N 的球谐系数进行重构。为了使图像清晰可视，图中增加了 f_{00} 的值，将其作为一个常数项叠加到球冠函数

1.6　函数的旋转

与定义在直线或单位圆上的函数类似，定义在单位球上的函数也能够平移。对于定义在直线上的函数 $f(x) \in L_2(\mathbb{R})$，或者定义在圆上的函数 $f(\phi) \in L_2([0,2\pi])$，平移的参数与函数自变量在相同的定义域内，即 $f(x-x_0)$，$x, x_0 \in \mathbb{R}$；$f(\phi-\phi_0)$，$\phi, \phi_0 \in [0,2\pi]$。但是对于定义在单位球面上的函数 $f(\theta,\phi)$，“平移”参数是一个三维的运作，与 (θ,ϕ) 不在同一个定义域之内。例如，函数 $f(\theta,\phi)$ 可以围绕 z 轴旋转（一个单参数的运作），接下来可以进一步地通过移动球面与 z 轴的交点（北极点），到球面上任一点进行旋转（一个双参数的运作），上述运作实现了一个三维旋转的运作。

球面上一个函数的旋转，通常用参数组 (α,β,γ) 定义，利用欧拉角进行公式化的表示[4]。在这种情况下，首先是绕 z 轴逆时针旋转角度 γ，接下来绕 y 轴逆时针旋转角度 β，最后绕 z 轴逆时针旋转角度 α，从而实现整个旋转过程。更多关于欧拉角和旋转的实例和细节可参见文献[4]。首先，单位球上的某一位置，在笛卡儿坐标中用代数向量标记符可以写为

$$\boldsymbol{x} = [x \;\; y \;\; z]^{\mathrm{T}} = [\sin\theta\cos\phi \;\; \sin\theta\sin\phi \;\; \cos\theta]^{\mathrm{T}} \tag{1.64}$$

接下来，利用欧拉角得到的旋转以后的位置可以计算为

$$\boldsymbol{x}' = \boldsymbol{R}_z(\alpha)\boldsymbol{R}_y(\beta)\boldsymbol{R}_z(\gamma)\boldsymbol{x} \tag{1.65}$$

其中 3×3 的欧拉旋转矩阵由欧拉矩阵

$$\boldsymbol{R}_z(\alpha)=\begin{bmatrix}\cos\alpha & -\sin\alpha & 0\\ \sin\alpha & \cos\alpha & 0\\ 0 & 0 & 1\end{bmatrix} \tag{1.66}$$

和

$$\boldsymbol{R}_y(\beta)=\begin{bmatrix}\cos\beta & 0 & \sin\beta\\ 0 & 1 & 0\\ -\sin\beta & 0 & \cos\beta\end{bmatrix} \tag{1.67}$$

定义在 $SO(3)$ 中，即 3×3 正交矩阵的特殊正交群，满足

$$\boldsymbol{R}^{\mathrm{T}}\boldsymbol{R}=\boldsymbol{I},\quad \det(\boldsymbol{R})=1 \tag{1.68}$$

借此一个逆旋转可以定义为

$$\begin{aligned}\left[\boldsymbol{R}_z(\alpha)\boldsymbol{R}_y(\beta)\boldsymbol{R}_z(\gamma)\right]^{-1} &= \boldsymbol{R}_z(\gamma)^{\mathrm{T}}\boldsymbol{R}_y(\beta)^{\mathrm{T}}\boldsymbol{R}_z(\alpha)^{\mathrm{T}}\\ &=\boldsymbol{R}_z(-\gamma)\boldsymbol{R}_y(-\beta)\boldsymbol{R}_z(-\alpha)\end{aligned} \tag{1.69}$$

式（1.66）和式（1.67）给出的旋转矩阵，作用在笛卡儿坐标下的位置向量上，因此本节将以一种类似的方式给出单位球上的函数，即 $f(\boldsymbol{x}),\boldsymbol{x}\in S^2$（参见 1.1 节）。旋转运算标记为 Λ，可以写为

$$\Lambda(\alpha,\beta,\gamma)f(\boldsymbol{x})=f\left(\left[\boldsymbol{R}_z(\alpha)\boldsymbol{R}_y(\beta)\boldsymbol{R}_z(\gamma)\right]^{-1}\boldsymbol{x}\right) \tag{1.70}$$

其中，等式左边表示在保持坐标系不变的同时，函数值的旋转；这与保持函数值不变，而逆向旋转坐标系，如等式右边一样，是等效的。现在一系列 L 次的旋转 $\boldsymbol{R}_1,\boldsymbol{R}_2,\cdots,\boldsymbol{R}_L$ 可以通过旋转矩阵的乘积来描述：

$$\boldsymbol{R}=\boldsymbol{R}_L\cdots\boldsymbol{R}_2\boldsymbol{R}_1 \tag{1.71}$$

其中，矩阵 $\boldsymbol{R}$ 定义了总的旋转运算。

通过对一个给定 n 和 m 的球谐函数 $Y_n^m(\theta,\phi)$ 的旋转，产生了一个能够用球谐函数的加权和来表示的球面函数，且球面函数具有相同阶数 n 和一系列次数，如下所示[27]：

$$\Lambda(\alpha,\beta,\gamma)Y_n^m(\theta,\phi)=\sum_{m'=-n}^{n}D_{m'm}^{n}(\alpha,\beta,\gamma)Y_n^{m'}(\theta,\phi) \tag{1.72}$$

其中，$D_{m'm}^{n}(\alpha,\beta,\gamma)$ 为 Wigner-D 函数，参见文献[54]中 4.3 节式（1）：

$$D_{m'm}^{n}(\alpha,\beta,\gamma)=\mathrm{e}^{-\mathrm{i}m'\alpha}d_{m'm}^{n}(\beta)\mathrm{e}^{-\mathrm{i}m'\gamma} \tag{1.73}$$

其中，$d_{m'm}^{n}$ 为 Wigner-d 函数，它是实函数，且能够利用 Jacobi 多项式[27,54]写为

$$d_{m'm}^{n}(\beta)=\zeta_{m'm}\sqrt{\frac{s!(s+\mu+\nu)!}{(s+\mu)!(s+\nu)!}}\sin(\beta/2)^{\mu}\cos(\beta/2)^{\nu}P_{s}^{(\mu,\nu)}(\cos\beta) \tag{1.74}$$

其中，$\mu=|m'-m|$，$\nu=|m'+m|$，$s=n-(\mu+\nu)/2$。$\zeta_{m'm}$ 由

$$\zeta_{m'm}=\begin{cases}1 & ,\ m\geqslant m'\\(-1)^{m-m'} & ,\ m<m'\end{cases} \tag{1.75}$$

给出。将 Wigner-D 函数用于定义旋转群 $SO(3)$ [27,54]中的函数，可以形成旋转傅里叶变换的一组基。

式（1.72）在球谐函数域内对旋转进行公式化的表示是非常有用的：

$$\begin{aligned}g(\theta,\phi)&=\Lambda(\alpha,\beta,\gamma)f(\theta,\phi)\\&=\sum_{n=0}^{\infty}\sum_{m=-n}^{n}f_{nm}\Lambda(\alpha,\beta,\gamma)Y_{n}^{m}(\theta,\phi)\\&=\sum_{n=0}^{\infty}\sum_{m=-n}^{n}f_{nm}\sum_{m'=-n}^{n}D_{m'm}^{n}(\alpha,\beta,\gamma)Y_{n}^{m'}(\theta,\phi)\\&=\sum_{n=0}^{\infty}\sum_{m=-n}^{n}\left[\sum_{m'=-n}^{n}f_{nm}D_{m'm}^{n}(\alpha,\beta,\gamma)Y_{n}^{m'}(\theta,\phi)\right]Y_{n}^{m'}(\theta,\phi)\end{aligned} \tag{1.76}$$

利用式（1.76）的最后一行和式（1.40），球谐函数域中的旋转现在能够写为

$$g(\theta,\phi)=\sum_{m=-n}^{n}f_{nm}D_{m'm}^{n}(\alpha,\beta,\gamma) \tag{1.77}$$

这样，旋转函数的傅里叶系数可以用公式表示为一个原函数傅里叶系数的加权和。对于阶数有限的函数，式（1.77）可以写成一种矩阵的形式：

$$\boldsymbol{g}_{nm}=\boldsymbol{D}\boldsymbol{f}_{nm} \tag{1.78}$$

其中

$$\begin{cases}\boldsymbol{g}_{nm}=\begin{bmatrix}g_{00} & g_{1(-1)} & g_{10} & g_{11} & \cdots & g_{NN}\end{bmatrix}^{\mathrm{T}}\\\boldsymbol{f}_{nm}=\begin{bmatrix}f_{00} & f_{1(-1)} & f_{10} & f_{11} & \cdots & f_{NN}\end{bmatrix}^{\mathrm{T}}\end{cases} \tag{1.79}$$

$\boldsymbol{D}$ 是一个 $(N+1)^2\times(N+1)^2$ 的块对角矩阵，具有块元素 $\boldsymbol{D}^0$，$\boldsymbol{D}^1,\cdots,\boldsymbol{D}^N$。矩阵 $\boldsymbol{D}^n$ 的维数是 $(2n+1)\times(2n+1)$，其元素为 $D_{m'm}^{n}(\alpha,\beta,\gamma)$。比如，$\boldsymbol{D}^0=D_{00}^{0}$，

$$\boldsymbol{D}^1=\begin{bmatrix}D_{(-1)(-1)}^{1} & D_{(-1)0}^{1} & D_{(-1)1}^{1}\\D_{0(-1)}^{1} & D_{00}^{1} & D_{01}^{1}\\D_{1(-1)}^{1} & D_{10}^{1} & D_{11}^{1}\end{bmatrix} \tag{1.80}$$

依此类推。

下面将给出定义在单位球面上的一个函数的旋转。考虑式（1.63）定义的球冠函数，其球谐系数截断至阶数 $N=2$，即所有超过 $n=2$ 的系数都置 0。图 1.15 用球状图对函数进行了说明，在图中标记为“原始的”。随后，函数通过乘以其球傅里叶系数向量进行旋转，该向量具有如式（1.63）所定义的恰当的 Wigner-D 旋转矩阵。图中针对不同的旋转，给出了旋转函数的球状图。该例中，原函数的球谐系数向量为

$$\boldsymbol{f}_{nm}=\left[(0.24)\ \ (0,0.38,0)\ \ (0,0,0.43,0,0)\right]^{\mathrm{T}} \tag{1.81}$$

这里，使用圆括弧人为地把相同阶数的系数隔开。正如所预计的那样，$\boldsymbol{f}_{nm}$ 中的元素只有在 $m=0$ 时是不为 0 的，这是由于函数沿 ϕ 变化时恒定不变（式(1.47)）。但是在旋转的时候，与 Wigner-D 旋转矩阵的乘法运算产生了向量 $\boldsymbol{f}_{nm}$，它不再是除了 $m=0$ 时是不为 0 的了，且函数沿 ϕ 变化时也不再是恒定不变的了。在这个例子中，原函数经过 $\Lambda\left(0^\circ,45^\circ,0^\circ\right)$ 旋转后，得到了下面的球谐系数向量：

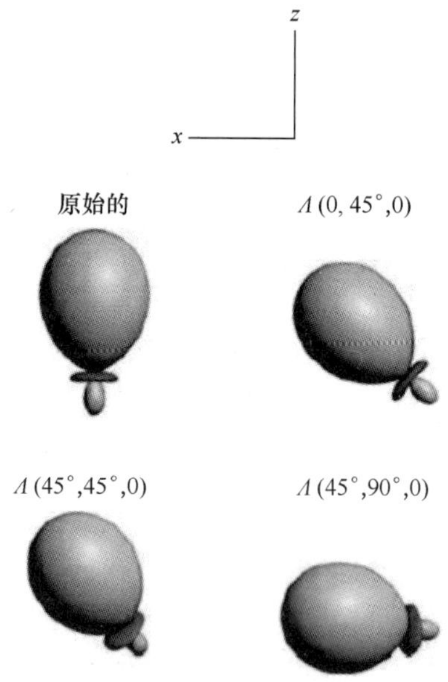

图 1.15 式（1.63）定义的球冠函数的球状图，$\alpha=30^\circ$，使用截断至阶数 $N=2$ 的球谐系数进行重构，在图中标记为“原始的”。随后，函数利用多个旋转运算进行旋转，用 $\Lambda(\alpha,\beta,\gamma)$ 标记。根据笛卡儿坐标系所展示的球状图方向可知，图像是从 y 轴方向入视的

$$f_{nm} = \left[(0.24) \quad (0.19, 0.27, -0.19) \quad (0.13, 0.26, 0.11,^{①} -0.26, 0.13) \right]^{\mathrm{T}} \quad (1.82)$$

1.7 球卷积和球相关

卷积和相关，在信号处理领域广泛应用，其二者主要用于描述线性系统的运算，研究信号间的相似性。卷积和相关也可以在单位球面的函数上进行定义。比如球卷积，以前已用于描述一个球面上测得的声压[41]，而球相关则业已用于描述球上的空间滤波[48]。

本节将给出定义在单位球上函数的卷积和相关运算。定义在直线或者圆上的两个函数的卷积运算，通常表示为一个函数乘以经过逆转和平移后的另一个函数，再进行积分。类似地，球上的卷积可以描述为一个函数与旋转后的另一个函数的积分。然而，由于旋转一个是“三参数”的运算，其中包含了三重积分。函数 $f(\theta,\phi)$ 和 $g(\theta,\phi)$ 卷积后，得到的 $y(\theta,\phi)$ 接下来会对其进行公式化的表示。首先引入一个简洁的标记符，用以表示球面上的二重积分和旋转角度上的三重积分：

$$\int_{S^2} \mathrm{d}\mu \equiv \int_0^{2\pi} \int_0^{\pi} \sin\theta \mathrm{d}\theta \mathrm{d}\phi \quad (1.83)$$

这样，$\mu \equiv \mu(\theta,\phi) \in S^2$ 和

$$\int_{SO(3)} \mathrm{d}\xi \equiv \int_0^{2\pi} \int_0^{\pi} \int_0^{2\pi} \mathrm{d}\alpha \sin\beta \mathrm{d}\beta \mathrm{d}\gamma \quad (1.84)$$

因此 $\xi \equiv \xi(\alpha,\beta,\gamma) \in SO(3)$。和 1.1 节中一样，使用这个符号，表示定义在单位球上的函数 $f(\mu)$、$g(\mu)$ 和 $y(\mu)$，卷积现在定义为[12]

$$\begin{aligned} y(\mu) &= f(\mu) * g(\mu) \\ &= \int_{SO(3)} f(\boldsymbol{R}(\xi)\eta) \Lambda(\xi) g(\mu) \mathrm{d}\xi \\ &= \int_{SO(3)} f(\boldsymbol{R}(\xi)\eta) g(\boldsymbol{R}^{-1}(\xi)\eta) \mathrm{d}\xi \end{aligned} \quad (1.85)$$

在这种标记方式中，$\boldsymbol{R}(\xi) = R_z(\alpha) R_y(\beta) R_z(\gamma)$，表示 $\xi(\alpha,\beta,\gamma)$ 的旋转，η 表示北极点，即用笛卡儿坐标表示的 $\eta = [0 \;\; 0 \;\; 1]^{\mathrm{T}}$。通过 ξ 实现的对 η 的旋转，

① 已根据原书作者提供的勘误表进行了修正。

包含了一个绕 z 轴的初始旋转角度 γ，它对 η 没有影响，接下来是绕 y 轴旋转角度 β，它将 η 平移到球坐标系下的 $(\beta,0)$，最后是绕 z 轴旋转角度 α，它将 $(\beta,0)$ 平移到 (β,α)。$f\left(\boldsymbol{R}(\xi)\eta\right)$ 因此简化为 $f(\beta,\alpha)$，$\boldsymbol{R}^{-1}(\xi)\mu$ 表示 μ 按照 ξ 逆向旋转。

与直线上的傅里叶变换相似，球卷积转换为球谐函数域上的乘法，因此[12]

$$y_{nm}=2\pi\sqrt{\frac{4\pi}{2n+1}}f_{nm}g_{n0} \tag{1.86}$$

注意到 g_{nm} 只在 $m=0$ 处求值。这是因为 $f(\beta,\alpha)$ 与 γ 无关，所以在关于 ξ 的积分内部定义的关于 γ 的积分，只在旋转函数 g 上起作用，沿方位角方向进行调和。只在 $m=0$（$g_{n0}\delta_{m0}$）处求值的系数 g_{n0}，表示了只随俯仰角变化的函数；而对所有 $m\left(g_{n0}\,\forall m\right)$ 求值的系数 g_{n0}，表示满足 $f(\theta,\phi)=f(\theta,\pi-\phi)$ 的关于 ϕ 对称的函数，因为这是式（1.51）所示对称性质的一种特殊情况。式（1.86）的一种更为详细的推导参见文献[12]。

两个函数的相关，是对两个函数的相似性的度量，通常表示为两个函数乘积的积分，其中一个函数平移，在球上时是对函数的旋转。因此，$f(\mu)$ 和 $g(\mu)$ 的相关定义为[27]

$$c(\xi)=\int_{S^2}f(\mu)\left[\Lambda(\xi)g(\mu)\right]^{*}\mathrm{d}\mu \tag{1.87}$$

注意相关运算的结果，$c(\xi)$ 是关于旋转 ξ 的三参数函数。和式（1.40）一样，对 f 和 g 用球谐函数表示，再代入式（1.87），$c(\xi)$ 可以用 f_{nm} 和 g_{nm} 写为[27]

$$c(\xi)=\sum_{n=0}^{\infty}\sum_{m=-n}^{n}\sum_{m'=-n}^{n}f_{nm}g_{nm'}^{*}\left[D_{mm'}^{n}(\xi)\right]^{*} \tag{1.88}$$

式（1.88）可能比式（1.87）更有用，因为它涉及累加运算而非积分，这在函数阶数有限的时候尤为有用。

第二章　声学背景

摘要：第一章给出了定义在单位球上函数的数学背景。球谐函数在表示和处理这些函数时发挥了重要的作用。本章将在三维场中对球面上的函数进行公式化的定义。虽然声场是本书的主要关注点，它是面向麦克风阵列的应用，但是本章呈现的内容可以推广应用于标量场。本章首先提出了笛卡儿和球坐标下的声波方程及其可能的解。本章给出的球坐标中声波方程的解，涉及球谐函数、球贝塞尔函数和球汉克尔函数。在公式化表达并得出基本解后，本章又提出了声场中的平面波和点源，包括对刚球模型引入声场的效果分析，后者在描述刚球上安置的麦克风阵列的声场时十分有用。本章最后以声场三维平移的公式化表达作为结语。

2.1　声波方程

自由三维空间中的声压在本书中以 $p(\boldsymbol{x},t)$ 表示，单位为 Pa；其中 $\boldsymbol{x}=(x,y,z)\in\mathbb{R}^3$，单位为 m；$t$ 表示时间，单位为 s。满足齐次声波方程[25]：

$$\nabla_{\boldsymbol{x}}^2 p(\boldsymbol{x},t)-\frac{1}{c^2}\frac{\partial^2}{\partial t^2}p(\boldsymbol{x},t)=0 \tag{2.1}$$

式中：c 表示空气中的声速，在正常环境条件下一般为 343m/s；$\nabla_{\boldsymbol{x}}^2$ 表示笛卡儿坐标中的拉普拉斯算子，一个函数 $f(x,y,z)$ 的拉普拉斯算子定义为

$$\nabla_{\boldsymbol{x}}^2 f\equiv\frac{\partial^2}{\partial x^2}f+\frac{\partial^2}{\partial y^2}f+\frac{\partial^2}{\partial z^2}f \tag{2.2}$$

对于一个单频的声场，声压可以表示为

$$p(\boldsymbol{x},t)=p(\boldsymbol{x})\mathrm{e}^{\mathrm{i}\omega t} \tag{2.3}$$

其中：ω 为径向频率，单位为 rad/s。在上述表达式中，$p(x)$可视为频率 ω 处声压的取决于空间位置的振幅。$k=\omega/c$ 表示波数，单位为 rad/m，声压幅度与 ω 和 k 的相关性，可以明晰地用符号 $p(k,\boldsymbol{x})$ 来表征。将式（2.3）代入式（2.1），声波方程转换化为赫姆霍兹方程（忽略时间相关性）：

$$\nabla_{\boldsymbol{x}}^2 p(k,\boldsymbol{x})+k^2 p(k,\boldsymbol{x})=0 \tag{2.4}$$

符号 $p(k,\boldsymbol{x})$ 也能够用于表示稳态情况下的宽带或者多频声场，在这些情况中，

$p(k,\boldsymbol{x})$是在频率$\omega = kc$[①]处声压的傅里叶变换。注意到p是复数，表示声压的复幅度。实际的声压，比如一个麦克风测量的声压，是p的实部。

波动方程的一个解可以使用变量分离法推导得出。最常用的解是平面波：

$$p(\boldsymbol{x},t) = A\mathrm{e}^{-\mathrm{i}\boldsymbol{k}\cdot\boldsymbol{x}}\mathrm{e}^{\mathrm{i}\omega t} \tag{2.5}$$

式中：A为幅度；$\boldsymbol{k} \equiv (k_x, k_y, k_z)$表示波向量，表明了平面波的传播方向，$\boldsymbol{k}\cdot\boldsymbol{x} = k_x x + k_y y + k_z z$表示向量$\boldsymbol{k}$和$\boldsymbol{x}$的点积。平面波声场可以用这个解直接描述。其他声场的表达式也可以使用傅里叶变换来表示，其中$\mathrm{e}^{-\mathrm{i}\boldsymbol{k}\cdot\boldsymbol{x}}$提供了用于描述声压幅度空间差异的基函数。在某些情况下，表示平面波到达方向，相比传播方向更为有用。为了这个目的，引入波向量$\tilde{\boldsymbol{k}} = -\boldsymbol{k}$表示到达方向，并且本章后面还会用到。这时声压表达式为

$$p(\boldsymbol{x},t) = A\mathrm{e}^{\mathrm{i}\tilde{\boldsymbol{k}}\cdot\boldsymbol{x}}\mathrm{e}^{\mathrm{i}\omega t} \tag{2.6}$$

本书中声场通过球麦克风阵列来测量，所以在球坐标中表示位置向量更为可取，$\boldsymbol{r} = (r,\theta,\phi)$。波方程现在在球坐标中重新改写，首先定义一个函数$f(r,\theta,\phi)$在球坐标中的拉普拉斯算子：

$$\nabla_{\boldsymbol{r}}^2 f \equiv \frac{1}{r^2}\frac{\partial}{\partial r}\left(r^2\frac{\partial}{\partial r}f\right) + \frac{1}{r^2\sin\theta}\frac{\partial}{\partial\theta}\left(\sin\theta\frac{\partial}{\partial\theta}f\right) + \frac{1}{r^2\sin^2\theta}\frac{\partial^2}{\partial\phi^2}f \tag{2.7}$$

式（2.7）可以通过式（1.4）和链式法则，从笛卡儿坐标中的拉普拉斯算子（式（2.2））推导得出。球坐标中的波动方程现在可以写为

$$\nabla_{\boldsymbol{r}}^2 p(\boldsymbol{r},t) - \frac{1}{c^2}\frac{\partial^2}{\partial t^2}p(\boldsymbol{r},t) = 0 \tag{2.8}$$

式中：$p(\boldsymbol{r},t)$为声压在球坐标系中关于时间和空间的函数。对单频率声场而言，也就是谐波声场，球坐标中的赫姆霍兹方程也可以写作

$$\nabla_{\boldsymbol{r}}^2 p(k,\boldsymbol{r}) + k^2 p(k,\boldsymbol{r}) = 0 \tag{2.9}$$

式中：$p(k,\boldsymbol{r})$为声压在空间中的幅度，它清楚表明了其与k的相关性。压强的幅度可以用与式（2.3）相似的方式呈现：

$$p(\boldsymbol{r},t) = p(\boldsymbol{r})\mathrm{e}^{\mathrm{i}\omega t} \tag{2.10}$$

波动方程式（2.8）的一个解，可以通过变量分离法获得：

$$p(\boldsymbol{r},t) = R(r)\Theta(\theta)\Phi(\phi)T(t) \tag{2.11}$$

将式（2.11）代入波动方程式（2.8），该单个方程作为p的函数，可以分解为四个偏微分方程，这四个方程具有独立变量Θ、Φ、R和T。表示了时间相关性的方程是一个二阶微分方程：

---

① 原文误为“$\omega = k/c$”，已修正。

$$\frac{\mathrm{d}^2 T}{\mathrm{d}t^2}+\omega^2 T=0 \tag{2.12}$$

该方程具有一个基本解：

$$T(t)=\mathrm{e}^{\mathrm{i}\omega t},\quad \omega\in\mathbb{R} \tag{2.13}$$

此解也在式（2.10）给出。将式（2.11）代入赫姆霍兹方程式（2.9），再乘以 $r^2\sin^2\theta/p$ ，和 ϕ 相关的项可以分离出来，满足

$$\frac{\mathrm{d}^2\Phi}{\mathrm{d}\phi^2}+m^2\Phi=0 \tag{2.14}$$

该方程具有一个基本指数解：

$$\Phi(\phi)=\mathrm{e}^{\mathrm{i}\omega\phi},\quad m\in\mathbb{Z} \tag{2.15}$$

由于 Φ 是定义在单位圆上的函数，$\phi\in[0,2\pi)$，其具有周期性，所以 m 是一个整数。将式（2.15）回代入赫姆霍兹方程，只与 θ 相关的一项可以分离出来，满足

$$\frac{\mathrm{d}}{\mathrm{d}\mu}\left[\left(1-\mu^2\right)\frac{\mathrm{d}}{\mathrm{d}\mu}\Theta\right]+\left[n(n+1)-\frac{m^2}{1-\mu^2}\right]\Theta=0 \tag{2.16}$$

其中 $\mu=\cos\theta$ 。这个方程正是广为人知的连带勒让德微分方程，它有两种形式的解，一种是在 $\mu=1$ 处奇异，通常选取另一种解，称为第一类连带勒让德函数：

$$\Theta(\theta)=P_n^m(\cos\theta),\quad n\in\mathbb{Z},\quad m\in\mathbb{Z} \tag{2.17}$$

将式（2.16）代入赫姆霍兹方程，并进一步化简运算，只与 r 相关的一项可以分离出来，满足

$$\rho^2\frac{\mathrm{d}^2}{\mathrm{d}\rho^2}V+2\rho\frac{\mathrm{d}}{\mathrm{d}\rho}V+\left[\rho^2-n(n+1)\right]V=0 \tag{2.18}$$

其中 $\rho\equiv kr$ ，且 $V(\rho)\equiv R(r)$ 。这个方程就是众所周知的球贝塞尔方程，它的解由第一类球贝塞尔函数 $j_n(kr)$，或者是由第一类球汉克尔函数 $h_n(kr)$，或者是两者共同组成（参见 2.2 节）。

联立 r 、θ 、ϕ 和 t 的解，球坐标中波动方程的一个基本解可以写成下面的形式：

$$p(\boldsymbol{r},t)=j_n(kr)Y_n^m(\theta,\phi)\mathrm{e}^{\mathrm{i}\omega t} \tag{2.19}$$

或者

$$p(\boldsymbol{r},t)=h_n(kr)Y_n^m(\theta,\phi)\mathrm{e}^{\mathrm{i}\omega t} \tag{2.20}$$

或者对 n 和 m 不同值的这些解的组合。平面波声场情况下的特殊解，以及点源产生的声场，将在本章后面给出。

2.2 球贝塞尔函数和球汉克尔函数

球坐标中波动方程的解，包含了球贝塞尔函数和球汉克尔函数。本节呈现这这些函数。第一类球贝塞尔函数 $j_n(kr)$，第二类球贝塞尔函数 $y_n(kr)$，可以像文献[4]那样，用瑞利公式写作

$$j_n(x)=(-1)^n x^n\left(\frac{1}{x}\frac{\mathrm{d}}{\mathrm{d}x}\right)^n\frac{\sin(x)}{x} \tag{2.21}$$

和

$$y_n(x)=(-1)^n x^n\left(\frac{1}{x}\frac{\mathrm{d}}{\mathrm{d}x}\right)^n\frac{\cos(x)}{x} \tag{2.22}$$

而第一类球汉克尔函数 $h_n(kr)$，第二类球汉克尔函数 $h_n^{(2)}(x)$，写作

$$h_n(x)=-i(-1)^n x^n\left(\frac{1}{x}\frac{\mathrm{d}}{\mathrm{d}x}\right)^n\frac{\mathrm{e}^{\mathrm{i}x}}{x} \tag{2.23}$$

和

$$h_n^{(2)}(x)=i(-1)^n x^n\left(\frac{1}{x}\frac{\mathrm{d}}{\mathrm{d}x}\right)^n\frac{\mathrm{e}^{-\mathrm{i}x}}{x} \tag{2.24}$$

它们具有下述关系：

$$h_n(x)=j_n(x)+i\,y_n(x) \tag{2.25}$$

和

$$h_n^{(2)}(x)=j_n(x)-i\,y_n(x) \tag{2.26}$$

由于球贝塞尔函数是实函数，因此 $j_n(x)$ 和 $y_n(x)$ 组成了 $h_n(x)$ 的实部和虚部，即

$$j_n(x)=\mathrm{Re}\{h_n(x)\} \tag{2.27}$$

和

$$y_n(x)=\mathrm{Im}\{h_n(x)\} \tag{2.28}$$

球贝塞尔函数和球汉克尔函数，也与贝塞尔函数 $\mathrm{J}_\alpha(x)$ 及汉克尔函数 $\mathrm{H}_\alpha(x)$ 有关：

$$j_n(x)=\sqrt{\frac{\pi}{2x}}\mathrm{J}_{n+\frac{1}{2}}(x) \tag{2.29}$$

和

$$h_n(x)=\sqrt{\frac{\pi}{2x}}\mathrm{H}_{n+\frac{1}{2}}(x) \tag{2.30}$$

波动方程的解可以表示为第一类和第二类球贝塞尔函数的线性组合，或者是球贝塞尔函数和球汉克尔函数的线性组合。后面的表达形式更常用，本书将采用这种形式。

表 2.1 和表 2.2 分别展示了第一类球贝塞尔函数和第一类球汉克尔函数的表达式，选取了最初的几阶。图 2.1 和图 2.2 举例说明了最初几阶的$\left|j_n(x)\right|$。

表 2.1 $n=0,\cdots,3$ 时的第一类球贝塞尔函数

$j_0(x)=\dfrac{\sin x}{x}$
$j_1(x)=-\dfrac{\cos x}{x}+\dfrac{\sin x}{x^2}$
$j_2(x)=-\dfrac{\sin x}{x}-\dfrac{3\cos x}{x^2}+\dfrac{3\sin x}{x^3}$
$j_3(x)=\dfrac{\cos x}{x}-\dfrac{6\sin x}{x^2}-\dfrac{15\cos x}{x^3}+\dfrac{15\sin x}{x^4}$

表 2.2 $n=0,\cdots,3$ 时的第一类球汉克尔函数

$h_0(x)=\dfrac{\mathrm{e}^{\mathrm{i}x}}{ix}$
$h_1(x)=-\dfrac{\mathrm{e}^{\mathrm{i}x}(i+x)}{x^2}$
$h_2(x)=\dfrac{i\mathrm{e}^{\mathrm{i}x}\left(-3+3ix+x^2\right)}{x^3}$
$h_3(x)=\dfrac{\mathrm{e}^{\mathrm{i}x}\left(-15i-15x+6ix^2+x^3\right)}{x^4}$

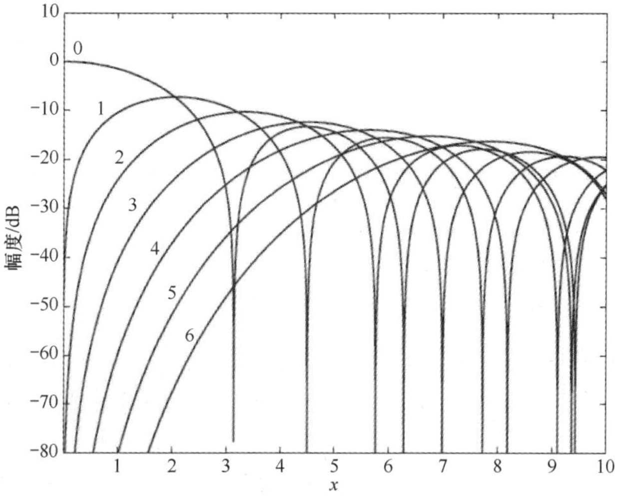

图 2.1 $n=0,\cdots,6$ 时球贝塞尔函数的幅度，$\left|j_n(x)\right|$

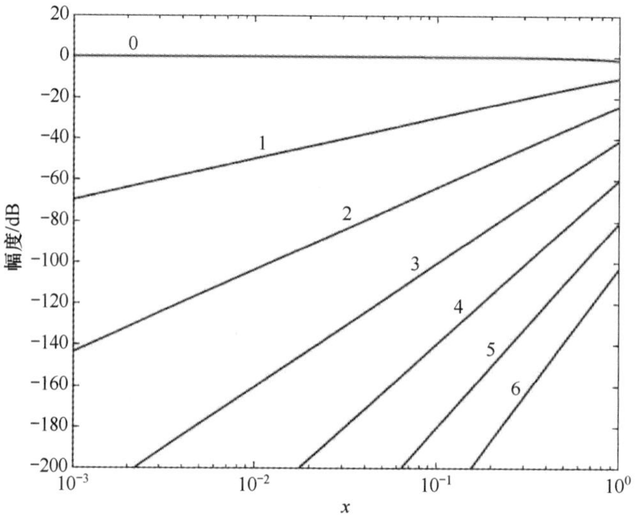

图 2.2　$n=0,\cdots,6$ 时球贝塞尔函数的幅度，$|j_n(x)|$，$x<1$

图 2.2 说明了当 x 较小时，随着阶数增加，$j_n(x)$ 坡度逐渐变陡。实际上，当 $x \ll 1$ 时，$j_n(x)$ 可以近似为[4]

$$j_n(x) \approx \frac{x^n}{(2n+1)!!},\quad x \ll 1 \tag{2.31}$$

式中：$(\cdot)!!$ 为双阶乘函数，比如 $(2n+1)!!=(2n+1)(2n-1)\cdots 1$。

图 2.1 显示出当 x 较大时，$j_n(x)$ 的幅度对所有 n 值，都按照类似的方式衰减。事实上，对于 $x \gg n$（或者更具体地说，对于 $x \gg n(n+1)/2$）时的 $j_n(x)$，正如表 2.1 所列，第一项占主导地位，像 $1/x$ 那样衰减，可以近似为[4]

$$j_n(x) \approx \frac{1}{x}\sin\left(x-\frac{n\pi}{2}\right),\quad x \gg \frac{n(n+1)}{2} \tag{2.32}$$

图 2.1 还显示出了球贝塞尔函数具有零点。$j_0(x)$ 的零点位于 $\pm l\pi$（$l=1,2,\cdots$）；对于更高阶数，第一个零点的位置位于 $x>\pi$，但是随 x 增大趋向于以间隔 π 出现，如式（2.32）所示。

图 2.3 展示了 $|h_n(x)|$，通过实例说明了与球贝塞尔函数球不同，球汉克尔函数向原点方向是发散的。此外，图 2.4 说明了当 $x \ll 1$ 时，随着阶数的增加，函数越靠近原点，坡度越陡。通过对球汉克尔函数的较小参数逼近，可以得到

$$h_n(x) \approx -i\frac{(2n-1)!!}{x^{n+1}},\quad x \ll 1 \tag{2.33}$$

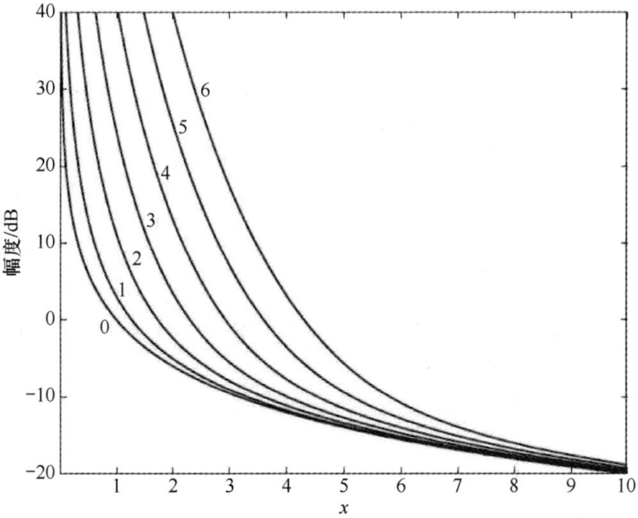

图 2.3　$n=0,\cdots,6$ 时球汉克尔函数的幅度，$|h_n(x)|$

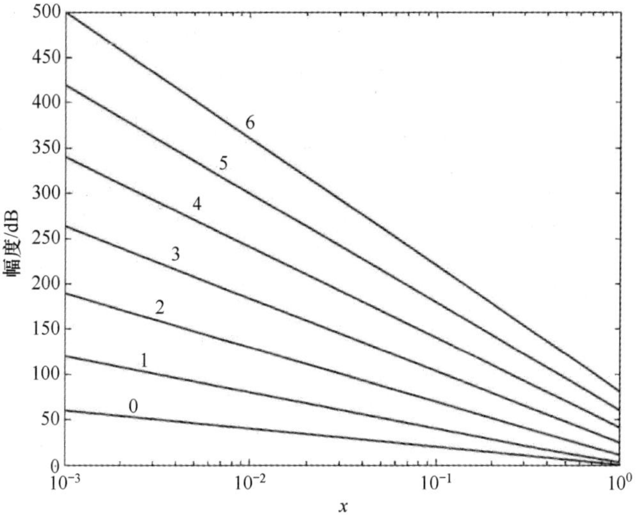

图 2.4　$n=0,\cdots,6$ 时球汉克尔函数的幅度，$|h_n(x)|$，$x<1$

另一方面，对于较大值的 x，$h_n(x)$ 对所有 n 值都按类似的方式衰减，通过较大参数逼近，可以得到

$$h_n(x) \approx (-i)^{n+1} \frac{\mathrm{e}^{\mathrm{i}x}}{x}, \quad x \gg \frac{n(n+1)}{2} \tag{2.34}$$

球贝塞尔函数也满足递归方程：

$$\frac{2n+1}{x}j_n(x)=j_{n-1}(x)+j_{n+1}(x) \tag{2.35}$$

和

$$(2n+1)j_n^{'}(x)=n\,j_{n-1}(x)-(n+1)j_{n+1}(x) \tag{2.36}$$

其中，$j_n^{'}(x)$表示$j_{n-1}(x)$关于x的一阶导数。上述等式关系对于第二类球贝塞尔函数，和第一类及第二类球汉克尔函数同样适用[4]。

2.3 单色平面波

考虑具有单位振幅、单一频率的平面波，波达方向为(θ_k,ϕ_k)，球坐标中的一个波向量写为$\tilde{\boldsymbol{k}}=-\boldsymbol{k}=(k,\theta_k,\phi_k)$。这个平面波是笛卡儿坐标下齐次波动方程的一个解，因此可以表示为一个球坐标中波动方程通解的组合。由于球汉克尔函数在原点发散，所以用球贝塞尔函数来表示平面波声场。由平面波在$\boldsymbol{r}=(r,\theta,\phi)$处产生的声压，其常见的表达式，比如$\mathrm{e}^{-\mathrm{i}\boldsymbol{k}\cdot\boldsymbol{r}}$，可以写作球谐函数和球贝塞尔函数的总和[23,56]：

$$\begin{aligned}p(k,r,\theta,\phi)&=\mathrm{e}^{-\mathrm{i}\boldsymbol{k}\cdot\boldsymbol{r}}=\mathrm{e}^{\mathrm{i}\tilde{\boldsymbol{k}}\cdot\boldsymbol{r}}\\&=\sum_{n=0}^{\infty}\sum_{m=-n}^{n}4\pi i^n j_n(kr)\left[Y_n^m(\theta_k,\phi_k)\right]^* Y_n^m(\theta,\phi)\end{aligned} \tag{2.37}$$

点积为$\tilde{\boldsymbol{k}}\cdot\boldsymbol{r}=kr\cos\Theta$。根据式（1.26）所示的球谐函数加法定理，式（1.27）可以简化为

$$p(k,r,\Theta)=\mathrm{e}^{\mathrm{i}kr\cos\Theta}=\sum_{n=0}^{\infty}i^n j_n(kr)(2n+1)P_n(\cos\Theta) \tag{2.38}$$

平面波的指数表达式，如式（2.37）的第一行所示，相较于同一表达式中第二行的无限求和形式，更为简单且合乎常情。然而，用球谐函数表示平面波的优势，在于使实现变量的分离成为可能。包含项kr、波达方向(θ_k,ϕ_k)和定义在半径为r的球面上的位置(θ,ϕ)，都可以作为分离函数里的参数进行公式化的表示。这一优点将在本书后文形成球谐函数域阵列处理算法中加以利用。式(2.37)和式（2.38）的推导和延伸阅读可参见文献[4,56]。

用球谐函数的无限求和来表示平面波的缺点，在实际中通常可以通过将无限求和式近似为有限求和式来克服，那么式（2.37）可以重新改写为

$$p(k,r,\Theta)\approx\sum_{n=0}^{N}\sum_{m=-n}^{n}4\pi i^n j_n(kr)\left[Y_n^m(\theta_k,\phi_k)\right]^* Y_n^m(\theta,\phi) \tag{2.39}$$

同时也引入了截断误差。

作为用球谐函数表示平面波声场的一个例子，令声场由一个单位振幅平面波构成，其波达方向为$\left(\theta_k,\phi_k\right)=\left(90^\circ,20^\circ\right)$。图 2.5 展示了$k=1$时声压的实部$\mathrm{Re}\{p\}$，使用式（2.39）针对不同的$N$值进行计算，并在$xy$平面上作图。图 2.5 显示在$N=32$时，正如预计的单个平面波振幅的实部那样，观察到了一幅正弦曲线的运行状态。但是对较小的的N值，比如$N=16$和$N=8$时，正弦曲线失真，只在原点附近的一个有限圆内维持正弦特性。这是球谐函数表示平面波的典型特性——只在球体内部是精确的。球体的半径取决于k和N，接下来会进行讨论。

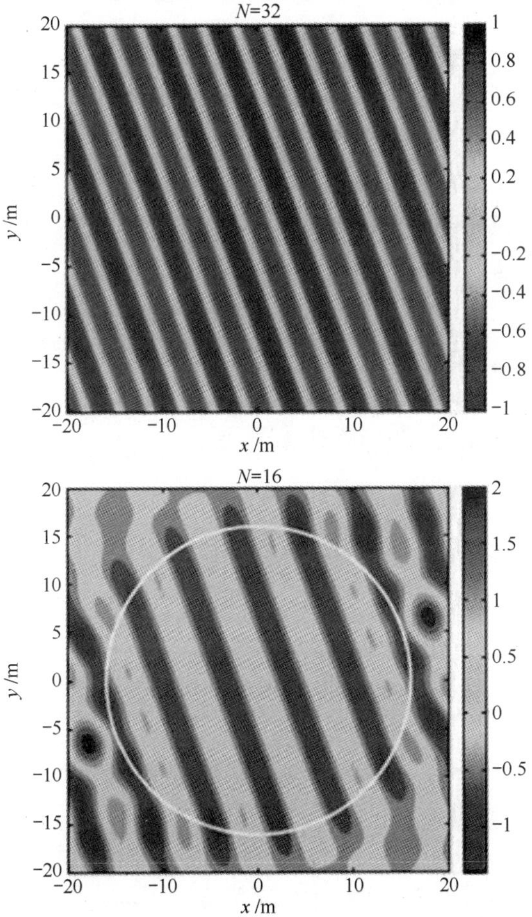

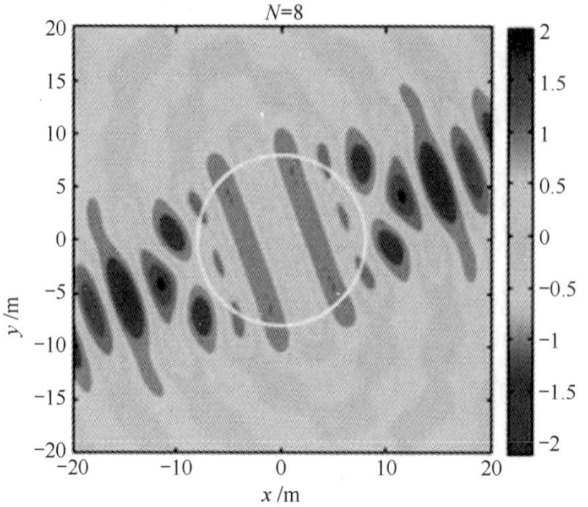

图 2.5 单位振幅平面波的实部 $\mathrm{Re}\{p\}$，波达方向为 $(\theta_k,\phi_k)=(90^\circ,20^\circ)$，使用式（2.39）计算，其中 $N=8,16,32$，$k=1$，在 xy 平面上作图（见彩图）

式（2.37）给出了单个平面波构成的声场，在点 (r,θ,ϕ) 处声压的一个表达式。现在，声压可以半径为 r 的球面上进行计算。因此，$p(k,r,\theta,\phi)$ 是定义在球面上的函数，具有球傅里叶变换，且系数表示为 $p_{nm}(k,r)$，满足

$$p(k,r,\theta,\phi)=\sum_{n=0}^{N}\sum_{m=-n}^{n}p_{nm}(k,r)Y_n^m(\theta,\phi) \tag{2.40}$$

比较式（2.37）和式（2.40），在单个单位振幅平面波组成的声场中，波达方向为 (θ_k,ϕ_k)，半径为 r 的球面上的声压球谐系数可以写作

$$p_{nm}(k,r)=4\pi i^n j_n(kr)\left[Y_n^m(\theta_k,\phi_k)\right]^* \tag{2.41}$$

式（2.41）也显示 p_{nm} 的幅度与 $j_n(kr)$ 的幅度成正比。因此可以预测，平面波声场的 p_{nm} 作为 n 的函数，在 $n>kr$ 时，将和图 2.1 中一样衰退，更为明确的实例，对于 $kr=8$ 和 $kr=16$，正如图 2.6 展示的那样。这个一个非常重要的结果，它说明了式（2.37）中用无限求和形式表示的声场，可以用式（2.37）中的有限求和来表示，而后者几乎没有误差。因此，平面波声场的球谐函数级数，可以认为是有限阶的，这样有限阶函数的采样定理，详见第三章，可以几乎没有误差地使用。

这个特性在图 2.5 中以 $N=16$ 为例进行了详细说明。图中展示了半径 $r=16$ 的圆（由于 $k=1$，等价于 $kr=16$），证实当 $N=16$ 时，满足 $kr<N$ 的圆内的压强，被精确重构，而圆外，即 $kr>N$ 处的压强重构出现了明显的误差。

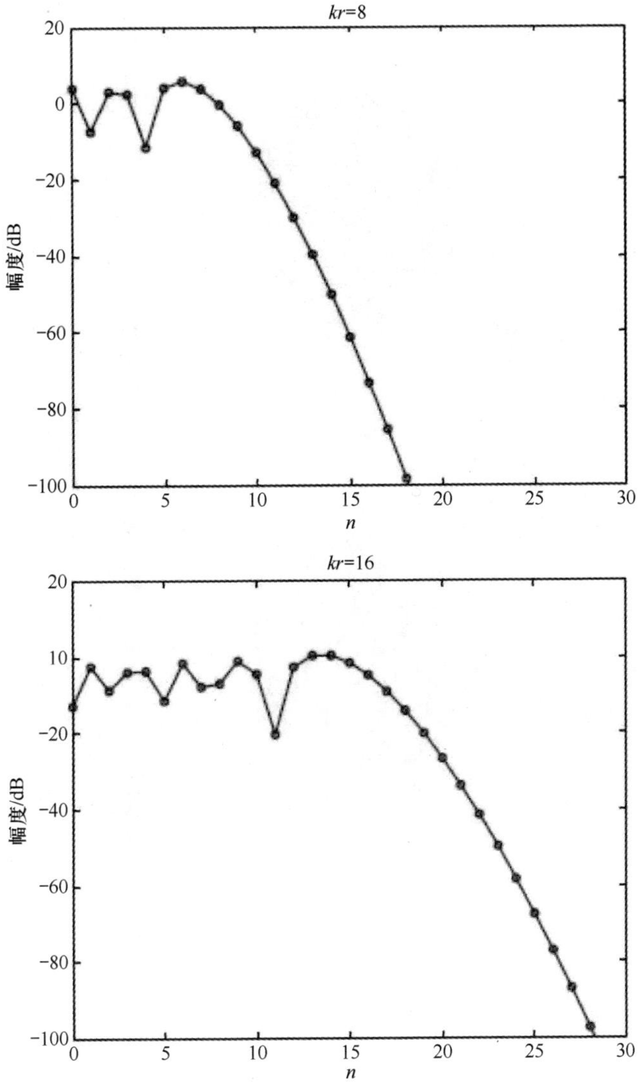

图 2.6　归一化球贝塞尔函数|的幅度，$\left|4\pi i^n j_n(kr)\right|$，$kr=8,16$

下面将进一步举例说明作为精确声压重构的条件：$kr<N$，同时分析球面声压的幅度，其中固定球半径为 r，波数为 k，且满足 $kr=10$。压强由来自 $(\theta_k,\phi_k)=(45^\circ,-45^\circ)$ 的一个单位振幅平面波得到，利用式（2.39）对不同 N 值进行重构。图 2.7 说明了当 $N=20$，满足 $N>kr$，根据压强的正弦特性可知，实现了良好的重构。当 $N=kr=10$ 时，重构的声压出现了失真，而当 $N=5$ 时，重构的压强与预期明显不同。

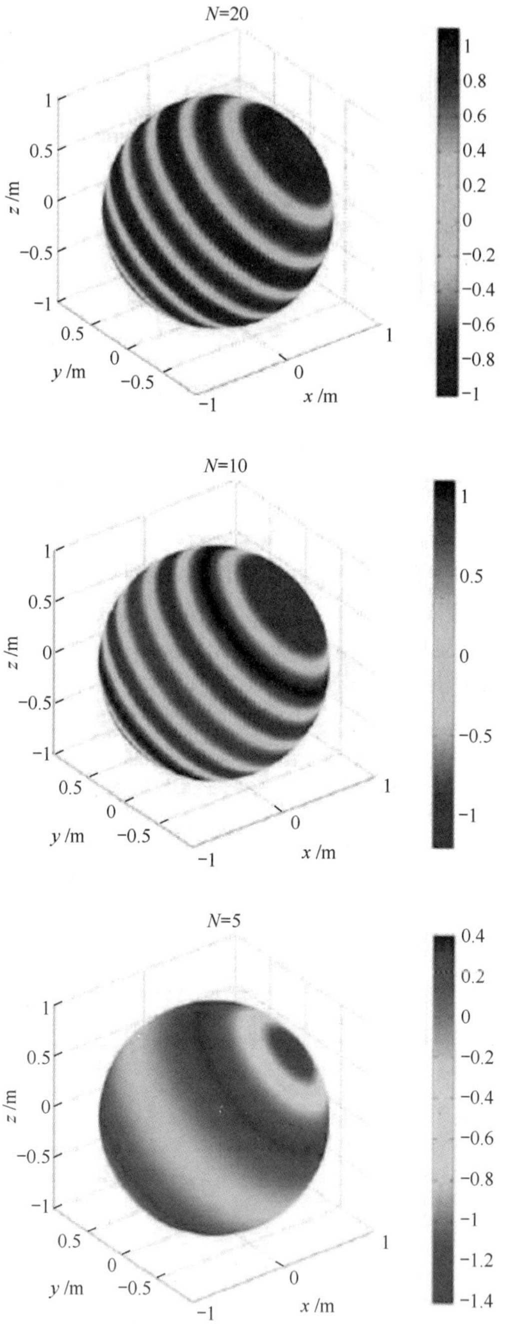

图 2.7 单位振幅平面波的实部 $\mathrm{Re}\{p(k,r,\theta,\phi)\}$，波达方向为 $(\theta_k,\phi_k)=(45^\circ,-45^\circ)$，用式（2.39）计算，在 $kr=10$ 的球面上作图，$N=5,10,20$（见彩图）

2.4 平面波合成

多个平面波构成的声场，如式（2.37）所示，可以表示为多项平面波之和的形式。当声场由无限个平面波，或是一个具有方向性振幅密度（以$a\left(k,\theta_k,\phi_k\right)$表示）的连续平面波构成时，声压可以写作

$$
\begin{aligned}
p\left(k,r,\theta,\phi\right) &= \int_0^{2\pi}\int_0^{\pi} a\left(k,\theta_k,\phi_k\right)\mathrm{e}^{\mathrm{i}\tilde{\boldsymbol{k}}\cdot\boldsymbol{r}}\sin\theta_k \mathrm{d}\theta_k \mathrm{d}\phi_k \\
&= \sum_{n=0}^{\infty}\sum_{m=-n}^{n} 4\pi i^n j_n\left(kr\right)Y_n^m\left(\theta_k,\phi_k\right) \\
&\quad\times \int_0^{2\pi}\int_0^{\pi} a\left(k,\theta_k,\phi_k\right)\left[Y_n^m\left(\theta_k,\phi_k\right)\right]^* \sin\theta_k \mathrm{d}\theta_k \mathrm{d}\phi_k \\
&= \sum_{n=0}^{\infty}\sum_{m=-n}^{n} 4\pi i^n a_{nm}\left(k\right) j_n\left(kr\right)Y_n^m\left(\theta_k,\phi_k\right)
\end{aligned}
\tag{2.42}
$$

式中：$a_{nm}\left(k\right)$为$a\left(k,\theta_k,\phi_k\right)$的球傅里叶变换。对比式（2.37）和式（2.42），对单个单位振幅平面波构成的声场，明显满足

$$
a_{nm}\left(k\right) = \left[Y_n^m\left(\theta_k,\phi_k\right)\right]^* \tag{2.43}
$$

此时，根据式（1.58），有

$$
a\left(k,\theta,\phi\right) = \delta\left(\cos\theta - \cos\theta_k\right)\delta\left(\phi-\phi_k\right) \tag{2.44}
$$

当在半径为r的球面上计算平面波组合构成的声场时，根据式（2.42），在球谐函数域中可以写作

$$
p_{nm}\left(k,r\right) = 4\pi i^n a_{nm}\left(k\right) j_n\left(kr\right) \tag{2.45}
$$

这是一个非常有用的结论，它将平面波振幅密度函数的球谐系数，与声压的球谐系数直接联系在一起。这也是分析球面声压的优势——测量函数p_{nm}与形成声场的函数a_{nm}在同一个域（球谐函数）中，因此促进了二者的直接关系。

式（2.42）包含了一个无限求和式，但是与单个平面波的情况类似，这个无限和式在实际应用中可以近似为有限求和式，得到

$$
p\left(k,r,\theta,\phi\right) \approx \sum_{n=0}^{N}\sum_{m=-n}^{n} 4\pi i^n a_{nm}\left(k\right) j_n\left(kr\right)Y_n^m\left(\theta_k,\phi_k\right) \tag{2.46}
$$

因为两者对径向函数$j_n\left(kr\right)$具有类似的相关性，因此，从单个平面波构成的声场的有限和式近似式推导得出的性质，在这里也成立。

式（2.40）和式（2.45）表明，仅从单个球面声压的结论可知，单个平面波或者多个平面波构成的声场，其三维空间的完整信息是可以得到的。这是由

于球上声压的球谐系数 $p_{nm}(k,r)$，和平面波振幅密度函数 $a_{nm}(k)$ 之间的直接关系促成的，如式（2.45）所示，构成了整个空间里的声场。给定 $p(k,r,\theta,\phi)$，和使用式（1.41）给出的球傅里叶变换求得的 $p_{nm}(k,r)$，就可以推导得出空间内任意位置 (r',θ',ϕ') 的声压。首先，通过除以 $4\pi i^n j_n(kr)$（式（2.45））可以从 $a_{nm}(k)$ 中提取计算出平面波振幅密度，然后乘以 $4\pi i^n j_n(kr')$ 对 $p_{nm}(k,r')$ 进行重构，则有

$$p(k,r',\theta',\phi')=\sum_{n=0}^{\infty}\sum_{m=-n}^{n}\frac{j_n(kr')}{j_n(kr)}p_{nm}(k,r)Y_n^m(\theta',\phi') \tag{2.47}$$

式（2.47）在实际应用中被一些因素所限制：首先，kr 取值与球贝塞尔函数的零点一致，导致了除数为 0 的除法，商数发散；其次，正如上面所讨论的，$p_{nm}(k,r)$ 直到阶数 $n=kr$ 时才具有有效项，而如果 $r' \gg r$，压强在 r' 处的精确重构需要达到阶数为 $n=kr' \gg kr$ 的项。因此，$p(k,r',\theta',\phi')$ 的精确计算可能需要除以 $j_n(kr)$，它在 $n>kr$ 时幅度低，再次导致了数值不稳定性。此外，如果式（2.47）的无限求和式被阶数为 N 的有限求和式替代，如下式所示，那么有限阶等式只有在 kr 和 kr' 都小于 N 时才有用：

$$p(k,r',\theta',\phi')\approx\sum_{n=0}^{N}\sum_{m=-n}^{n}\frac{j_n(kr')}{j_n(kr)}p_{nm}(k,r)Y_n^m(\theta',\phi') \tag{2.48}$$

2.5 点源

现实世界中的声源在其临近处产生声场，将该声场建模为一个简单的点源（单极子声源）或者是点源的组合是一个恰当的处理方式。考虑一个位于 $\boldsymbol{r}_s=(r_s,\theta_s,\phi_s)$ 的点源，在距离其 1m 处产生了单位振幅声压。这个点源产生了球形声场，也就是压强幅度的衰减速度，与其和点源的距离成反比，到点源的距离固定不变时，这些位置的相位是关于 θ 和 ϕ 的恒定函数。球形辐射场中 $\boldsymbol{r}=(r,\theta,\phi)$ 处的声压，像文献[23,56]中那样，可以用一组球谐函数写为

$$\frac{\mathrm{e}^{-\mathrm{i}k\|\boldsymbol{r}-\boldsymbol{r}_s\|}}{\|\boldsymbol{r}-\boldsymbol{r}_s\|}=\sum_{n=0}^{\infty}\sum_{m=-n}^{n}4\pi(-i)kh_n^{(2)}(kr_s)j_n(kr)\left[Y_n^m(\theta_s,\phi_s)\right]^*Y_n^m(\theta,\phi),\quad r<r_s \tag{2.49}$$

其中，$\|\boldsymbol{r}\|=r$，$\|\cdot\|$ 表示欧几里得范数。条件 $r<r_s$ 意味着相对于到点源的距离，测量点到原点的距离更近。如果考虑半径为 r 的球形测量表面，那么点源假设在测量球面的外部。注意到这种情况下，点源产生的声场与平面波声场的相似

性，后者由式（2.37）表征，这里用点源方向替代平面波到达方向。实际上，点源距离测量区域很远时，可以产生与平面波声场类似的声场。指数项 $e^{-ik\|\boldsymbol{r}-\boldsymbol{r}_s\|}$ 中的负号，保证了在和与时间相关的指数项 $e^{i\omega t}$ 结合时，声辐射是从点源向外方向的。

相对于到测量点距离，如果点源到坐标原点的距离更近，则交换 r 和 r_s 的位置，使得

$$\frac{e^{-ik\|\boldsymbol{r}-\boldsymbol{r}_s\|}}{\|\boldsymbol{r}-\boldsymbol{r}_s\|}=\sum_{n=0}^{\infty}\sum_{m=-n}^{n}4\pi(-i)kh_n^{(2)}(kr)j_n(kr_s)\left[Y_n^m(\theta_s,\phi_s)\right]^*Y_n^m(\theta,\phi),\quad r>r_s \tag{2.50}$$

类似地，考虑一个半径为 r 的测量球面，点源在测量球面内。上述等式在分析源的声辐射中很有用，通过测量环绕在源点处球面上的声压来进行分析。注意到在这种情况下，在半径为 r 的球面上测量的声压函数的球谐系数，与球汉克尔函数 $h_n^{(2)}(kr)$ 具有径向关系，而和球贝塞尔函数 $j_n(kr)$ 无关。在远点源和平面波的情况下与上述后者 $j_n(kr)$ 有关。虽然球汉克尔函数和球贝塞尔函数都是波动方程沿 r 的解，由于两者都在奇异点和点源位置上分别产生无限声压，但球汉克尔函数的奇异点更适合描述点源。

由于使用球谐系数可以表征位于 (r_s,θ_s,ϕ_s) 的点源，则半径为 r 的球面上的声压为 $p(k,r,\theta,\phi)$。通过对式（2.40）、式（2.49）和式（2.50）的比较可以发现

$$p_{nm}(k,r)=4\pi(-i)kh_n^{(2)}(kr_s)j_n(kr)\left[Y_n^m(\theta_s,\phi_s)\right]^*,\quad r<r_s \tag{2.51}$$

和

$$p_{nm}(k,r)=4\pi(-i)kh_n^{(2)}(kr)j_n(kr_s)\left[Y_n^m(\theta_s,\phi_s)\right]^*,\quad r>r_s \tag{2.52}$$

式（2.47）表示了测量球面到其他位置的声压的推断，它也适用于从单个点源或者多个点源产生的其他声场情况，只要声源在半径为 r 和 r' 的球外部。当声源位于半径为 r 和 r' 的球内时，式（2.47）中的 $j_n(kr)$ 和 $j_n(kr')$ 要分别替换为 $h_n(kr)$ 和 $h_n(kr')$。

式（2.49）可用于描述原点附近 (r,θ,ϕ) 处的压强，此时点源距离坐标原点足够远。这种情况下，将球汉克尔函数的大参数近似代入，像式（2.34）那样，$h_n^{(2)}(kr_s)$ 这一项用 $(i)^{n+1}\dfrac{e^{-ikr_s}}{kr_s}$ 代替，当回代入式（2.51）时，得到下面的近似式：

$$p_{nm}(k,r) \approx \frac{e^{-kr_s}}{r_s} 4\pi i^n j_n(kr)\left[Y_n^m(\theta_s,\phi_s)\right]^*, \quad r < r_s, \quad kr_s \gg \frac{n(n+1)}{2} \tag{2.53}$$

半径为 r 的球面上的声压，其球谐系数与平面波产生的相同球面上的系数相似，如式（2.41）所示，其中用 $\frac{e^{-kr_s}}{r_s}$ 归一化的 $(\theta_k,\phi_k)=(\theta_s,\phi_s)$，表示了相移和由于从点源到坐标原点的传播引起的衰减。此外，如果我们考虑声压被限制在半径为 r 的球面上，阶数近似为有限阶 $N=kr$，假设 r_s 满足 $kr_s > N(N+1)/2$，那么点源产生的声压与平面波 $(\theta_k,\phi_k)=(\theta_s,\phi_s)$ 产生的声压几乎一样。这是一个有用的结论，它使得远距离点源产生的，在空间内限定区域里的声压，可以近似为平面波产生的声压，因此沿袭了平面波声场的性质。更多关于点源和平面波在原点附近产生的声场的详细对比，可以参见文献[14]。

2.6 刚性球体周围的声压

前面几节分析了自由场中平面波和点源，以及在一个球的表面上产生的声压。本节将对刚性球体周围的声压进行推导。这对于需要测量安放在刚性球体上的麦克风发出的声压，和用于模拟人头的刚性球体时大有裨益，前者常常和现实中的情景一致。

刚性球体的声压由入射声场和散射声场组成：入射声场是在没有刚性球体的自由场内的声场；散射声场是入射声场从刚性球体上散射后的声场。两个场对一个刚性球体周围声压的贡献，将在下面用公式表示。考虑一个半径为 r_a 的刚性球体，球在其径向速度为 0 的表面施加了一个边界条件：

$$u_r(k,r_a,\theta,\phi)=0 \tag{2.54}$$

由于球边界上的阻抗为无限大，并且声压在此边界上不能形成径向运动。声速可以通过动量守恒方程（或者欧拉方程），与压强在球坐标中相联系：

$$i\rho_0 cku(k,r,\theta,\phi)=\nabla p(k,r,\theta,\phi) \tag{2.55}$$

其中，球坐标系下的梯度算子由下式给出：

$$\nabla p \equiv \frac{\partial p}{\partial r}\hat{r}+\frac{1}{r}\frac{\partial p}{\partial \theta}\hat{\theta}+\frac{1}{r\sin\theta}\frac{\partial p}{\partial \phi}\hat{\phi} \tag{2.56}$$

式中：ρ_0 为空气密度（kg/m^3）；$\hat{r}$ 、$\hat{\theta}$ 、$\hat{\phi}$ 为单位向量，如图 2.8 所示，其中 $\hat{r}$ 指向 $\boldsymbol{r}$ 方向，$\hat{\theta}$ 和半径为 r 的球面上的相切，方向沿经线向下，$\hat{\phi}$ 沿纬线方向和半径为 r 的球面上的相切。

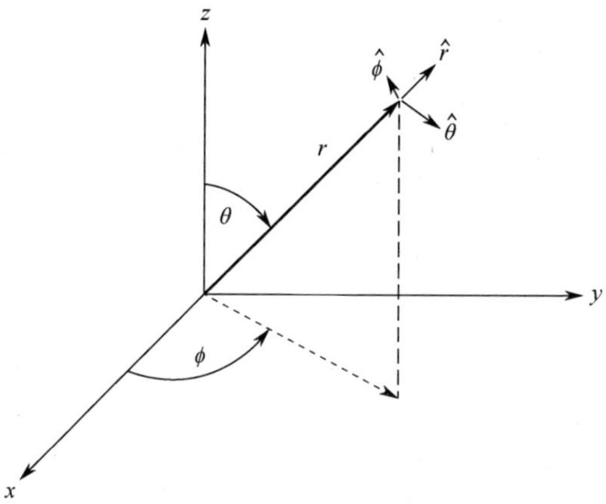

图 2.8　表明了坐标方向的球坐标系

将式（2.56）和式（2.54）代入式（2.55），用 $p = p_i + p_s$ 和 $u_r = u_{ri} + u_{rs}$ 分别表示由入射和散射分量构成的总的压强和总的径向速度，可以得到

$$\frac{\partial}{\partial r}\left[p_i\left(k,r,\theta,\phi\right)+p_s\left(k,r,\theta,\phi\right)\right]\Big|_{r=r_a}=0 \tag{2.57}$$

散射压强现在可以像球谐函数级数那样写为

$$p_s\left(k,r,\theta,\phi\right)=\sum_{n=0}^{\infty}\sum_{m=-n}^{n}c_{nm}\left(k\right)h_n^{(2)}\left(kr\right)Y_n^m\left(\theta,\phi\right) \tag{2.58}$$

注意球汉克尔函数 $h_n^{(2)}\left(kr\right)$ 的使用，在于其作为源于半径为 r 的球面内的散射声场，从刚性球体向外传播。使用第二类球汉克尔函数的原因，是因为它含有 $\mathrm{e}^{-\mathrm{i}kr}$ 形式的项，当其与和时间相关的项（如 $\mathrm{e}^{\mathrm{i}(\omega t-kr)}$）结合时，波的传播方向正好为 $\hat{r}$ 的正方向，即从刚性球体向外。球体周围的入射声压，在球谐函数域上可以写为

$$p_i\left(k,r,\theta,\phi\right)=\sum_{n=0}^{\infty}\sum_{m=-n}^{n}a_{nm}\left(k\right)4\pi i^n j_n\left(kr\right)Y_n^m\left(\theta,\phi\right) \tag{2.59}$$

注意，a_{nm} 假定为平面波构成的一个入射声场，平面波用前面使用的符号描述（式（2.42））。然而，只要点源满足在半径为 r 的球体之外（式（2.49）），点源产生的声场也有相似的表达式。

通过代入散射声压的式（2.58）和入射声压的式（2.59），在球谐函数域写出式（2.57），可得

$$c_{nm}\left(k\right)=-a_{nm}\left(k\right)4\pi i^n\frac{j_n'\left(kr_a\right)}{h_n^{(2)'}\left(kr_a\right)} \tag{2.60}$$

将 c_{nm} 代入式（2.58），再加上入射场式（2.59），则一个刚性球体周围总的声场为

$$p(k,r,\theta,\phi)=\sum_{n=0}^{\infty}\sum_{m=-n}^{n}a_{nm}(k)4\pi i^{n}\left[j_n(kr)-\frac{j_n'(kr_a)}{h_n^{(2)'}(kr_a)}h_n^{(2)}(kr)\right]Y_n^m(\theta,\phi) \quad (2.61)$$

将其中部分因子用 $b_n(kr)$ 进行简化表示：

$$b_n(kr)=4\pi i^{n}\left[j_n(kr)-\frac{j_n'(kr_a)}{h_n^{(2)'}(kr_a)}h_n^{(2)}(kr)\right] \quad (2.62)$$

刚性球体外的压强，在球谐函数域中可以写作

$$p_{nm}(k,r)=a_{nm}(k)b_n(kr) \quad (2.63)$$

注意上式与式（2.45）的相似性，这里用 $b_n(kr)$ 替代了 $4\pi i^n j_n(kr)$，包含了一个散射项。同时注意到为了使标记方式简单一些，r_a 中和 b_n 明确的相关性此处已经省略。b_n 幅度的运行状态，通过 4π 进行归一化以后呈现在图 2.9 中。与展示 j_n 幅度的图 2.1 相比，函数 b_n 在远离原点时没有零点。当将除以 b_n 替换为除以 j_n 时，这个重要的性质是很有用的，比如在声音外推中（式（2.48）），或者更为一般地，用于本书后文呈现的阵列处理领域。

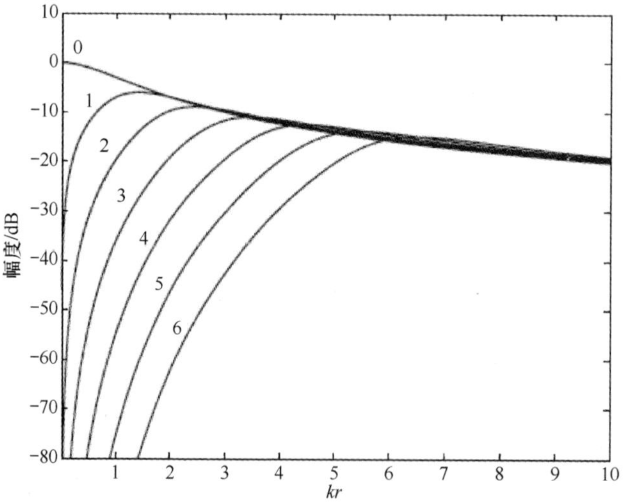

图 2.9　一个刚性球体上的函数 $|b_n(kr)|/4\pi$，$r=r_a$，$n=0,\cdots,6$

与一个自由场中球面的压强类似，在刚性球体周围，一个平面波声场产生的压强的球谐系数的幅度如图 2.10 所示，在 $n>kr$ 时减小。该图与图 2.6 类似，只是由于没有零点，因此图 2.10 对低值时的 n 要平滑一些。

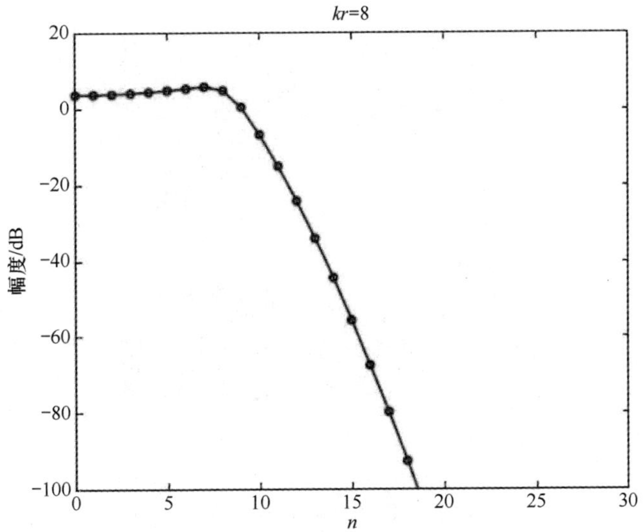

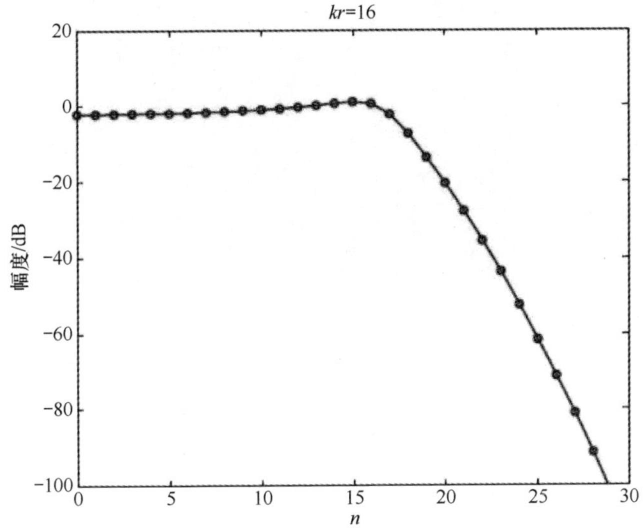

图 2.10　一个刚性球体上的函数$\left|b_n(kr)\right|$，$r = r_a$，$kr = 8,16$

图 2.11 给出了半径r_a分别为 1m、3m 和 10m 的刚性球体周围声压的实部$\mathrm{Re}\{p(k,r,\theta,\phi)\}$，压强由来自$(\theta_k,\phi_k)=(90^\circ,20^\circ)$的单个单位振幅的平面波产生，$k=1$。声压通过式（2.61）计算，其中各项限制在阶数$N=32$。比较图 2.5 和图 2.11 可以发现，从刚性球体散射出来的声压，其影响很明显。对于较大的半径，比如r_a为 3 和 10 时，刚性球体周围的声场被散射场改变显著，但是对于较小的半径，比如r_a为 1 时，改变则较小。

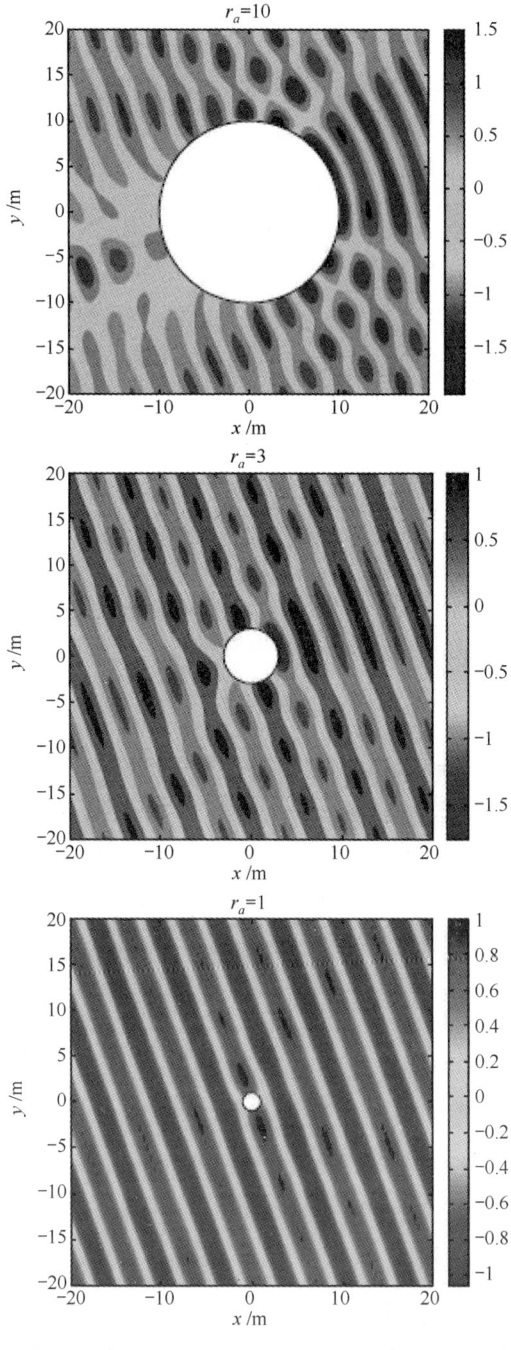

图 2.11　来自 $(\theta_k,\phi_k)=(90^\circ,20^\circ)$ 单位振幅平面波的实部 $\mathrm{Re}\{p(k,r,\theta,\phi)\}$，$k=1$，在 xy 平面上作图。图中还在原点处画出了半径 r_a 为 1、3、10 的刚性球体（见彩图）

刚性球体的半径和散射声场的幅度之间的关系，可以通过分析来进行研究。散射声场与 b_n 中的项 $j_n^{'}(kr_a)/h_n^{(2)'}(kr_a)$ 相关（式（2.62））。对满足 $kr_a \ll 1$ 的小型刚性球体，代入式（2.36）所示的导数关系，使用式（2.31）和式（2.33）中的小参数近似，$j_n^{'}(kr_a)/h_n^{(2)'}(kr_a)$ 与 $(kr_a)^{2n+1}$ 成比例关系，当 $kr_a \to 0$ 时，$j_n^{'}(kr_a)/h_n^{(2)'}(kr_a)$ 趋于 0，因此得到了散射场产生的一个可以忽略不计的贡献。

图 2.12 给出了平面波声场在一个刚性球体表面上产生的的声压，图中展示了半径 $kr_a = 10$ 的一个球面上的 $\mathrm{Re}\{p(k,r,\theta,\phi)\}$，平面波的波达方向是 $(\theta_k,\phi_k)=(45^\circ,-45^\circ)$，用项的阶数达 $N=32$ 的式（2.61）计算。该图清楚地显示，刚性球体表面声压的幅度在靠近平面波到达方向的球面处最高，且由于刚性球体的影响在传播方向上逐渐衰减。

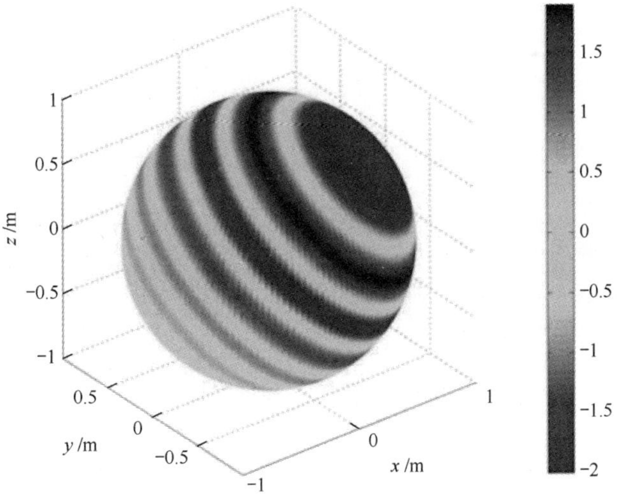

图 2.12　来自 $(45^\circ,-45^\circ)$ 单位振幅平面波的实部 $\mathrm{Re}\{p(k,r,\theta,\phi)\}$，通过式（2.61）在 $kr_a = 10$ 时求得，绘制在一个刚性球体的表面上（见彩图）

2.7　场的转换

本章到目前为止，声压都是相对于球坐标系的原点给出的。相对于一个转换后的球坐标系，也许在球谐函数域中表示声波更为有用。例如，几个球的声压可以基于相同的原点表示。其他关于用球谐函数表示的转换后声场的例子，已经在近期出版的文献[7,39]中进行了探讨。因此，本节的目标是对声场转换的运算，和转换对球谐函数中声场的表达方式效果的概述。

由平面波，或者远距离点源在(r,θ,ϕ)处产生的声场，可以描述为一系列的赋予权重值的$j_n(kr)Y_n^m(\theta,\phi)$项，尽管靠近原点的点源产生的声场可以描述为一系列加权的$h_n(kr)Y_n^m(\theta,\phi)$项（式（2.50））。考虑坐标系内从原点到$\boldsymbol{r}''=(r'',\theta'',\phi'')$的转换，有

$$\boldsymbol{r}=\boldsymbol{r}'+\boldsymbol{r}'' \tag{2.64}$$

如图2.13所示。

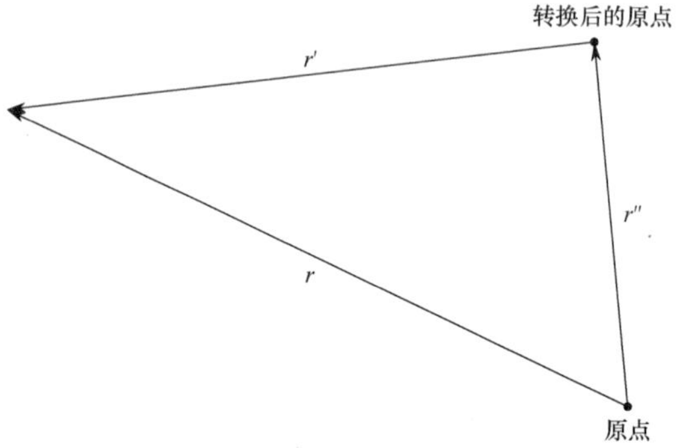

图2.13　原点到$\boldsymbol{r}''$的转换

相对于原始系数，计算转换后坐标系中球谐函数域内声场的系数，也许是有用的。这样一个公式采取哪种形式，取决于原声场和转换后声场是否采用球贝塞尔项或者球汉克尔项。因此转换后的公式使用下述三项变换式：

（1）从球贝塞尔函数到球贝塞尔函数[10]：

$$j_n(kr)Y_n^m(\theta,\phi)=\sum_{n'=0}^{\infty}\sum_{m'=-n'}^{n'}j_{n'}(kr')Y_{n'}^{m'}(\theta',\phi') \times\sum_{n''=0}^{\infty}j_{n'}(kr'')Y_{n''}^{m-m'}(\theta'',\phi'')C_{n'm'}^{nmn''} \tag{2.65}$$

（2）从球汉克尔函数到球汉克尔函数：

$$h_n^{(2)}(kr)Y_n^m(\theta,\phi)=\sum_{n'=0}^{\infty}\sum_{m'=-n'}^{n'}h_{n'}^{(2)}(kr')Y_{n'}^{m'}(\theta',\phi') \times\sum_{n''=0}^{\infty}j_{n''}(kr'')Y_{n''}^{m-m'}(\theta'',\phi'')C_{n'm'}^{nmn''},\quad r'>r'' \tag{2.66}$$

（3）从球汉克尔函数到球贝塞尔函数：

$$h_n^{(2)}(kr)Y_n^m(\theta,\phi)=\sum_{n'=0}^{\infty}\sum_{m'=-n'}^{n'}j_{n'}(kr')Y_{n'}^{m'}(\theta',\phi') \times\sum_{n''=0}^{\infty}h_{n''}^{(2)}(kr'')Y_{n''}^{m-m'}(\theta'',\phi'')C_{n'm'}^{nmn''},\quad r'<r'' \tag{2.67}$$

其中

$$C_{n'm'}^{nmn''} = 4\pi i^{(n'+n''-n)}(-1)^m \sqrt{\frac{(2n+1)(2n'+1)(2n''+1)}{4\pi}} \times \begin{pmatrix} n & n' & n'' \\ 0 & 0 & 0 \end{pmatrix} \begin{pmatrix} n & n' & n'' \\ -m & m' & m-m' \end{pmatrix} \tag{2.68}$$

和 $\begin{pmatrix} j_1 & j_2 & j_3 \\ m_1 & m_2 & m_3 \end{pmatrix}$ 是 Wigner 3-j 符号[10]。式（2.65）是从等式 $e^{i\tilde{k}\cdot r} = e^{i\tilde{k}\cdot r'}e^{i\tilde{k}\cdot r''}$ 推导得出的：首先将式（2.37）代入所有项，然后乘以 $Y_{n'}^{m'}(\theta_k,\phi_k)$，最后关于 (θ_k,ϕ_k) 在球面上积分。通过探究球贝塞尔函数和球汉克尔函数的关系[10]，可以推导出式（2.66）和式（2.67）。

现在考虑多个平面波构成的声场，在球面附近进行测量的情景，此时 $\boldsymbol{r}=(r,\theta,\phi)$ 中的 r 是常数。在这种情况下，球上的函数可以用球谐函数域中的系数来表示，像式（2.45）中那样：

$$p_{nm}(k,r) = 4\pi i^n a_{nm}(k) j_n(kr) \tag{2.69}$$

系数 $a_{nm}(k)$ 提供了声场信息，且可以用于计算相对于原点在位置 (r,θ,ϕ) 处的声压。现在保持相同的声场，但是将坐标系的原点平移到 $\boldsymbol{r}''$，我们想要一组相似的系数 $a'_{nm}(k)$ 来计算相对于新的原点在位置 (r',θ',ϕ') 处的声压。我们希望公式化地给出 $a_{nm}(k)$ 和 $a'_{nm}(k)$ 的直接关系。声压可以用式（2.65）和式（2.69）写作

$$\begin{aligned} p(k,r,\theta,\phi) &= \sum_{n=0}^{\infty}\sum_{m=-n}^{n} 4\pi i^n a_{nm}(k) j_n(kr) Y_n^m(\theta,\phi) \\ &= \sum_{n=0}^{\infty}\sum_{m=-n}^{n} 4\pi i^n a_{nm}(k) \sum_{n'=0}^{\infty}\sum_{m'=-n'}^{n'} j_{n'}(kr') Y_{n'}^{m'}(\theta',\phi') \\ &\quad \times \sum_{n''=0}^{\infty} j_{n''}(kr'') Y_{n''}^{m-m'}(\theta'',\phi'') C_{n'm'}^{nmn''} \\ &= \sum_{n'=0}^{\infty}\sum_{m'=-n'}^{n'} 4\pi i^{n'} j_{n'}(kr') Y_{n'}^{m'}(\theta',\phi') \\ &\quad \times \left[\sum_{n=0}^{\infty}\sum_{m=-n}^{n} a_{nm}(k) \sum_{n''=0}^{\infty} j_{n''}(kr'') Y_{n''}^{m-m'}(\theta'',\phi'') C_{n'm'}^{nmn''} i^{n-n'}\right] \end{aligned} \tag{2.70}$$

①

因此有

① 已根据原书作者提供的勘误表进行了修正。

$$a'_{n'm'}(k)=\sum_{n=0}^{\infty}\sum_{m=-n}^{n}a_{nm}(k)\sum_{n''=0}^{\infty}j_{n''}(kr'')Y_{n''}^{m-m'}(\theta'',\phi'')C_{n'm'}^{nmn''} \tag{2.71}$$

式（2.71）给出了声场系数在原坐标系中和转换后坐标系中的关系。可以用式（2.66）和式（2.67）形成类似的关系式。注意，只有在$|n-n'|\leqslant n''\leqslant n+n'$时$C_{n'm'}^{nmn''}$才不为零，所以如果$a_{nm}$阶数有限，每个系数$a'_{n'm'}$都可以用有限个求和式计算。

第三章　球面采样

摘要：球形麦克风阵列（传感器整列）是通过在三维空间设置麦克风，并记录麦克风所在位置的信号来实现的。当麦克风被放置在一个球体的表面时，它们对球体表面的声压进行采样。所测量球体声压函数的估计，可以取决于采样模式和球面采样函数的方法，如等角采样、高斯采样和均匀采样，这些将在本章中呈现。采样方法的一个重要特征是，在有限阶函数的情况下，其促进球面函数球傅里叶变换计算的能力。当这项能力没有完全达到时，会出现采样误差，并且函数也不能从它的采样中重建。对于从样本中计算球谐系数而言，以上提到的采样方法都拥有其闭式表达，利用一个求而非积分实现。任意采样模式中球谐系数的计算，可以使用抽样球谐函数矩阵的逆来实现，这将在本章进行详细的介绍。这里所呈现的方法，将在球形麦克风阵列的设计中，为选择麦克风的位置提供基本的原则。

3.1　有限阶函数采样

定义在连续变量（如时间和空间）中的采样函数，通常要求其能够使用计算机实现采样函数的数字化处理。空间中声压函数的采样需要使用麦克风，并且麦克风的位置决定了相应的采样点。利用麦克风组成的一个空间采样系统的设计，包括了一个折中——减少麦克风的数量可以导致系统复杂性的降低，而增加麦克风的数量可以使声压函数的重建精度得以改善。

采样定理，比如文献[40]中的奈奎斯特定理，要求函数为带宽有限的，以实现从样本中完全重构。这意味着该函数可以通过有限个基函数来表示。球面上函数的采样定理，可以以一种相似的方式，要求该函数是有限阶数，或者能够被有限个球谐函数所表示。

采样问题的一种通用的表达式，可以从求积法出发推导得到。求积法旨在通过对函数样本的一个求和来计算一个给定函数的积分。求体积法有时也被用来表示多重积分。考虑一个定义在单位球面上的函数 $g(\theta,\phi)$。给定一组球面上的样本 (θ_q,ϕ_q) 和采样权值 α_q，求面积法旨对积分进行近似，即

$$\int_0^{2\pi}\int_0^{2\pi} g(\theta,\phi)\sin\theta\mathrm{d}\theta\mathrm{d}\phi \approx \sum_{q=1}^{Q}\alpha_q g(\theta_q,\phi_q) \tag{3.1}$$

其中，Q 为样本的总数，对于估计函数下方的面积的求面积公式，通过代入 $g(\theta,\phi)=f(\theta,\phi)\left[Y_n^m(\theta,\phi)\right]^*$，可以扩展到函数重建。从式（1.41）起步，这种用样本来取代的方式，导致了函数 $f(\theta,\phi)$ 球傅里叶变换的近似：

$$\begin{aligned} f_{nm} &= \int_0^{2\pi}\int_0^{2\pi} f(\theta,\phi)\left[Y_n^m(\theta,\phi)\right]^* \sin\theta \mathrm{d}\theta\mathrm{d}\phi \\ &\approx \sum_{q=1}^{Q} \alpha_q f(\theta_q,\phi_q)\left[Y_n^m(\theta_q,\phi_q)\right]^* \end{aligned} \tag{3.2}$$

对于阶数有限的函数，当给定的 Q 充分大时，近似式变为一个等式。在这种情况下，$f(\theta,\phi)$ 可以利用球傅里叶逆变换（式（1.40））在球面上实现完美的重建。把 $Y_{n'}^{m'}(\theta,\phi)$ 代入 $f(\theta,\phi)$，因此，f_{nm} 被 $\delta_{nn'}\delta_{mm'}$ 所替代（式（1.59）），式（3.2）缩减为

$$\sum_{q=1}^{Q} \alpha_q Y_{n'}^{m'}(\theta_q,\phi_q)\left[Y_n^m(\theta_q,\phi_q)\right]^* = \delta_{nn'}\delta_{mm'} \tag{3.3}$$

这里对于阶数有限的函数，在给定的阶数范围内，近似式变为一个等式，这展示出一种理想采样方案的一个基本特性——球谐函数正交性保持不变，至少在一个有限的阶数范围内如此。

下面的章节将会介绍几种常见的采样方案，其中推导出的采样权值 α_q 和采样点 (θ_q,ϕ_q)，使得式（3.3）对阶数有限的函数仍然成立。

3.2 等角采样

等角采样是一种球面采样方法，此法中一个函数 $f(\theta,\phi)$ 沿着 θ 和 ϕ 方向，在等间距的角度位置被采样。图 3.1 展示了一种球面上的等角采样分布，图中 12[①] 个样本沿着方位角 $\phi\in[0,2\pi)$ 和俯仰角 $\theta\in[0,\pi)$ 被定位，按照定义，单位球面上样本的位置为

$$\begin{cases} Q_q = \left(q+\dfrac{1}{2}\right)\dfrac{\pi}{2N+2}, & q=0,\cdots,2N+1 \\ \phi_l = l\dfrac{2\pi}{2N+2}, & l=0,\cdots,2N+1 \end{cases} \tag{3.4}$$

其中，样本总数由 $4(N+1)^2$ 给出，由 N 确定。N 还表示了一个有限阶函数的最

① 已根据原书作者提供的勘误表进行了修正。

大阶数，这些函数可以从这些样本中重构出来，本节后文中将会详细介绍。注意到，将值1/2添加到指示 q[19]中以确保样本不在两极取值。由于方位角样本的重复性，将样本放置在极点[19]处会导致 $2N+2$ 个同样位置的样本，因此也减少了非同位样本的总数。

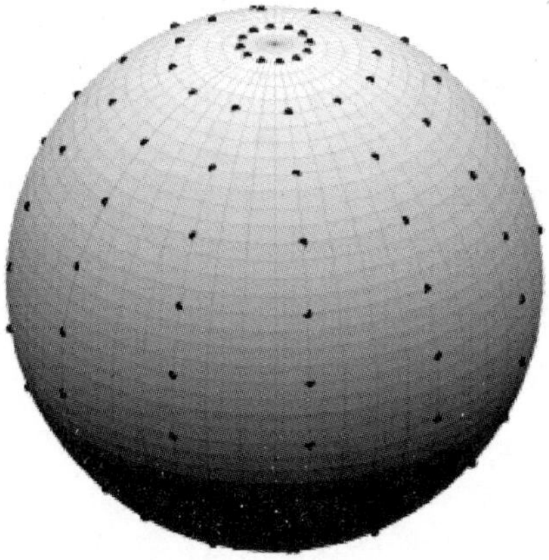

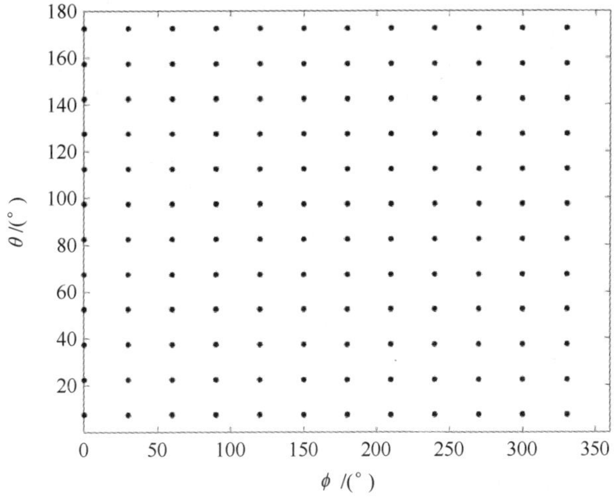

图 3.1 等角采样分布，$N=5$，总共 144 个样本，如图所示给出了在一个单位球面和 $\theta\phi$ 平面上的分布

图 3.1 清楚地表明，尽管样本遵循了一个均匀角度的分布，如 $\theta\phi$ 平面图所示，但是它们球面上并不是均匀分布的，如单位球面图所示，样本在两极附近更为密集。当机械地扫描麦克风的位置，或者在 $\theta\phi$ 平面上表示采样函数时，这样一种采样方案是有用的。举例来说，由于沿着角度测量的均匀网格，一个

完备的定理可用于这种类型的采样，在本节中将会详细介绍。其主要结果，给出了采样权重和球傅里叶变换的表达式，会在式（3.11）和式（3.15）中呈现。

定义在实线上的函数的抽样，在数学上可以由一个采样点处的delta函数来表示。类似的，对于球面而言，采样位置处的一连串delta函数被定义为

$$s(\theta,\phi)=\sum_{q=0}^{2N+1}\sum_{l=0}^{2N+1}\alpha_q\delta\left(\cos\theta-\cos\theta_q\right)\delta\left(\phi-\phi_l\right) \tag{3.5}$$

系数α_q决定了delta函数的幅度，向两极逐渐减小以补偿采样密度的增大。其值的推导将在本节后面部分介绍。用s_{nm}表示的$s(\theta,\phi)$的球傅里叶变换，是通过将式（3.5）代入球傅里叶变换（式（1.41））推导得出的，其中使用了delta函数的筛选性质（式（1.52））：

$$\begin{aligned}s_{nm}&=\int_0^{2\pi}\int_0^{2\pi}s(\theta,\phi)\left[Y_n^m(\theta,\phi)\right]^*\sin\theta\mathrm{d}\theta\mathrm{d}\phi\\&=\int_0^{2\pi}\int_0^{2\pi}\sum_{q=0}^{2N+1}\sum_{l=0}^{2N+1}\alpha_q\delta\left(\cos\theta-\cos\theta_q\right)\delta\left(\phi-\phi_l\right)\left[Y_n^m(\theta,\phi)\right]^*\sin\theta\mathrm{d}\theta\mathrm{d}\phi\\&=\sum_{q=0}^{2N+1}\sum_{l=0}^{2N+1}\alpha_q\left[Y_n^m(\theta,\phi)\right]^*\end{aligned} \tag{3.6}$$

l上的求和，可以代入式（1.9）中定义的球谐函数来求取，并且注意到α_q不依赖于l，从而有

$$\begin{aligned}s_{nm}&=\sum_{q=0}^{2N+1}\sum_{l=0}^{2N+1}\alpha_q\sqrt{\frac{2n+1}{4\pi}\frac{(n-m)!}{(n+m)!}}P_n^m\left(\cos\theta_q\right)\mathrm{e}^{-\mathrm{i}m\phi_l}\\&=\sqrt{\frac{2n+1}{4\pi}\frac{(n-m)!}{(n+m)!}}\sum_{q=0}^{2N+1}\alpha_qP_n^m\left(\cos\theta_q\right)\sum_{l=0}^{2N+1}\mathrm{e}^{-\mathrm{i}m\phi_l}\\&=\sqrt{\frac{2n+1}{4\pi}\frac{(n-m)!}{(n+m)!}}\sum_{q=0}^{2N+1}\alpha_qP_n^m\left(\cos\theta_q\right)(2N+2)\delta_{((m))_{2N+2}}\end{aligned} \tag{3.7}$$

其中，δ_m是δ_{m0}的简写。由于沿方位角样本的均匀分布，l上的求和已经缩减为一个周期的delta函数，其中$((\cdot))_N$表示取模N。本书中的取模运算也表示为“$(\cdot)$模N”。在$0\leqslant n\leqslant 2N$的范围内（$-N\leqslant m\leqslant N$），周期delta函数仅有一个非零项，因此缩减为$(2N+2)\delta_m$。δ_{nm}的表达式可以在这一有限的范围内，被进一步地简化为

$$s_{nm}=2(N+1)\sqrt{\frac{2n+1}{4\pi}}\delta_m\sum_{q=0}^{2N+1}\alpha_qP_n\left(\cos\theta_q\right),\quad n\leqslant 2N+1 \tag{3.8}$$

选取的 α_q 的值须满足

$$2(N+1)\sqrt{\frac{2n+1}{4\pi}}\sum_{q=0}^{2N+1}\alpha_q P_n\left(\cos\theta_q\right)=\sqrt{4\pi}\delta_n,\ \ n\leqslant 2N+1 \tag{3.9}$$

由于右边的 delta 函数，可以缩减为

$$\sum_{q=0}^{2N+1}\alpha_q P_n\left(\cos\theta_q\right)=\frac{2\pi}{N+1}\delta_n,\ \ n\leqslant 2N+1 \tag{3.10}$$

这一正交性的条件，意味着通过求解 $2N+2$ 个线性方程，寻找 $2N+2$ 个参数 α_q，文献[12]给出了方程组的闭式解：

$$\alpha_q=\frac{2\pi}{(N+1)^2}\sin\left(\theta_q\right)\sum_{q'=0}^{N}\frac{1}{2q'+1}\sin\left(\left[2q'+1\right]\theta_q\right),\ \ 0\leqslant q\leqslant 2N+1 \tag{3.11}$$

将式（3.9）代入式（3.8），s_{nm} 可以写为

$$s_{nm}=\sqrt{4\pi}\delta_n\delta_m+\tilde{s}_{nm} \tag{3.12}$$

其中，当 $n>2N+1$ 时，$\tilde{s}_{nm}$ 是非零的。因此，当 $n=0$，$m=0$ 时，冲激串的球谐函数变换是非零的；在 $n\leqslant 2N+1$ 的其余各处为零。

现在定义一个球面采样函数 $f_s(\theta,\phi)=f(\theta,\phi)s(\theta,\phi)$；即一组脉冲串，其中各个脉冲的幅度（面积），和函数 f 在采样点处的幅度是相等的。采样函数可以利用式（3.12），从原函数的角度写为

$$\begin{aligned}f_s(\theta,\phi)&=f(\theta,\phi)s(\theta,\phi)=f(\theta,\phi)\left[\sum_{n=0}^{\infty}\sum_{m=-n}^{n}\left(\sqrt{4\pi}\delta_n\delta_m+\tilde{s}_{nm}\right)Y_n^m(\theta,\phi)\right]\\&=f(\theta,\phi)\left[\sqrt{4\pi}Y_0^0(\theta,\phi)+\sum_{n=0}^{\infty}\sum_{m=-n}^{n}\tilde{s}_{nm}Y_n^m(\theta,\phi)\right]\\&=f(\theta,\phi)+f(\theta,\phi)\tilde{s}(\theta,\phi)\end{aligned} \tag{3.13}$$

其中，$\tilde{s}(\theta,\phi)$ 为 $\tilde{s}_{nm}$ 的球傅里叶逆变换，包含 $2N+2$ 及以上阶数的球谐函数。正如文献[12]中讨论的，因为 $f(\theta,\phi)$ 和 $\tilde{s}(\theta,\phi)$ 是由连带勒让德函数生成的关于 $\cos\theta$ 的多项式，球谐域中这两个函数乘积的最小阶数，由各个函数阶数的最小差给定。假定，函数 $f(\theta,\phi)$ 的阶数限制为 $n\leqslant N$，并且已知 $\tilde{s}_{nm}(\theta,\phi)$ 的阶数限制为 $n\geqslant 2N+2$，这两个函数球谐系数阶数的最小差就是 $(2N+2)-N=N+2$。接下来，在 $n\leqslant N+1$ 时，乘积 $f(\theta,\phi)\tilde{s}(\theta,\phi)$ 的球傅里叶变换系数为零，从而有下面的等式：

$$f_{snm}=f_{nm},\ \ n\leqslant N \tag{3.14}$$

这个结果表明，如果一个有限阶数的函数，其最大阶数为 N，通过沿着方位角和俯仰角反向的等角采样方法，采集了 $2N+2$ 个样本，当阶数大于 N 时，

球谐函数域中将会出现复制品，因此实现了无混叠采样；被采样的函数可以通过消除阶数大于等于 $N+1$ 的球谐系数得以重构。这和时间上带限函数的采样是相似的，例如，位于工作带宽之内的原函数，如果满足采样条件，那么被采样的函数具有相同的傅里叶变换。

通过以上的分析可以得出两个结果。一个有限阶数函数 $f(\theta,\phi)$ 的系数 f_{nm}，在 $n>N$ 时为 0，当 $n\leqslant N$ 时，可以通过下式进行计算：

$$\begin{aligned}
f_{snm} &= f_{nm},\quad n\leqslant N \\
&= \int_0^{2\pi}\int_0^{2\pi} f(\theta,\phi)s(\theta,\phi)\left[Y_n^m(\theta,\phi)\right]^* \sin\theta \mathrm{d}\theta\mathrm{d}\phi \\
&= \int_0^{2\pi}\int_0^{2\pi} f(\theta,\phi)\sum_{q=0}^{2N+1}\sum_{l=0}^{2N+1}\alpha_q\delta\left(\cos\theta-\cos\theta_q\right)\times \\
&\quad \delta\left(\phi-\phi_l\right)\left[Y_n^m(\theta,\phi)\right]^* \sin\theta \mathrm{d}\theta\mathrm{d}\phi \\
&= \sum_{q=0}^{2N+1}\sum_{l=0}^{2N+1}\alpha_q f\left(\theta_q,\phi_l\right)\left[Y_n^m\left(\theta_q,\phi_l\right)\right]^*
\end{aligned} \tag{3.15}$$

其中 α_q 由式（3.11）给出，式（1.52）给出的筛选性质、式（3.15）和式（3.14）已经在推导中使用。这个等式和通过求积计算定义的式（3.2），具有同样的形式，此处 α_q 定义为求积权重。代入 $f(\theta,\phi)=Y_n^m(\theta,\phi)$，等角采样时的正交条件，可以和式（3.3）那样，写为相同的形式：

$$\sum_{q=0}^{2N+1}\sum_{l=0}^{2N+1}\alpha_q Y_{n'}^{m'}\left(\theta_q,\phi_l\right)\left[Y_n^m\left(\theta_q,\phi_l\right)\right]^* = \delta_{nn'}\delta_{mm'},\quad n,n'\leqslant N \tag{3.16}$$

现在，通过利用一个球谐函数域中理想的低通滤波器，函数 $f(\theta,\phi)$ 可以从采样函数 $f_s(\theta,\phi)$ 中重构出来，截断阶数为 N。这个低通滤波器的系数，在 $n>N$ 时应当置零，当 $n\leqslant N$ 时保持不变。选取的滤波器为

$$h(\theta,\phi)=\sum_{n=0}^{N}\sum_{m=-n}^{n}\frac{1}{2\pi}\sqrt{\frac{2N+1}{4\pi}}Y_n^m(\theta,\phi) \tag{3.17}$$

并且使用球卷积，$f_s(\theta,\phi)*h(\theta,\phi)$，转换为球谐函数域中的乘法（式（1.86）），$f_{nm}$ 可以写为

$$\begin{aligned}
f_{nm} &= 2\pi\sqrt{\frac{4\pi}{2N+1}}f_{snm}h_{n0} \\
&= \begin{cases} f_{snm}, & n\leqslant N \\ 0, & 其他 \end{cases}
\end{aligned} \tag{3.18}$$

这样就能获得 $f(\theta,\phi)$ 的完美重构。

3.3 高斯采样

本节描述的高斯采样方案仅需要$2(N+1)^2$个样本，是等角采样方案所需样本的一半。方位角在$2(N+1)$个等角样本中采集，但俯仰角仅需要$(N+1)$个样本，这些样本也是近似等间距。高斯采样方案的数学公式，与 3.2 节中等角方案导出的公式相似。但是，一个不同之处在于，因为对于高斯采样方案，勒让德函数求和的正交性

$$\sum_{q=0}^{N}\alpha_q P_n\left(\cos\theta_q\right)=\frac{2\pi}{N+1}\delta_n,\quad n\leqslant 2N+1 \tag{3.19}$$

通过沿着θ选取$2(N+1)$个等角样本是无法获得的。通过选取$(N+1)$个采样点为$P_{N+1}(\cos\theta)$的零点：

$$P_{N+1}\left(\cos\theta_q\right)=0,\quad 0\leqslant q\leqslant N \tag{3.20}$$

并且权值由文献[20]给出：

$$\alpha_q=\frac{\pi}{N+1}\frac{2\left(1-\cos^2\theta_q\right)}{(N+2)^2 P_{N+2}^2\left(\cos\theta_q\right)},\quad 0\leqslant q\leqslant N \tag{3.21}$$

系数也可以在文献[28]的表格中找到，表格中也给出了采样位置。这种情况下，球傅里叶变换由下式给出：

$$f_{nm}=\sum_{q=0}^{N}\sum_{l=0}^{2N+1}\alpha_q f\left(\theta_q,\phi_l\right)\left[Y_n^m\left(\theta_q,\phi_l\right)\right]^*,\quad n\leqslant N \tag{3.22}$$

和等角采样方案相比，对于一个给定阶数N，高斯采样方案的优势是降低了的采样点的数量。但由于θ方向上的非均匀间隔，当麦克风机械地旋转时，它的缺点是其潜在的不便性，举个例子，一种等步旋转可能会是一个优势。

图 3.2 展示了一个高斯采样分布的例子，其中$N=7$，总共 128 个样本。该图展示了在单位球表面，以及$\theta\phi$平面中画出的采样点。该图显示了高斯采样的特点——和俯仰角相比，方位角方向上分布了为其两倍的样本，同时，和等角采样方案相似的是，样本在极点处更加密集。

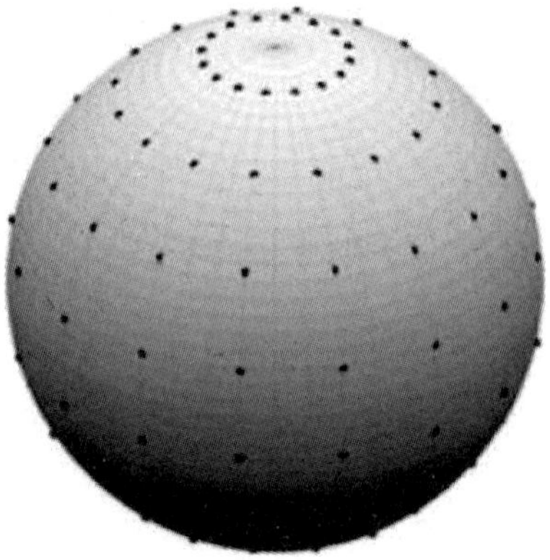

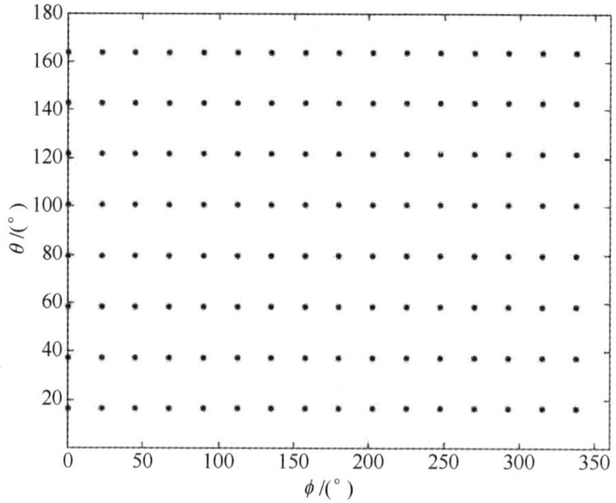

图 3.2　高斯采样分布，$N=7$，总共 128 个样本，如图所示给出了在一个单位球面和 $\theta\phi$ 平面上的分布

3.4　均匀和近似均匀采样

等角和高斯采样方案，沿着 θ 和 ϕ 方向具有一个均匀（或者近似均匀）分布的样本，但是就像在图 3.1 和图 3.2 中所展示的那样，这些配置在球表面并不是均匀分布的。一种在球表面上均匀散布采样点的尝试，直接产生了五个以希腊哲学家柏拉图命名的凸多面体，它们以“正多面体”的名称广为人知。图 3.3 展示了这五个正多面体，分别是正四面体、立方体（或者六面体）、正八面体、正十二面体和正二十面体。希腊语的前缀表示了每个理想体（图 3.1）中面的数量。这些多面体的顶点可以被认为是一个外接球面的采样点，总的样本点在表格中给出。

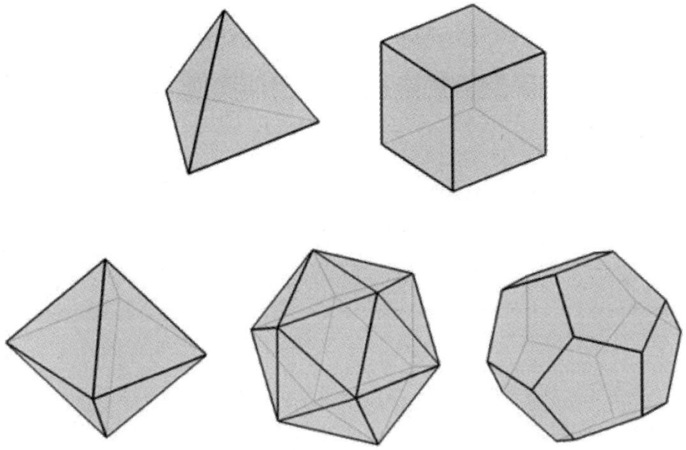

图 3.3　五个正多面体，从左到右，上面一行：正四面体和立方体，下面一行：正八面体、正二十面体和正十二面体[①]

基于正多面体的样本点满足下列求积关系[18]：

$$f_{snm}=\int_0^{2\pi}\int_0^{2\pi}g(\theta,\phi)\sin\theta\mathrm{d}\theta\mathrm{d}\phi=\frac{4\pi}{Q}\sum_{q=1}^{Q}g(\theta_q,\phi_q) \tag{3.23}$$

参考式（3.1），这样使得采样权重是常数，满足$4\pi/Q$。式（3.23）适用于阶数有限的函数，这个函数有一个上层阶数t，这一上层阶数用定义在每个正多面体中的“t−设计”中的t来表示，见表 3.1。“t−设计”这一术语用于球面设计，它的目标是找到一套球面上的Q点，使式（3.23）适用于一个多项式函数，其阶数为t或者更低[18]。球面设计可以通过将$g(\theta,\phi)$替代为$f(\theta,\phi)\left[Y_n^m(\theta,\phi)\right]^*$，用来对以球谐函数表示的有限阶数函数的采样。这样式（3.23）可以写为式（3.2）的形式：

$$\begin{aligned}f_{mn}&=\int_0^{2\pi}\int_0^{\pi}f(\theta,\phi)\left[Y_n^m(\theta,\phi)\right]^*\sin\theta\mathrm{d}\theta\mathrm{d}\phi\\&=\frac{4\pi}{Q}\sum_{q=1}^{Q}f(\theta_q,\phi_q)\left[Y_n^m(\theta,\phi)\right]^*,\quad n\leqslant N\end{aligned} \tag{3.24}$$

假定$f(\theta,\phi)$有最大阶数为N，在$n\leqslant N$时代入$Y_n^m(\theta,\phi)$，$f(\theta,\phi)\left[Y_n^m(\theta,\phi)\right]^*$的积的最大阶数是$2N$。这是最大的$t$−设计，对于一个给定的$t$具有关系$N=\lfloor t/2\rfloor$，其中$\lfloor\cdot\rfloor$表示为表格中给出的向下取整函数。

① 已根据原书作者提供的勘误表进行了修正。

表 3.1 基于五个正多面体的采样设计的性质：面的数量、表现采样点的顶点数量(Q)、“t-设计”的阶数和对应的最大球谐函数的阶数，通过$N=\lfloor t/2 \rfloor$来计算

设计	面	顶点	t-设计	$N=\lfloor t/2 \rfloor$
四面体	4	4	2	1
立方体	6	8	3	1
八面体	8	6	3	1
十二面体	12	20	5	2
二十面体	20	12	5	2

基于正多面体的采样分布和表格 3.1，提供了均匀分布的范例，它们具有一个用于计算球傅里叶变换的简单方程。然而，它们仅仅对有限值的配置和最多为 20 个样本有效，然而它们仅仅对于少量的配置形式和最多 20 个采样点的情况才能找到对应的应用，支持的最大阶数仅为$N=2$。这些由均匀采样配置中正多面体所提供的有限数量的采样点，激发了人们以一种近乎均匀的方式，探寻在球面上均匀散布大量采样点的方法。多种的方法已经在文献中呈现出来。有些在所定义的目标函数意义下来说是最优的，样本的位置和相应采样加权可以通过数值优化方法计算出来。其他方法以选取样本的一种专门程序为特征，或者通过其他性质，比如常数采样加权。本节将对这些方法中的其中一部分进行简要的回顾。

Hardin 和 Sloane[18]将正多面体的t-设计方法拓展到了具有更大集合的采样布局中，对于某些t的值和相应的阶数N，每组集合都满足式（3.24）。和正多面体相似，这些设计提供了一个采样点近乎均匀分布的形式，具有常采样权值的便利性。尽管 Hardin 和 Sloane 计算并出版了大量采样集的坐标，但是对于任意期望的样本数Q，还不能找到这样的样本集。

Saff 和 Kuijlaars[49]针对一个球面上散布多点问题的方法进行了概述。他们提出用于散布球面上的点的诸多目标，其中包括最大化在球面上的所有点之间的最小距离，以及最小化球面上点的“能量”。后者源于将每一点考虑为一个排斥其他所有点的带电粒子。因此，最小化这些粒子间的距离的倒数之和，就和最小化其“能量”相似。后者的目标也被 Fliege 和 Maier[15]所使用，他们给出了一种用于计算采样位置和权重数值方法。这一个方法最近被用于球面麦克风阵列的设计[31]。

其他方法以点的选取为特征。等区域划分，以将球面划分为等面积的部分为目标，每一部分都有一个最小的直径。其中的一种方法，在文献[49]中由 Saff 和 Kuijlaars 给出，特别是最近，由 Leopardi 提出的方法，该方法将球面划分为方位角的带状带，每个带状带进一步分割成多个面积相等的多个部分。然后对采样点定位，每个面积相等的部分有一个采样点。文献[49]中描述的另一种方

法，将采样点以螺旋形式散步在整个球面，为采样点的近似均匀分布提供了一种相对简单的方法。

图 3.4 给出了一个示例，该例是一个正十二面体的顶点所定义的均匀采样分布，其中 $N=2$，总共 20 个样本。图 3.5 给出了 t−设计的一个示例，其中 $N=8$，总共 144 个样本。两幅图都展示了在球面上采样点的均匀分布和 $\theta\phi$ 平面上的非均匀分布。

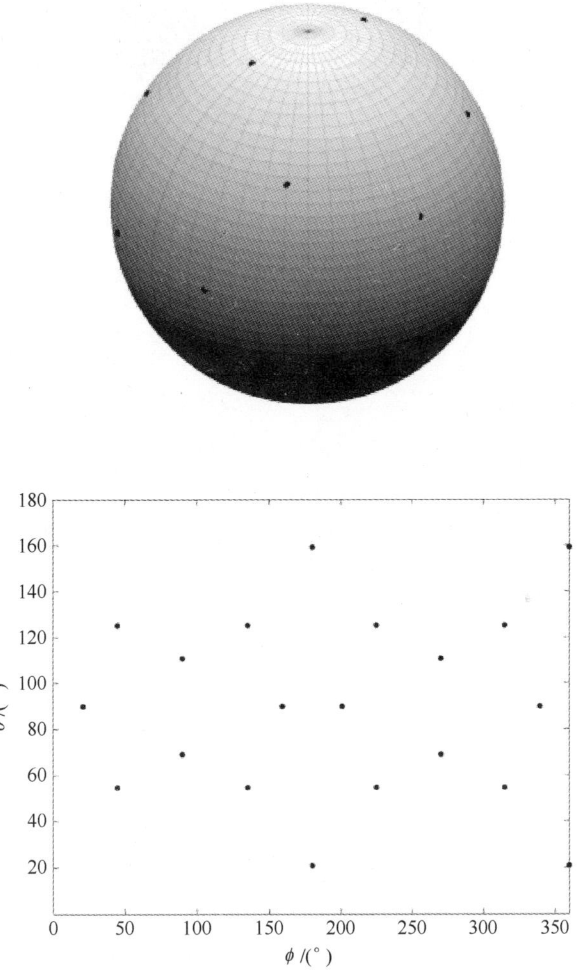

图 3.4 均匀采样分布，$N=2$，总共 20 个样本，如图所示给出了在一个单位球面和 $\theta\phi$ 平面上的分布[①]

① 已根据原书作者提供的勘误表进行了修正。

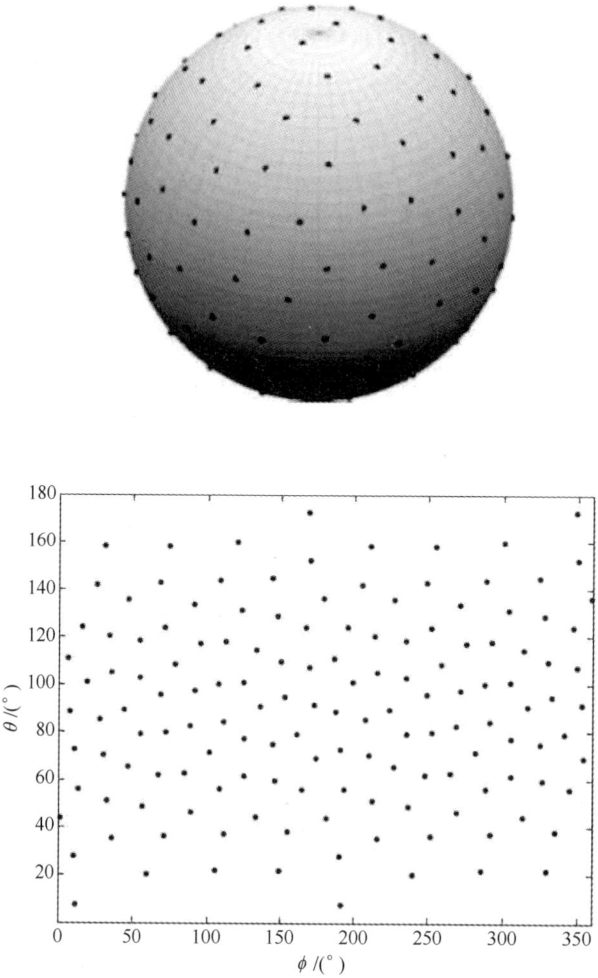

图 3.5　近似均匀采样分布，$N=8$，总共 144 个样本，如图所示给出了在一个单位球面和 $\theta\phi$ 平面上的分布

3.5　采样权值的数值计算

等角采样、高斯采样和近似采样方法都提供了采样位置和采样权重，由此，球傅里叶系数可以直接通过式（3.2）来计算。在某些情况下，比如受到麦克风位置的机械性约束，从这些或者其他预定义的采样配置中选择采样集是不可行的。因此，对任何给定的采样集都能促进采样权重计算，随后可以用式（3.2）计算球傅里叶系数的方法，这在实际应用中极具价值。

考虑一个定义在单位球面上，阶数有限的函数 $f(\theta,\phi)$，该函数满足 $f_{nm}=0\ \forall n>N$。给定函数的样本点为 $f(\theta_q,\phi_q)$，连带样本点的位置为 (θ_q,ϕ_q)，其中 $q=1,\cdots,Q$。使用球傅里叶逆变换，即式（1.40），样本可以写为一个傅里叶系数的函数：

$$f(\theta_q,\phi_q)=\sum_{n=0}^{N}\sum_{m=-n}^{n} f_{nm}Y_n^m(\theta_q,\phi_q),\ 1\leqslant q\leqslant Q \tag{3.25}$$

该式可以以一种矩阵的形式写为

$$\boldsymbol{f}=\boldsymbol{Y}\boldsymbol{f}_{nm} \tag{3.26}$$

其中长度为 Q 的列向量 $\boldsymbol{f}$ 和长度为 $(N+1)^2$ 的列向量 $\boldsymbol{f}_{nm}$ 分别定义为

$$\boldsymbol{f}=[f(\theta_1,\phi_1)\ f(\theta_2,\phi_2)\ \cdots\ f(\theta_q,\phi_q)]^{\mathrm{T}} \tag{3.27}$$

和

$$\boldsymbol{f}_{nm}=[f_{00}\ f_{1(-1)}\ f_{10}\ f_{11}\ \cdots\ f_{\mathrm{NN}}]^{\mathrm{T}} \tag{3.28}$$

维度为 $Q\times(N+1)^2$ 的矩阵 $\boldsymbol{Y}$ 为

$$Y=\begin{bmatrix} Y_0^0(\theta_1,\phi_1) & Y_1^{-1}(\theta_1,\phi_1) & Y_1^0(\theta_1,\phi_1) & Y_1^1(\theta_1,\phi_1) & \cdots & Y_N^N(\theta_1,\phi_1) \\ Y_0^0(\theta_2,\phi_2) & Y_1^{-1}(\theta_2,\phi_2) & Y_1^0(\theta_2,\phi_2) & Y_1^1(\theta_2,\phi_2) & \cdots & Y_N^N(\theta_2,\phi_2) \\ \vdots & \vdots & \vdots & \vdots & \ddots & \vdots \\ Y_0^0(\theta_Q,\phi_Q) & Y_1^{-1}(\theta_Q,\phi_Q) & Y_1^0(\theta_Q,\phi_Q) & Y_1^1(\theta_Q,\phi_Q) & \cdots & Y_N^N(\theta_Q,\phi_Q) \end{bmatrix} \tag{3.29}$$

对于 $Q=(N+1)^2$ 的特例，式（3.26）中定义的方程组可以采用矩阵 $\boldsymbol{Y}$ 的逆求取：

$$\boldsymbol{f}_{nm}=\boldsymbol{Y}^{-1}\boldsymbol{f} \tag{3.30}$$

为了计算 $\boldsymbol{f}_{nm}$，要求矩阵 $\boldsymbol{Y}$ 是可逆的。许多情况下均采用过采样，使得 $Q>(N+1)^2$。式（3.26）中的线性方程组变为超定的，通过伪逆给出一个最小二乘意义下的解为

$$\boldsymbol{f}_{nm}=\boldsymbol{Y}^{\dagger}\boldsymbol{f} \tag{3.31}$$

其中 $\boldsymbol{Y}^{\dagger}=(\boldsymbol{Y}^{\mathrm{H}}\boldsymbol{Y})^{-1}\boldsymbol{Y}^{\mathrm{H}}$。对于 $Q<(N+1)^2$ 的情况，采样点数不足，意味着欠采样，此时式（3.26）未必能给出正确的解。

对于一般的采样集来说，式（3.30）和式（3.31）可以被用来获取 f_{nm}，通过它，球面上的函数 $f(\theta,\phi)$ 可以通过球傅里叶逆变换得以重构。下面将利用这一点，以一种更为标准的方式，对 f_{nm} 的计算进行公式化的表述，也就是以采样权重和采样值乘积之和。式（3.30）或者式（3.31）可以重新改写为下列形式：

$$f_{nm}=\sum_{q=1}^{Q}\alpha_q^{nm}f(\theta_q,\phi_q) \tag{3.32}$$

式（3.32）和式（3.2）在形式上相似，因此，α_q^{nm} 可以被认为是用于计算给定

样本 $f(\theta_q,\phi_q)$ 的 f_{nm} 所需的采样权重，注意到在这种情况下，权值作为关于 n 和 m 的函数可以独立地变化。此外，式（3.32）与式（3.30）和式（3.31）之间的相似性表明，采样权重 α_q^{nm} 是矩阵 $\boldsymbol{Y}^{-1}$ 或者 $\boldsymbol{Y}^{\dagger}$ 中的元素，由 (n^2+n+m) 给定行序号，由 q 给定列序号。

给定函数的样本首先计算权重，然后 f_{nm} 的计算，和给定样本对函数进行内插的问题涉及插入一个函数的问题有关，将式（3.32）代入球傅里叶逆变换，式（1.40）中，可以得到以下推导：

$$\begin{aligned} f(\theta,\phi) &= \sum_{n=0}^{N}\sum_{m=-n}^{n} f_{nm}Y_n^m(\theta,\phi) \\ &= \sum_{n=0}^{N}\sum_{m=-n}^{n}\left[\sum_{q=1}^{Q}\alpha_q^{nm} f(\theta_q,\phi_q)\right] Y_n^m(\theta,\phi) \\ &= \sum_{q=1}^{Q}\left[\sum_{n=0}^{N}\sum_{m=-n}^{n}\alpha_q^{nm} f(\theta_q,\phi_q)\right] f(\theta_q,\phi_q) \\ &= \sum_{q=1}^{Q}\alpha_q(\theta,\phi) f(\theta_q,\phi_q) \end{aligned} \tag{3.33}$$

其中，$\alpha_q(\theta,\phi)$ 是 α_q^{nm} 的球傅里叶逆变换，函数 $\alpha_q(\theta,\phi)$ 可以视为一个插值函数，因此，当其与采样值 $f(\theta_q,\phi_q)$ 相乘求和时，便能求得样本间 $f(\theta,\phi)$ 的值，这和插值求积法是一致的[4]。

3.6 离散球傅里叶变换

在 3.5 节中推导出来的式（3.26）和式（3.31），可以视为球傅里叶变换（式（1.40））及其逆变换（式（1.41））的离散化版本。因此，式（3.26）和式（3.31）分别表示离散球傅里叶变换及其逆变换：

$$\begin{cases} \boldsymbol{f}_{nm} = \boldsymbol{Y}^{\dagger}\boldsymbol{f} \\ \boldsymbol{f} = \boldsymbol{Y}\boldsymbol{f}_{nm} \end{cases} \tag{3.34}$$

对于等角、高斯和均匀采样配置等特例，可以得到其采样权重的闭式表达，离散球傅里叶变换的计算，可以不需要矩阵求逆。利用

$$\boldsymbol{f}_{nm} = \boldsymbol{Y}^{\mathrm{H}}\mathrm{diag}(\alpha)\boldsymbol{f} \tag{3.35}$$

其中的列向量

$$\boldsymbol{\alpha} = \begin{bmatrix}\alpha_0 & \alpha_0 & \cdots & \alpha_Q\end{bmatrix}^{\mathrm{T}} \tag{3.36}$$

拥有采样权重。式（3.5）是式（3.2）的一种矩阵表示，将式（3.35）代入离散

球傅里叶逆变换式（3.34）中，则下式成立：

$$\boldsymbol{Y}^{\mathrm{H}}\mathrm{diag}(\alpha)\boldsymbol{Y}=\boldsymbol{I} \tag{3.37}$$

式（3.37）展示了球谐函数矩阵 $\boldsymbol{Y}$ 中的加权列之间的正交性。此外，对于均匀和近似均匀采样配置，其中 α_q 是等于 $4\pi/Q$ 的常量，式（3.35）和式（3.37）缩减为

$$\boldsymbol{f}_{nm}=\frac{4\pi}{Q}\boldsymbol{Y}^{\mathrm{H}}\boldsymbol{f} \tag{3.38}$$

$$\frac{4\pi}{Q}\boldsymbol{Y}^{\mathrm{H}}\boldsymbol{Y}=\boldsymbol{I} \tag{3.39}$$

离散球傅里叶变换的三种形式：式（3.34）、式（3.35）和式（3.38），通过定义矩阵 $\boldsymbol{S}$，可以以一种统一的方式使得

$$\boldsymbol{f}_{nm}=\boldsymbol{S}\boldsymbol{f} \tag{3.40}$$

矩阵 $\boldsymbol{S}$ 在一种通用的采样方案中为

$$\boldsymbol{S}=\boldsymbol{Y}^{\dagger} \tag{3.41}$$

在等角和高斯采样方案中为

$$\boldsymbol{S}=\boldsymbol{Y}^{\mathrm{H}}\mathrm{diag}(a) \tag{3.42}$$

在均匀和近似均匀采样方案中为

$$\boldsymbol{S}=\frac{4\pi}{Q}\boldsymbol{Y}^{\mathrm{H}} \tag{3.43}$$

式（3.39）表明，矩阵 $\frac{4\pi}{Q}\boldsymbol{Y}$ 若是方阵，则其为酉矩阵。这一性质和离散傅里叶变换矩阵的性质相似，因此，均匀和近似均匀采样方案，以及与其相关联的离散球傅里叶变换矩阵，可以视为与时域离散傅里叶变换矩阵是等价的。

酉矩阵的一个重要的特性是，它们有相等的特征值和奇异值，某些使得采样点不太均匀地分布在球面上的采样方案，将会产生奇异值幅度上的变化，因此球傅里叶变换计算所要求的矩阵求逆过程，可能会降低数值稳定性。这促进了采样集的设计，即使样品以一种近似均匀的方式分布在球面上。

和被研制用以高效计算离散傅里叶变换的快速傅里叶变换相似，提出对球傅里叶变换进行快速、高效计算的研究已经公开发表。比如读者可参阅文献[35]，进一步研究这一课题。

3.7 空间混叠

用一种恰当的方案对球面上阶数有限的函数进行采样，应当指向对球谐系数的一种提取和无混叠的计算。然而，在实际情况下，一个采样函数的高阶谐

函数可能不为零，因此，理解非理想的采样中出现误差的形式，以及给出分析和描述这些误差的方法，可能是更具应用意义的，考虑一个球面上的函数 $f(\theta,\phi)$，具有一个无限阶的球傅里叶变换 f_{nm}，该函数以 Q 个采样点抽样，记做 (θ_q,ϕ_q)，其中 $q=1,\cdots,Q$。假设在这个阶段有一套样本点的任意集，将球傅里叶逆变换式（1.40）代入离散球傅里叶变换的一般形式（式（3.32））。f_{nm} 和采样点中近似值 $\hat{f}_{nm}$ 的关系，推导如下：

$$\begin{aligned}\hat{f}_{nm} &= \sum_{q=1}^{Q}\alpha_q^{nm}\sum_{n'=0}^{\infty}\sum_{m'=-n'}^{n'} f_{n'm'}Y_{n'}^{m'}(\theta_q,\phi_q) \\ &= \sum_{n'=0}^{\infty}\sum_{m'=-n'}^{n'}\left[\sum_{q=1}^{Q}\alpha_q^{nm}Y_{n'}^{m'}(\theta_q,\phi_q)\right]f_{n'm'} \\ &= \sum_{n'=0}^{\infty}\sum_{m'=-n'}^{n'}\varepsilon_{nm}^{n'm'}f_{n'm'}f_{nm}\end{aligned} \tag{3.44}$$

其中

$$\varepsilon_{nm}^{n'm'} = \sum_{q=1}^{Q}\alpha_q^{nm}Y_{n'}^{m'}(\theta_q,\phi_q) \tag{3.45}$$

已经被定义来表示每个系数 $f_{n'm'}$ 对系数 $\hat{f}_{nm}$ 近似的贡献。理想情况下无混叠的采样中，$\varepsilon_{nm}^{n'm'}$ 应该在 $(n,m)=(n',m')$ 时为 1，其余为零。

将式（3.34）以一种矩阵形式表示可能会方便处理，在这种情况下，采样前原函数的球谐系数 $f_{n'm'}$ 需要是有限阶数的。然而，这种阶数限制可以被扩展到非常高的阶数，这里记为 $\tilde{N}$，超过这个最大阶数时，$f_{n'm'}$ 的幅度就会变得非常微不足道。式（3.44）现在可以写为

$$\hat{\boldsymbol{f}}_{nm} = \boldsymbol{E}\boldsymbol{f}_{nm} \tag{3.46}$$

其中，长度为 $(N+1)^2$ 的列向量 $\hat{\boldsymbol{f}}_{nm}$ 包含了近似的球谐系数 $\hat{f}_{nm}$，长度为 $(\tilde{N}+1)^2$ 的列向量 $\boldsymbol{f}_{nm}$ 包含了原函数的球谐系数 f_{nm}，$\tilde{N}\geqslant N$ 并且可能非常大。维度为 $(\tilde{N}+1)^2\times(N+1)^2$ 的矩阵 $\boldsymbol{E}$，其元素为 $\varepsilon_{nm}^{n'm'}$，行序号为 (n^2+n+m)，列序号为 $(n'^2+n'+m')$。

确保有限阶函数无混叠采样的方案，满足 $Q\geqslant(N+1)^2$，其中 N 是阶数的界限，应该产生一个矩阵 $\boldsymbol{E}$，其左上部为 $(N+1)^2\times(N+1)^2$ 维单位矩阵 $\boldsymbol{I}$。在这种情况下，只有当阶数大于 N 时才有可能产生混叠。对于任意一种采样方案，用 α_q^{nm} 表示矩阵 $\boldsymbol{Y}^{\dagger}$ 中的元素（参见 3.5 节），矩阵 $\boldsymbol{E}$ 可以写为

$$\boldsymbol{E} = \boldsymbol{Y}^{\dagger}\tilde{\boldsymbol{Y}} \tag{3.47}$$

其中，矩阵$\boldsymbol{Y}$的维数为$Q\times(N+1)^2$，已经在式（3.29）中定义；矩阵$\tilde{\boldsymbol{Y}}$如式（3.45）所示，包含了$Y_{n'}^{m'}(\theta_q,\phi_q)$的值，维数为$Q\times(\tilde{N}+1)^2$。对于等角和高斯采样，采样权值以闭式形式给出且无须矩阵求逆。此时矩阵$\boldsymbol{E}$可以写为

$$\boldsymbol{E}=\boldsymbol{Y}^{\mathrm{H}}\mathrm{diag}(\boldsymbol{\alpha})\tilde{\boldsymbol{Y}} \tag{3.48}$$

其中，像式（3.35）中一样，向量$\boldsymbol{\alpha}$包含了采样权值。在均匀和近似均匀采样中，由于采样权值为常量，矩阵$\boldsymbol{E}$的表达式可以进一步简化，写为

$$\boldsymbol{E}=\frac{4\pi}{Q}\boldsymbol{Y}^{\mathrm{H}}\tilde{\boldsymbol{Y}} \tag{3.49}$$

矩阵$\boldsymbol{E}$元素的幅度（即$\varepsilon_{nm}^{n'm'}$）如图3.6所示，呈现了三种采样配置的情况：等角、高斯和近似均匀，$N=3$，$\tilde{N}=9$。(n,m)的取值在单个轴中给出，具有一个流动的索引(n^2+n+m)，其中等于阶数n部分的被一条水平线分割。(n',m')的值类似。图中显示出了较高的阶数$n'>N$被混叠到较低阶数的情况。图中显示出并非所有元素(n',m')都对每一个(n,m)的混叠产生了影响。

接下来将举出一个示例说明采样和混叠的过程。考虑一个球面上的函数：

$$\begin{aligned}f(\theta,\phi)&=f_1(\theta,\phi)+f_2(\theta,\phi)\\&=\sqrt{4\pi}Y_0^0(\theta,\phi)+\frac{1}{2}\sqrt{\frac{1024\pi}{693}}\left[Y_5^{-5}(\theta,\phi)-Y_5^5(\theta,\phi)\right]\end{aligned} \tag{3.50}$$

该函数是由归一化到单位幅度的零阶球谐函数，由阶数$n=5$，次数$m=-5,5$的两个球谐振函数组成；当归一化后进行组合时，形成了一个具有单位幅度的实函数。该函数在图3.7中也以分离的成分进行示例。该函数业已采用等角采样方案进行抽样，其中$N=3$，具有64个样本点。注意到这种采样方案仅对阶数限制为$N=3$的函数才能保证无混叠采样，图3.6（a）表明，采用这种采样方案，阶数$n=5$的函数的元素，将会被混叠到$n=3$中，并且没有显著的缩放。特别地，$Y_5^{-5}(\theta,\phi)$将被混叠到$Y_3^{-3}(\theta,\phi)$中，$Y_5^5(\theta,\phi)$将被混叠到$Y_3^3(\theta,\phi)$中。图3.6中的坐标轴表示了流动的索引n^2+n+m，因此表示了$(n'^2+n'+m')=25$的$n'=5$，$m'=-5$会改为$n=3$，$m=3$，图中以$(n^2+n+m)=15$表示。采样之后，$f(\theta_q,\phi_q)\ (q=1,\cdots,64)$利用式（3.15）重构。重构函数记为$\hat{f}(\theta,\phi)$，由下式给出：

$$\begin{aligned}\hat{f}(\theta,\phi)&=\hat{f}_1(\theta,\phi)+\hat{f}_2(\theta,\phi)\\&\approx\sqrt{4\pi}Y_0^0(\theta,\phi)+\frac{1}{2}\sqrt{\frac{64\pi}{35}}\left[Y_3^{-3}(\theta,\phi)-Y_3^3(\theta,\phi)\right]\end{aligned} \tag{3.51}$$

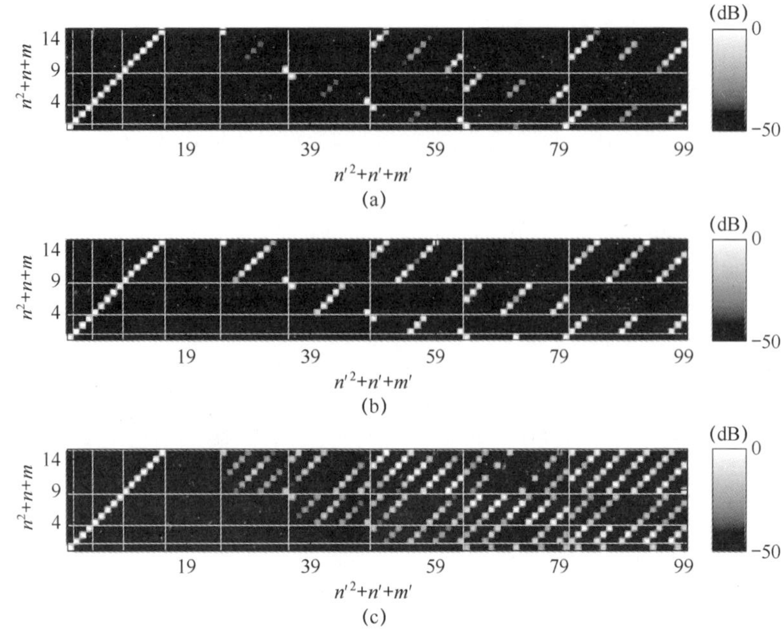

图 3.6　三种采样配置混叠矩阵元素 $\varepsilon_{nm}^{n'm'}$ $(n \leqslant 3, \; n' \leqslant 9)$

（a）等角（64 个样本点）;（b）高斯（32 个样本点）;（c）近似均匀（32 个样本点）。

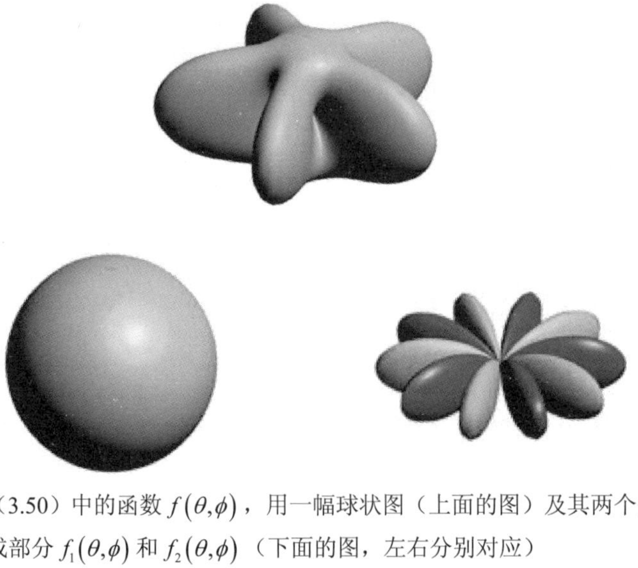

图 3.7　如式（3.50）中的函数 $f(\theta,\phi)$，用一幅球状图（上面的图）及其两个分离展示的函数组成部分 $f_1(\theta,\phi)$ 和 $f_2(\theta,\phi)$（下面的图，左右分别对应）

该函数在图 3.8 中示出。该图证实了上面描述的采样和混叠的过程：零阶球谐函数被无误地重构，然而阶数 $n=5$ 的球谐函数与阶数 $n=3$ 的球谐函数混叠。

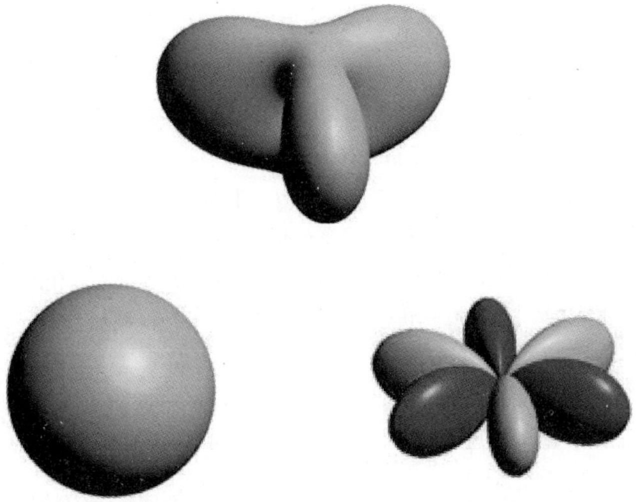

图 3.8　如式(3.50)中的函数 $f(\theta,\phi)$，利用 $N=3$ 的一种等角采样方案采样以后，利用式(3.15)重构以后，产生如式（3.51）中的 $\hat{f}(\theta,\phi)$，用一幅球状图（上面的图）及其两个分离展示的函数组成部分 $f_1(\theta,\phi)$ 和 $f_2(\theta,\phi)$（下面的图，左右分别对应）

等角和高斯采样配置的混叠结构，在文献[48]中已进行了详细的分析，这里将对其进行概述。首先，注意到虽然这些采样配置是为最大阶数为 N 的阶数有限函数而设计的，混叠的贡献是从 $N+2$ 或更大时才开始的。这是由于在计算球傅里叶变换时，函数和球谐函数的乘积 $f(\theta,\phi)\left[Y_n^m(\theta,\phi)\right]^*$ 被采样，然后进行加权与求和。当函数和球谐函数的阶数之和被限制的时候，比如 $n+n'\leqslant 2N+1$，才能确保无混叠误差的计算。这意味着 $n=N$ 的谐波混叠误差的贡献将会在 $n'\geqslant N+2$ 时出现，然而，$n=0$ 的混叠在 $n'\geqslant 2N+2$ 时才开始。这种表现在图 3.6（a），（b）中展示了出来。

为了分析混叠误差的其他特性，针对等角和高斯采样的特殊情况列出了式（3.45）。像式（3.4）那样，不同的下标被用来表示样本的俯仰角和方位角坐标，并且像式（3.11）那样，采样权重是与 n 和 m 无关的：

$$\begin{aligned}\varepsilon_{nm}^{n'm'} &= \sum_{q=0}^{2N+1}\sum_{l=0}^{2N+1}\alpha_q\left[Y_n^m(\theta_q,\phi_l)\right]^* Y_{n'}^{m'}(\theta_q,\phi_l)\\ &=\sqrt{\frac{2n+1}{4\pi}\frac{(n-m)!}{(n+m)!}}\sqrt{\frac{2n'+1}{4\pi}\frac{(n'-m')!}{(n'+m')!}}\times\\ &\quad\sum_{q=0}^{2N+1}\alpha_q P_n^m(\cos\theta_q)P_{n'}^{m'}(\cos\theta_q)\sum_{l=0}^{2N+1}\mathrm{e}^{\mathrm{i}\phi_l(m'-m)}\end{aligned}\tag{3.52}$$

对于高斯采样情景，l 上求和是从零到 N①的。现在，由于是等间距的，除非 $(m'-m)\bmod(2N+1)=0$，l 上的求和为零。因此，对于 $m'=m$ 的项，混叠显然会发生，这是因为对于给定的阶数 n 和 n'，对角状态是明显的。对于高阶的 n'，由于取模运算，对角线的翻版也同样明显。

影响混叠状态的最后一个特性，是在 q 上的求和。相对于赤道沿着俯仰角对称分布的采样点，采样权重具有一种类似的对称性，当 $n+m+n'+m'$ 是奇数时，在 q 上的求和为零[48]。现在，由于 $(m-m')\bmod(2N+1)=0$，在 q 上的求和为零的条件降低为 $n+n'$ 为奇数即可。这在图 3.6（a）和图 3.6（b）中是明显的，在常数 n 和 n' 的交替区域为零，当 $n+n'$ 为奇数时，这的确会出现。

其他采样配置可能不会呈现出这样一种有规律的模式。举个例子，对于近似均匀采样 $\varepsilon_{nm}^{n'm'}$，图 3.6（c）中给出了 32 个样本点。尽管观察到有些与图 3.6（a）和图 3.6（b）中的模式相似，如对角混叠项通常而言更为复杂。

① 已根据原书作者提供的勘误表进行了修正。

第四章　球形阵列配置

摘要： 在由球形阵列对声压进行空间采样问题的驱动下，第三章介绍了球面采样函数，以及通过它们的采样重构函数的方法。对于一个麦克风阵列所给定的测量，这些方法可以形成计算球面声压的基本原则。但是，在球形麦克风阵列处理中，举个例子，人们可能会对把声场分解成平面波成分，从而计算阵列周围的声场感兴趣。在这种情况下，由于球贝塞尔函数的零点，在自由空间中一个球体的表面施放压力或者全向麦克风，可能不会给出精确的平面波分解。这个问题在本章的开始部分便会给出。一个可能的解决方案是将麦克风放置在刚性球体的表面。这种配置提供了一个实用的优势——对于所有的麦克风布线和电子应用环境，刚性球体提供了一个理想的居所。但是，刚性球体的缺陷之一，是从球体散射的声音可以被周围的物体反射回来，从而改变其测量的声场。这一点对用于室内声学中声场分析的阵列而言尤为重要，例如，在这种情况下，在自由场中布放麦克风，以一种开放球体的配置方式进行可能更为可取。开放球形阵列的配置，因其避免了球贝塞尔函数的零点问题，因而会在本章接下来的部分中介绍。阵列配置也可能会影响阵列性能的其他方面，这些性能与工作频率范围、传感器噪声敏感度和其他不确定性有关。对于考虑一系列目标的阵列设计的一般框架本章也会进行介绍，随后将列举一些设计实例。本章最后以对一个开放球形阵配置的描述作为结语，在这种配置中麦克风被放置在一个壳体中。其他的阵列配置，包括半球形阵列、另一个由同心的刚性开放球体构成的阵列和一个非球形采样面组成的阵列，也将在本章进行讨论。

4.1　单个开放球体

本节将介绍最简单配置之一：球形麦克风阵列。这里，直接测量声压的声压式话筒或者麦克风，放置在一个自由场中虚拟球体的表面上。通常，这些麦克风需要一些机械支撑，但是这里假设麦克风的结构足够小，以致于能够获得自由场的声压测量。在麦克风所在位置测量到的声压，可以视为是球面连续声压函数的采样值。因此，第三章给出的采样和重构方法，在给定样本 $p\left(k,r,\theta_q,\phi_q\right)$ $(q=1,\cdots,Q)$ 时，在这里可以被用来重构位于球体表面的声压 $p\left(k,r,\theta,\phi\right)$。沿袭前面给出的标识方法，$k$ 表示波数，r 表示球体半径。通过

对球谐系数的计算可以实现重构，比如像式（3.32）中构造的那样，将其重新改写为

$$p_{nm}(k,r)=\sum_{q=1}^{Q}\alpha_q^{nm}p(k,r,\theta_q,\phi_q),\quad n\leqslant N \tag{4.1}$$

样本总数由Q给定，最大重构阶数为N，α_q^{nm}是采样权重。只要采样的声压函数是有限阶的，也就是$p_{nm}=0\ \forall\, n>N$，就可以实现完美的重建。然而，正如2.3节所讨论和图2.6所给出的那样，一个由平面波组成的声场，举例来说，不是阶数有限的，因此当从样本中重构声压函数时，由于空间混叠导致的误差是不可避免的。尽管如此，如果高阶系数的幅度保持足够小，这些误差是可以忽略的。这对所有$n\geqslant kr$的情况都是成立的。因此，假设采样方法的选择中频率和球体半径满足$kr<N$，那么空间混叠误差可以保持在较低的状态。

虽然测量球体表面声压的重构（具有某一限定混叠误差）可能是可行的，但是球体周围声压的重构需要下列公式（参见式（2.47））：

$$p(k,r',\theta',\phi')=\sum_{n=0}^{\infty}\sum_{m=-n}^{n}\frac{j_n(kr')}{j_n(kr)}p_{nm}(k,r)Y_n^m(\theta',\phi') \tag{4.2}$$

其中，(r',θ',ϕ')是测量球面之外的一处位置，此时$r'>r$，式（4.2）清楚地表明，仅当$j_n(kr)\neq 0$时，测量球面之外的声压才有可能重构。在实践中，为了避免除以一个较小的数产生的数值误差，$j_n(kr)$必须显著地不同于零。这一要求对于一般的阵列处理方法同样适用，而不仅仅是声压重构，有关内容参见第五章。图2.1清楚地表明，球贝塞尔函数对于n和kr的许多取值都等于零，因此在实践中，很难避免除以零的情况，除非选择一组严格限定的频率、半径和阶数。这是自由场中放置了声压式麦克风的单个球体配置的主要缺点，因此这也是考虑其他球形阵列配置（如围绕一个刚性球体球体配置的阵列）的缘由。

另一个关于阵列配置的重要议题是传感器噪声敏感度。图2.2显示出对于所有的$n>0$的$j_n(kr)$，在$kr\to 0$时，均化为零。此外，对于高阶情况而言，向零的衰减更为陡峭。这意味着像式（4.2）那样远离球面的声压重建，或者一般阵列处理方法，对于较小的kr可能都要除以一个很小的值；这可能潜在地将实际阵列系统中的噪声放大。避免这种不良影响的方法之一是降低有效的阵列阶数N，在低频处仅包含具有足够大幅度的系数。但是，这一点可能会以耗费重建精度和空间分辨率方面的性能为代价，这取决于N（参见第五章）。

从以上的分析可以清楚地知道，阵列配置会影响阵列性能的多个方面，理论分析现在总结为一下几点：

（1）首先选择空间采样方法 （参见第三章），这定义了麦克风位置的角度

部分$\left(\theta_q,\phi_q\right)$ $(q=1,\cdots,Q)$，以及球面函数无混叠采样的最大阶数N。

（2）然后选择球体的半径r，这定义了麦克风位置的径向部分，N和r定义之后，工作频率的范围也就随之确立。

（3）频率上限通过空间混叠限定，高频率f确定了波数$k=2\pi f/c$，它与r和N一起，必须满足$kr<N$，以避免因空间混叠而产生的显著误差。

（4）频率下限由传感器噪声和其他误差限定，比如麦克风增益和相位响应的失配，麦克风的非精确定位和受限的计算精度。如果$j_n\left(kr\right)$的幅度太小，低频和和低值的kr处，包含除以$j_n\left(kr\right)$的阵列处理方法可能会是病态的。对于一个满足$kr\ll N$的给定频率和半径，最高的阶数$n=N$幅度最小，由于噪声的存在，它对性能的恶化贡献最为显著。$j_n\left(kr\right)$不再有用时对应的确切频率，可能取决于噪声水平和其他误差水平，还可能改变，这取决于实际的系统规格。

（5）在工作范围内的一些频率处，也就上限频率和下限频率之间的范围内，如若这些频率满足$j_n\left(kr\right)\approx 0$，$j_n\left(kr\right)$也可能变得很小。这是单一开放球面配置的一项固有限制。

接下来给出一个开放球形阵列设计的例子，假设一个球体，半径$r=8\text{cm}$，置放了 72 个麦克风，采用高斯采样方案。以实现阶数限制为$N=5$的函数无混叠采样。假设声场由平面波叠加组成，频率上限会满足$kr=N$以限制混叠误差。代入r和N的值，并且使用关系式$k=2\pi f/c$，其中c是声速（20℃时，c=343m/s），f是单位为赫兹的频率，阵列工作频率的上限大约是 3400Hz，图 4.1 展示了一个频率函数$4\pi i^n j_n\left(kr\right)$的幅度，也给出了 3412Hz 处的限制$kr=N$。该图显示出球贝塞尔函数$j_0\left(kr\right)$在 2144Hz 处为零，并且球贝塞尔函数$j_1\left(kr\right)$在 3066Hz 处为零。被测声压的球谐系数，$p_{00}\left(k,r\right)$和$p_{1m}\left(k,r\right)$ $(m=-1,0,1)$，希望其在零频率附近具有较低的幅度，因此对噪声的影响非常敏感。此外，对于$n>0$的球贝塞尔函数在频率低于 1000Hz 时，朝原点衰变。因此增加了所测量的$p_{nm}\left(k,r\right)$对噪声的敏感度。举例来说，正如图中所标记的那样，$4\pi i^n j_5\left(kr\right)$在 1000Hz 处的幅度大约为−43dB。如果这是利用有用的信噪比测量得到的最低幅度，那么系数$p_{5m}\left(-5\leqslant m\leqslant 5\right)$仅在频率高于 1000Hz 时才是可用的。后果是低于该频率的任何测量，实际上最大阶数$N=4$或者更低。

接下来的各节将致力于给出克服上文（5）中所列限制（如球贝塞尔函数零点的影响）的阵列配置。关于上文列出的其他几点，这些配置通常展示出一种类似于单个开放球面的表现方式。关于（5），像式（2.45）那样，给出球面声压和球谐域中构成声场的平面波幅度的关系式是有用的：

$$p_{nm}\left(kr\right)=b_n\left(kr\right)a_{nm}\left(k\right) \tag{4.3}$$

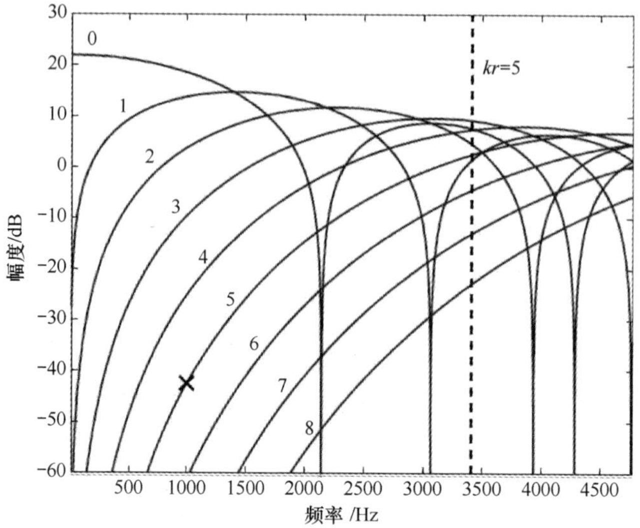

图 4.1　一个频率的函数 $4\pi i^n j_n(kr)$ 的幅度，$n=0,\cdots,8$ ，$r=8\text{cm}$ ，$k=2\pi f/c$ ，显示出其满足 $kr=5$ 时位于 $f=3412\text{Hz}$ 处的限制

其中

$$p_{nm}(kr)=4\pi i^n j_n(kr) \tag{4.4}$$

这是一个很重要的关系，因为它定义了一种方法，即平面波声场 a_{nm} 在球体表面 p_{nm} 上用定义了声场在球体表面上投影的函数 $b_n(kr)$ 的方法。现在很清楚，给定测量值 p_{nm} 时声场 a_{nm} 的计算需要除以 $b_n(kr)$，在单个开放球体情境中，意味着除以球贝塞尔函数。式（4.3）和式（4.4）对阵列配置的影响展示，给出了一种通用且有效的方法。正如后面几节中给出的那样，其他阵列配置也会以式（4.3）的形式出现，但组成 $b_n(kr)$ 的项不一样。这里的目标是，对于选定的半径值，在工作频率范围内开发使 $b_n(kr)$ 没有零点阵列配置。

4.2　刚性球体

刚性球形阵列配置[34]，由包含有放置在球体表面上的麦克风构成，该球体由一种坚硬的、完全反射的材料构成，比如硬木或者厚金属。4.1 节中给出的单个开放球体配置的分析，也适用于刚性球体配置。然而，由于刚性球体的散射，球体周围的声场和球面的声压之间的关系，其特征在于一个不同的 $b_n(kr)$。第二章给出的声场分析（式（4.26）），研究了包含刚性球体周围入射场和散射场

影响的项 b_n，为了方便起见这里将其重写为

$$b_n(kr)=4\pi i^n\left[j_n(kr)-\frac{j_n'(kr_a)}{h_n^{(2)'}(kr_a)}h_n^{(2)}(kr)\right] \tag{4.5}$$

函数 b_n 取决于 r_a 和 r，其中 r_a 为刚性球体的半径，满足 $r_a \geqslant r$，表示刚性球体表面或者球外一点到原点的距离。然而注意到，为使标识简单，b_n 对 r_a 的明确依赖性并没有展示出来。

对于一个开放球体（或者自由场中的球体）和一个刚性球体来说，函数 b_n 的幅度已经分别在第二章中的图 2.1 和图 2.9 中给出。这些图在这里被呈现在同一幅图里（图 4.2），为了简便起见，这里省略掉了阶数的标识。在刚性球体的情况下，假定 $r_a = r$。和开放球体配置相比，该图清楚地显示出刚性球体配置中 b_n 零点的根除。同时也注意到，由于散射声场分量，b_n 的幅度在刚性球体配置中要稍微大一些。这实际上是优势所在，因为它意味着 b_n 的幅度在高阶和低频处会大一些，因此阵列对传感器噪声和其他误差稍许稳健，正如在 4.1 节讨论的那样。

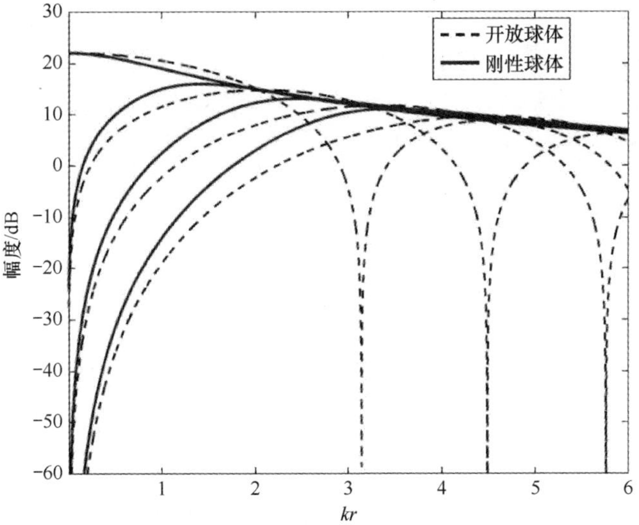

图 4.2　一个刚性球体和一个开放球体中 $b_n(kr)$ 的幅度，$n=0,\cdots,3$，$r=r_a$

刚性球形阵列的另一个的优点是安装麦克风的便利性，和具有将刚性球体的内部空间用来安置麦克风放大器和其他调节电子元件的潜在应用。因此它适用于实时的麦克风阵列的应用，这一应用需要同时记录所有的麦克风信

号。刚性球形阵列的一个明显的缺点涉及低频性能。如果需要计算低频处一个很高阶数 N 的 a_{nm}，那么就须设计一个大半径 r_a 的阵列以避免工作在 $kr \ll N$ 范围内，此范围内高阶处 p_{nm} 的测量值会有过多的噪声。然而，围绕着很大的刚性球体所建造的阵列，在实际中也不易处理，对于其他实际的原因，可能也是不符合需要的。此外，大刚性球体入射声的散射，可能通过周围的物体（如房间墙面）反射回测量区域，改变测量声场。综上所述，小的刚性球形阵列也许是有用的；然而在有些情况下设计这样阵列的配置是可取的：避免球贝塞尔函数的零点，且不会将刚性球体引入测量区域。这样的配置将在随后几节讨论。

在 4.1 节中引入的开放球体配置的设计案例，这里为介绍刚性球体配置进行了概述。半径 $r = 8\text{cm}$ 的开放球体替换为半径相等的刚性球体，$r_a = 8\text{cm}$。图 4.3 展示了这种设计中 $b_n(kr)$ 的幅度，通过式（4.26）对 $r = r_a$ 进行计算。该图表明，由于球贝塞尔函数零点的消除，在频率 2144Hz 和 3066Hz 处，低幅问题不再存在。除此以外，设计是相似的，除了刚性球体中 b_n 的幅度稍高一些。这一点，对 1000Hz 处的 $b_5(kr_a, kr_a)$ 来说成为一项优势。例如，在此频率处，如图中标记出的那样，其幅度为−37dB；因此，在这些条件下与开放球形阵列相比，刚性球体设计对噪声较不敏感。

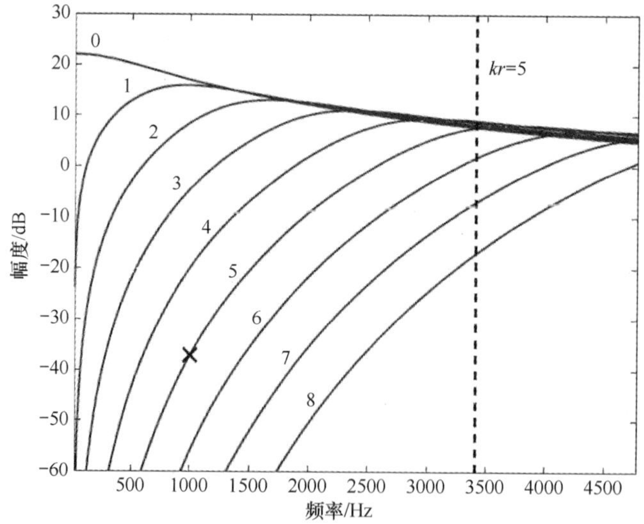

图 4.3　式（4.5）中频率函数 $b_n(kr)$ 的幅度，$r = r_a$，$n = 0,\cdots,8$，$r = 8\text{cm}$，$k = 2\pi f/c$，显示出其满足 $kr = 5$ 时位于 $f = 3412\text{Hz}$ 处的限制

4.3 心形麦克风开放球体

本节将给出一种球形麦克风阵列配置，这种配置在自由场中使用麦克风，但是仍然克服了由球贝塞尔函数的零点所引入的问题。这种配置和 4.1 节中所讨论的单个开放球体配置是相同的，只是这里的麦克风是心形而不是压力类型的[25]。这意味着，通过替代全向麦克风的使用，这里使用具有一阶心形指向性的定向麦克风，其测量的是压力和径向压力梯度的组合。一阶定向麦克风最近已经在具有圆形结构的麦克风阵列中得到应用[22,23]。对于一个球形阵列，这些麦克风的使用在文献[32,48]中进行了讨论。

一个指向径向方向的心形麦克风的输出可以写为

$$x(k,r,\theta,\phi)=p(k,r,\theta,\phi)+\frac{1}{ik}\frac{\partial}{\partial r}p(k,r,\theta,\phi) \tag{4.6}$$

对于一个单位幅度平面波的麦克风信号响应，可通过将 $p(k,r,\theta,\phi)=\mathrm{e}^{\mathrm{i}\tilde{\boldsymbol{k}}\cdot\boldsymbol{r}}=\mathrm{e}^{\mathrm{i}kr\cos\Theta}$ 代入式（4.6）中导出，其中 Θ 表示离开径向视角的角度，由下式给出：

$$x(k,r,\theta,\phi)=\mathrm{e}^{\mathrm{i}kr\cos\Theta}(1+\cos\Theta) \tag{4.7}$$

这里，$\tilde{\boldsymbol{k}}=(k,\theta_k,\phi_k)$ 表示指向到达方向的波向量，像式（2.37）那样；$\boldsymbol{r}=(k,\theta,\phi)$ 表示麦克风的位置。麦克风的输出包括了项 $(1+\cos\Theta)$，具有心形指向性[25]。图 4.4 在极坐标图中示出了一个心形麦克风指向。

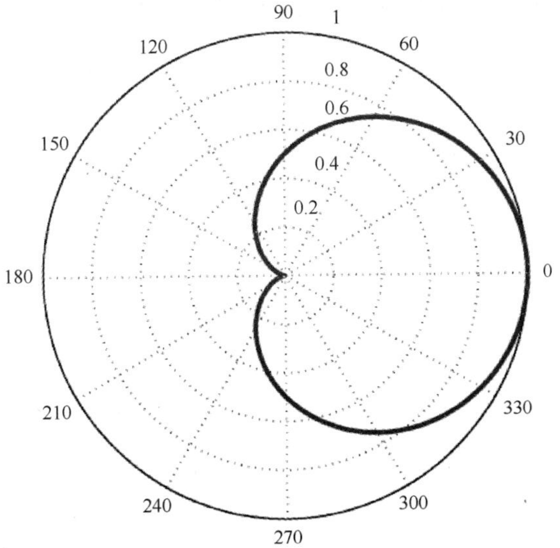

图 4.4 一个心形麦克风指向 $\frac{1}{2}(1+\cos\Theta)$ 的归一化极坐标图

通过代入一个单位幅度平面波的球谐函数表示替换 p，像式（2.37）那样，也可以在球谐函数域中写出：

$$x_{nm}\left(k,r\right)=4\pi i^{n}\left[j_{n}\left(kr\right)-ij_{n}'\left(kr\right)\right]\left[Y_{n}^{m}\left(\theta_{k},\phi_{k}\right)\right]^{*} \tag{4.8}$$

考虑一个幅度为 $a\left(k,\theta_{k},\phi_{k}\right)$ 的平面波，延伸声场到包括一个连续的平面波，如 2.4 节所述，得到

$$x_{nm}\left(k,r\right)=b_{n}\left(kr\right)a_{nm}\left(k\right) \tag{4.9}$$

其中

$$b_{n}\left(kr\right)=4\pi i^{n}\left[j_{n}\left(kr\right)-ij_{n}'\left(kr\right)\right] \tag{4.10}$$

式（4.9）和式（4.10）表明，在自由场中由心形麦克风构成的球形阵列的输出，和声压麦克风组成的球形阵列可以用相同的形式写出，或是在自由场中，或是在刚性球体周围，只是有一个不同的函数 $b_{n}\left(kr\right)$，在这种情况下，b_n 包含了一项 j_n（由于压力分量）和一个 j_n 的导数项 j_n（由于压力梯度分量）。

图 4.5 比较了 $n=0,\cdots,3$ 时使用压力麦克风和心形麦克风的开放球形阵列。该图表明，和刚性球形阵列相似，心形麦克风的使用消除了球贝塞尔函数的零点。此外，和刚性球形阵列相似，当 kr 的值很小时，b_n 的幅度比压力麦克风配置要高。幅度的增加甚至比刚性球体对应的情况（图 4.2）更快，这表明了在对噪声的稳健性上一个有可能的改善。然而，这种改善在实际中并不明显。这是因为由于空间求导运算（往往通过压力差测量来近似的，低频处压力差一般较小），心形麦克风在低频处通常遭受过多的噪声干扰。

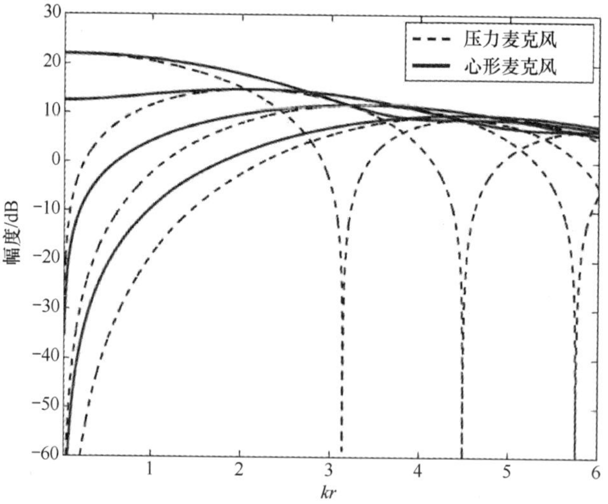

图 4.5　自由场球形麦克风阵列 $b_{n}\left(kr\right)$ 的幅度，$n=0,\cdots,3$，使用心形麦克风和压力麦克风

由于配置得简单易行，具有心形麦克风的一个开放球形阵列的使用似乎是有吸引力的，但它也是有缺点的。首先，除了在低频处有过多的噪声之外，在阵列处理中使用时，比如心形图案的偏差也有可能使阵列模式函数 b_n 产生误差。此外，压力麦克风往往是声学测量系统中麦克风的选项，因此基于压力麦克风的球形阵列可能略胜一筹。下一节将介绍一个开放的球形阵列，该阵列利用压力麦克风，并且能够克服球贝塞尔零点导致的限制。

4.4 双半径开放球体

双半径开放球形阵列配置，由两个具有声压麦克风的同心开放球形阵列构成。图 4.2 表明，对于开放球形阵列，b_n 的零点出现在 kr 的特定值上。因此，如果我们利用两个半径分别为 r_1 和 r_2 的同心开放球形阵列测量声场，对每个球体来说，每个零点就会出现在不同的频率或者波数上。这一特性正是双半径开放球形阵列的基础，由于球贝塞尔函数的零点在一个阵列中丢失的信息，可以从另一个阵列获得。因此，该阵列以一种互补的方式，克服了由零点强加的限制。对于幅度密度为 $a_{nm}(k)$ 的平面波声场，两个阵列共同测量的声压，在球谐函数域中按照式（4.3）和式（4.4），可以写为

$$\begin{cases} p_{1\,nm}(k) = 4\pi i^n j_n(kr_1) a_{nm}(k) \\ p_{2\,nm}(k) = 4\pi i^n j_n(kr_2) a_{nm}(k) \end{cases} \tag{4.11}$$

每个频率处 $a_{nm}(k)$ 的计算需要一个除以 $j_n(kr)$ 的除法，以致于在各个频率或者波数处，根据 $j_n(kr)$ 的幅度，有式（4.11）中的一个方程被选中。更为正规的则是遵循文献[6]，首先引入一个可供选择的参数 β：

$$\beta_n(kr_1, kr_2) = \begin{cases} 0, & |j_n(kr_1)| \geqslant |j_n(kr_2)| \\ 1, & |j_n(kr_1)| < |j_n(kr_2)| \end{cases} \tag{4.12}$$

现在，可以导出一个对两个阵列项进行组合的表达式：

$$p_{12nm}(k) = b_n(kr_1, kr_2) a_{nm}(k) \tag{4.13}$$

其中

$$b_n(kr_1, kr_2) = [1 - \beta_n(kr_1, kr_2)] 4\pi i^n j_n(kr_1) + \beta_n(kr_1, kr_2) 4\pi i^n j_n(kr_2) \tag{4.14}$$

函数 $p_{12nm}(k)$ 表示来自两个球体声压函数的球谐系数。通过这里为双半径阵列情景所定义 b_n，式（4.13）和式（4.14）描述了一个测量声压和平面波声场之间的关系。

图 4.6 展示了半径 $r_1 = 1\text{m}$ 和 $r_2 = 0.833\text{m}$ 的双半径阵列函数 $b_n(k) \equiv$

$b_n(kr_1,kr_2)$ 的幅度。该图表明使用这种方法避免了球贝塞尔函数的零点。该图还表明，对于两个半径分别为 r_1 和 r_2 的开放球形阵列，b_n 均有零点，但是位于成比例的位置。

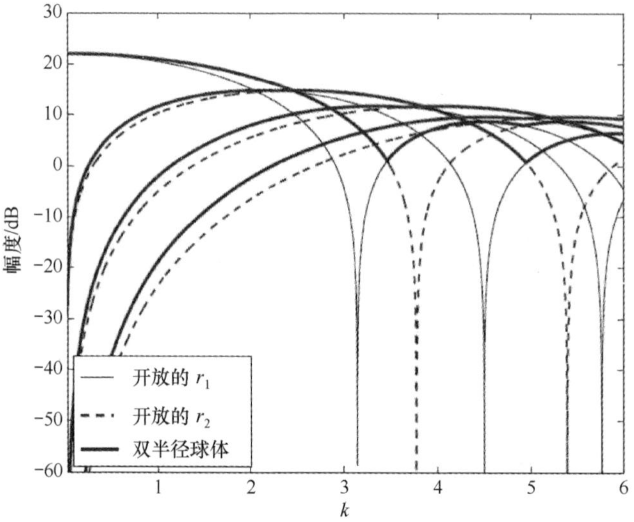

图 4.6 双半径（$r_1=1\text{m}$，$r_2=0.833\text{m}$ 为两个开放球体的半径配置）开放球体配置球形阵列和两个半径分别为 r_1 和 r_2 开放球体配置 $b_n(kr)\equiv b_n(kr_1,kr_2)$ $(n=0,\cdots,3)$ 的幅度

对于双半径球形阵列的一个重要的设计议题是两个半径之比的选择，记为 $\alpha=r_1/r_2$，Balmages 和 rafaely[6]提出了数值和解析化方法来寻找最佳的比率。给定 r_1，并且假定 r_2 被限制在一个较小的半径上，$r_2<r_1$，半径比应产生 $j_n(kr)$ 最高可能的幅度，对于每个波数 k 和阶数 n，选择 $|j_n(kr_1)|$ 和 $|j_n(kr_2)|$ 中的最大值。公式化表示如下：

$$\alpha_{\text{opt}}=\arg\max_{\alpha}\min_{n}\min_{k}\max\left\{\left|j_n(kr_1)\right|,\left|j_n(kr_2)\right|\right\} \tag{4.15}$$

k 上的最小化通常在 $kr_1\geqslant n$ 的范围内开展，以避免 j_n 的取值过小，这是由于 j_n 在低值 kr 时的高通特性带来的。此外，在典型的阵列中，$kr>N$ 时混叠显著，所以 k 通常被限制在 $n\leqslant kr_1\leqslant N$ 范围内，n 上的最小化通常在 $0\leqslant n\leqslant N$ 的范围内开展，α 的数值计算实例已经在文献[6]中给出。

关于 α 的一个简化表达式也已经在文献[6]中给出。从 $\alpha=1$（单个球体）开始增加 α 等效于改变 $j_n(kr)$ 的辐角大小，并将零点转移到更高的波数。当转移后 $j_n(kr_2)$ 的零点和 $j_n(kr_1)$ 原来的零点再次重合时，给定波数的零点不能恢复。现在，取 $\alpha=1$ 和导致零点重合的 α 值之间的中点，假设沿 kr 上零点之间间隔的限制，文献[6]业已展示了一个最优 α 的令人满意的近似：

$$\alpha_{\text{opt}} \approx 1 + \frac{\pi}{2N} \tag{4.16}$$

对一个礼堂室内脉冲响应的测量，作为一个设计案例已经在文献[47]中给出。双球形阵列由在每个球体上安置 882 个麦克风位置的两个球体组成，由高斯采样方案安排对应位置。这提供了阶数高达 $N = 20$ 的无混叠采样，因此有 $2(N+1)^2 = 882$。第一个球体的半径设置为 $r_1 = 0.43\text{m}$，这样频率在 $f \approx 2.5\text{kHz}$ 时满足 $kr_1 = N$，由此构成了阵列工作频率的上限，注意到一个稍微高于上限的频率在文献[47]中被使用。将 $N = 20$ 代入式（4.16），得到 $\alpha \approx 1.078$ 和 $r_2 = 0.4\text{m}$。这个例子说明，纵然在这个双球体结构中两个半径的间隔距离非常小，但是这已经足以消除球贝塞尔函数产生的零点了。

虽然本节介绍的双半径球形阵列，针对使用压力麦克风的球贝塞尔函数零点的问题提供了一个实际解决办法，但不足之处在于，与单个开放球体相比，它需要两个球体，所使用的麦克风数量也是其两倍。基于下一节中发展形成的设计框架，更多有效的方法将在接下来的几节中给出。

4.5 误差稳健性和数值阵列设计

正如第三章中所讨论的，以上给出的几种阵列配置，都是基于球体采样的预定义分布形成的。然后利用适当的采样权重计算声压的球谐系数 $p_{nm}(k,r)$，进而得到 $a_{nm}(k)$，或者如式（4.3）所示，通过对 $p_{nm}(k,r)$ 除以 $b_n(kr)$ 进行平面波分解。该计算中病态性的一个直接结果是产生了低幅的 $b_n(kr)$，尤其影响单个球体开放阵列。在上面给的配置中，麦克风的位置被限制在单个球体或者双球体的表面。当麦克风在三维空间中更为自由地放置时，需要一个不同的公式说明所提出配置的数值鲁棒性。这样的一个公式将在本节中进行介绍。

式（4.3）给出了球谐函数域中，声压构成的平面波幅度与半径为 r 的球体表面上声压之间的关系。现在，考虑 Q 个样本点分布在三维空间中，其位置为

$$(r_q, \theta_q, \phi_q),\quad 1 \leqslant q \leqslant Q \tag{4.17}$$

利用式（4.3），这些采样点处的声压可以写为

$$p(r, r_q, \theta_q, \phi_q) = \sum_{n=0}^{\infty} \sum_{m=-n}^{n} a_{nm}(k) b_n(kr_q) Y_n^m(\theta_q, \phi_q),\quad 1 \leqslant q \leqslant Q \tag{4.18}$$

注意到，该式可适用于多种配置，由不同的函数 b_n 表征，例如开放或者刚性球体周围的压力麦克风，一个由心形麦克风的开放球体或者双半径配置。

对所有的$1 \leqslant q \leqslant Q$，将最大半径记为$\bar{r} = \max\{r_q\}$，并假设波数满足$k\bar{r} < N$，式（4.18）中的无限求和可以近似为有限求和，正如在2.3节中所讨论的那样：

$$p(r, r_q, \theta_q, \phi_q) \approx \sum_{n=0}^{N} \sum_{m=-n}^{n} a_{nm}(k) b_n(kr_q) Y_n^m(\theta_q, \phi_q), \quad 1 \leqslant q \leqslant Q \tag{4.19}$$

式（4.19）可以以一种矩阵的形式写为

$$\boldsymbol{p} = \boldsymbol{B}\boldsymbol{a}_{nm} \tag{4.20}$$

其中$Q \times 1$维向量表示$\boldsymbol{p}$压力采样：

$$\boldsymbol{p} = \left[p(k, r_1, \theta_1, \phi_1) \quad p(k, r_2, \theta_2, \phi_2) \quad \cdots \quad p(k, r_Q, \theta_Q, \phi_Q) \right]^{\mathrm{T}} \tag{4.21}$$

$(N+1)^2 \times 1$维向量$\boldsymbol{a}_{nm}$表示声场的系数：

$$\boldsymbol{a}_{nm} = \left[a_{00} \quad a_{1(-1)} \quad a_{10} \quad a_{11} \quad \cdots \quad a_{NN} \right]^{\mathrm{T}} \tag{4.22}$$

$Q \times (N+1)^2$维矩阵$\boldsymbol{B}$由下式给出：

$$\boldsymbol{B} = \begin{bmatrix} b_0(kr_1) Y_0^0(\theta_1, \phi_1) & b_1(kr_1) Y_1^{-1}(\theta_1, \phi_1) & \cdots & b_N(kr_1) Y_N^{-N}(\theta_1, \phi_1) \\ b_0(kr_2) Y_0^0(\theta_2, \phi_2) & b_1(kr_2) Y_1^{-1}(\theta_2, \phi_2) & \cdots & b_N(kr_2) Y_N^{-N}(\theta_2, \phi_2) \\ \vdots & \vdots & & \vdots \\ b_0(kr_Q) Y_0^0(\theta_Q, \phi_Q) & b_1(kr_Q) Y_1^{-1}(\theta_Q, \phi_Q) & \cdots & b_N(kr_Q) Y_N^{-N}(\theta_Q, \phi_Q) \end{bmatrix} \tag{4.23}$$

如式（4.3）所示，平面波的分解需要除以b_n，现在涉及矩阵$\boldsymbol{B}$的逆。因此，避免b_n中低幅度的要求，在更一般的情况下替换为：如果$Q = (N+1)^2$，要求矩阵$\boldsymbol{B}$是可逆的，或者通过伪逆来应对更为一般的情况。在一个单球体配置的情况中，矩阵$\boldsymbol{B}$可以分解成一个包含函数$b_n(kr)$值的对角矩阵，和包含在采样点处球谐函数值$Y_n^m(\theta_q, \phi_q)$的矩阵。因此，矩阵$\boldsymbol{B}$的逆要求b_n的幅度不要太小，这与前面几节中给出的分析是一致的。

已经在麦克风处测量了声压（向量$\boldsymbol{p}$），然后用公式表示了矩阵$\boldsymbol{B}$的模型用于描述所应用的阵列配置，向量$\boldsymbol{a}_{nm}$可以通过求解式（4.20）来计算，确切地说是在最小二乘意义上的：

$$\boldsymbol{a}_{nm}^{O} = \boldsymbol{B}^{\dagger} \boldsymbol{p} \tag{4.24}$$

其中$\boldsymbol{a}_{nm}^{O}$是解。假设过采样，也就是$Q > (N+1)^2$，伪逆由下式给出：

$$\boldsymbol{B}^{\dagger} = \left(\boldsymbol{B}^{\mathrm{H}} \boldsymbol{B} \right)^{-1} \boldsymbol{B}^{\mathrm{H}} \tag{4.25}$$

把$\boldsymbol{a}_{nm}^{O}$回代入式（4.20）中，可以预计其准确地满足（或者说误差很小）方程的解。然而实际上，矩阵$\boldsymbol{B}$可以不是精确已知的。不确定性有很多可能的诱因，其中包括麦克风的位置$\left(r_q,\theta_q,\phi_q\right)$，仅仅已知其有限精度形式，来自假定值的扰动可以存在于增益和麦克风的相位响应中，有可能在心形麦克风中有一个不理想的方向性的响应，可能在假定的自由场条件中激发出反射（麦克风加盖，或者可能存在于一个搭建好以后的刚性球体中的麦克风传声架，和一个不能忽略的合并）。

在矩阵 $\boldsymbol{B}$ 中的扰动用 $\delta\boldsymbol{B}$ 表示，当其代入式（4.20）时，将会得到一个 $\boldsymbol{p}$ 中的扰动，用 $\delta\boldsymbol{p}$ 表示：

$$\boldsymbol{p}+\delta\boldsymbol{p}=\left(\boldsymbol{B}+\delta\boldsymbol{B}\right)\boldsymbol{a}_{nm}^{O} \tag{4.26}$$

小的扰动 $\delta\boldsymbol{B}$ 产生一个小的扰动 $\delta\boldsymbol{p}$ 正是所期望得到的，使得式（4.20）的不满足程度最小化。这一敏感度关系，通过将式（4.20）和 $\boldsymbol{a}_{nm}^{O}$ 代入式（4.26），可以得到

$$\delta\boldsymbol{p}=\delta\boldsymbol{B}\boldsymbol{a}_{nm}^{O} \tag{4.27}$$

代入式（4.24），并取“2−范数”可得

$$\|\delta\boldsymbol{p}\|\leqslant\|\delta\boldsymbol{B}\|\cdot\left\|\boldsymbol{B}^{\dagger}\right\|\cdot\|\boldsymbol{p}\| \tag{4.28}$$

重新排列并且代入“2−范数”中的条件数，像文献[52]那样，$\boldsymbol{p}$ 变化对于 $\boldsymbol{B}$ 变化的敏感度可以写为

$$\frac{\|\delta\boldsymbol{p}\|}{\|\boldsymbol{p}\|}\leqslant\kappa\left(\boldsymbol{B}\right)\frac{\|\delta\boldsymbol{B}\|}{\|\boldsymbol{B}\|} \tag{4.29}$$

其中，$\kappa\left(\boldsymbol{B}\right)$ 为矩阵 $\boldsymbol{B}$ 的条件数，像文献[52]那样，对于“2−范数”的情况可以写为

$$\kappa\left(\boldsymbol{B}\right)=\|\boldsymbol{B}\|\cdot\left\|\boldsymbol{B}^{\dagger}\right\|=\frac{\bar{\sigma}\left(B\right)}{\underline{\sigma}\left(B\right)} \tag{4.30}$$

其中，$\bar{\sigma}$ 表示最大的奇异值，$\underline{\sigma}$ 表示最小的奇异值小。式（4.29）显示出条件数放大了矩阵 $\boldsymbol{B}$ 中的误差，所以保持条件数尽可能地靠近 1 尤为重要。对于 $\boldsymbol{B}$ 为方阵的特例，满秩且秩为 $(N+1)^2$，条件数如式（4.30）中列出的那样，只不过用伪逆替换了逆。

扰动也可在向量 $\boldsymbol{p}$ 中发生。声压向量通常由麦克风测量，因此当计算机采样时，放大器噪声和量化误差会在向量 $\boldsymbol{p}$ 中产生误差或者一个扰动。解（这个例子中的 $\boldsymbol{a}_{nm}$）的误差限，对于 $\boldsymbol{p}$ 的误差和非方阵情况，已经显示出其会随着 $\kappa\left(\boldsymbol{B}\right)$ 增长，和文献[52]一样促进了这些情况中条件数的减少。

通过上面的介绍，已经确立了矩阵 $\boldsymbol{B}$ 的条件数，是衡量式（4.20）的解相对于用向量 $\boldsymbol{p}$ 和矩阵 $\boldsymbol{B}$ 表征的数据中误差稳健性的一项重要测度。当设计一个球形阵列配置时，条件数能被用作最小化的目标函数。例如，接下来的最优化

问题可以通过搜索麦克风的位置来建构，这些位置能产生最稳健的设计[45]：

$$\left(r_q,\theta_q,\phi_q\right)=\arg\min_{r_q,\theta_q,\phi_q}\kappa\left(\boldsymbol{B}\right),\quad 1\leqslant q\leqslant Q \tag{4.31}$$

这样的一个最优化问题可能是非凸的，需要全局搜索方法，如遗传算法。球体配置的选择，比如开放的或者是刚性的；麦克风的类型，比如压力或者心形线；都能融入这样一个设计中。在接下来的两节中，将会给出本章所描述的一些设计中 $\kappa\left(\boldsymbol{B}\right)$ 的例子，随后引入了壳配置，这种配置使用了式（4.31）给出的设计优化。

4.6 稳健度分析的设计范例

造成与理论中“理想”设计偏离的阵列实现中的实际限制，将会产生传播到阵列输出的误差。正如本章早前讨论的，导致误差形成的原因可能包括麦克风位置的精确性、麦克风的频率响应与非理想声学球面模型的失配。这些误差可以用矩阵 $\boldsymbol{B}$ 相对于一个理想矩阵的扰动来表征，因此矩阵 $\boldsymbol{B}$ 的条件数能被用来作为阵列输出对误差敏感度的一个通用测度，正如 4.5 节中讨论的那样。

本节研究了几个阵列配置。针对这些选用的阵列配置，计算了矩阵 $\boldsymbol{B}$ 的条件数，旨在展示并比较它们的稳健性。对于每个配置，矩阵 $\boldsymbol{B}$ 在 $0\leqslant n\leqslant 3$ 和 $0\leqslant kr\leqslant 6$ 范围内计算。在大多数情况下，采样配置针对一个最大阶数 $N=6$ 的阶数有限函数进行设计，以保持空间过采样。这样相对显著的过采样，其缘由是保证运算区域在 $3\leqslant kr\leqslant 6$ 范围内，在此区域中函数 $b_n(kr)$ 作为一个 n 的函数，有一个相对一致的幅度。

在第一个例子中，研究了配置在一个刚性球体周围的球形阵列。研究了三个采样方案，即等角、高斯和近似均匀方案，像第三章讨论的那样。这三个方案针对阶数 $N=6$ 设计，分别有 196、98 和 84 个样本。计算了每种配置的矩阵 $\boldsymbol{B}$，维数为 $Q\times(N+1)^2$，其中 Q 是总的样本数量，且 $(N+1)^2=49$。然后沿着 kr 的一系列值，计算这些矩阵的条件数。尽管在研究中，所有三种配置都被认为是稳健的，这是由于就球贝塞尔函数零点的根除而言，刚性球体具有固有的稳健性。图 4.7 清楚地显示出近似均匀分布只比高斯和等角分布略微稳健，这可能是因为样本在球体上分布更加均匀所致，同时也避免了极点处的聚集。该图也显示出条件数在低频端（对于 $kr<3$）是高的。这是因为 $kr<3$ 时，b_1 到 b_3 所固有的低幅度。kr 低值处条件数的这种增加，不会因麦克风的重新分布而规避，通常会要求球体半径的增加，因此这样的切断点（这种情况下对于 $kr=3$）出现在一个较低的波数处。

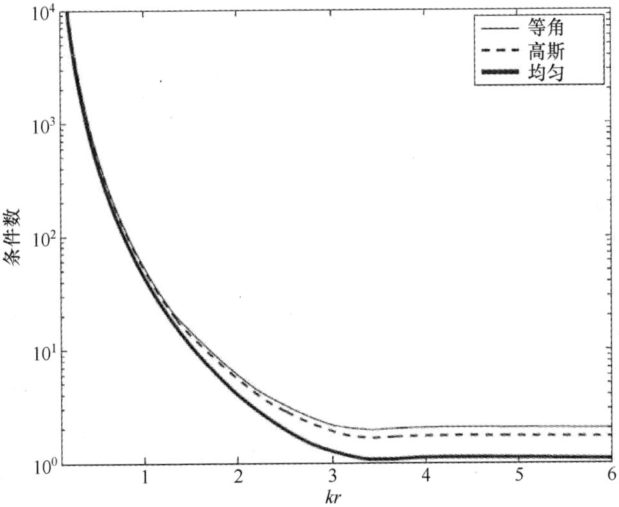

图 4.7　对于在一个刚性球体周围的阵列结构，条件数 $\kappa(\boldsymbol{B})$ 作为 kr 的一个函数，采用有着下面的采样分布：196 个样本的等角采样，98 个样本的高斯采样和 84 个样本的近似均匀采样，都给出了阶数达 6 的无混淆采样

在下一个例子中，比较了三种阵列配置，包括一个在刚性球体周围的阵列，一个开放的球体周围的阵列，两个阵列都采用了 84 个样本的均匀分布。一个刚性球体附近的配置和图 4.7 相同，作为一个参考在这里给出。第三种配置和开放阵列的结构相同，只有一个额外的样本加入了矩阵 $\boldsymbol{B}$ 中，在阵列的原点处。图 4.8 给出了这些配置中矩阵 $\boldsymbol{B}$ 的条件数。开放阵列配置清楚地表明，当 kr 值接近球贝塞尔函数零点时将出现大的条件数。式（4.23）表明，由于 $j_0(\pi)=0$ 的零点，对于 $kr=\pi$，矩阵 $\boldsymbol{B}$ 的第一列等于零。现在，由于在原点处的采样加入了额外的一行，$j_0(0)\neq 0$ 该列将不会为零，所以由于零列的恢复，产生了秩的亏损。这在图 4.8 中也是明显的，在对于这种新的配置，条件数沿袭了一个开放球体中的表现，但是避免了在第一个零点附近的高条件数。

在最后的例子中，一个使用心形麦克风开放的阵列的条件数，和一个双球形阵列（第二半径比第一半径小 1.3 倍）的条件数，已经被计算并且在图 4.9 中给出。有 84 个采样点的一种近似均匀采样方案在两个阵列中都被使用。对于双球形阵列，正如 4.4 节中讨论的，只选择了与半径相对应的 $b_n(kr)$ 最大幅度的数据点。就像所期待的那样，该图显示基于心形麦克风的阵列和双球形阵列都克服了因为球贝塞尔函数的零点导致的病态，取得了一个相当低的条件数。此外，相同的双半径配置用矩阵 $\boldsymbol{B}$（由两个球体的行组成），而不是用最大化的选取准则来表示。这个结果中的条件数与原始的双半径阵列非常相似。在这

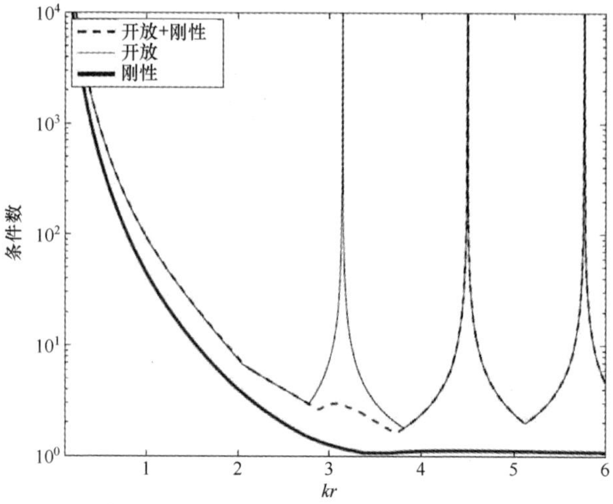

图 4.8 三种阵列配置中 kr 的一个函数：条件数 $\kappa(\boldsymbol{B})$；①一个刚性球体附近，②采用近似均匀采样的一个开放球体附近，84 个样本，③在原点处有一个多余样本的开放阵列配置。所有配置都给出了阶数达 6 的无混淆采样①

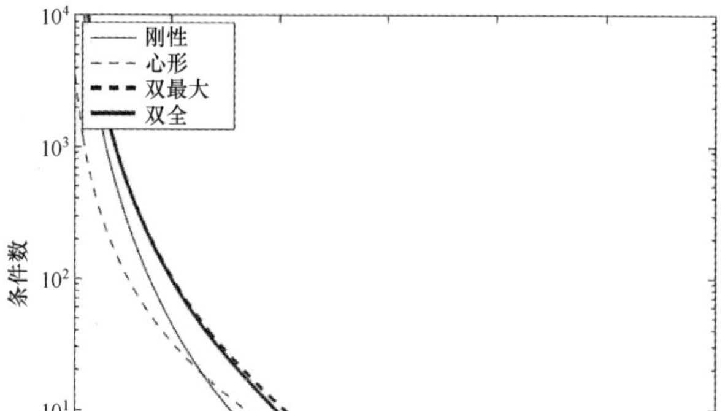

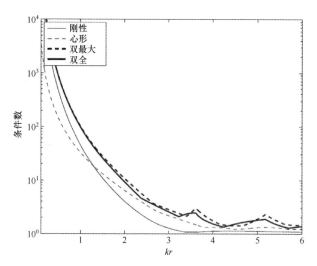

图 4.9 四种阵列配置中 kr 的一个函数：条件数 $\kappa(\boldsymbol{B})$；①一个刚性球体附近，②采用心形麦克风的一个开放球体周围，③一个双球形阵列周围，其中第二个球体半径比第一个小 1.3 倍（双最大），④在另外一个双球形阵列周围，矩阵 $\boldsymbol{B}$ 由两个球体的元素的组合构成（双全）。所有配置都给出了阶数达 6 的无混淆采样，并且使用近似均匀采样，每个球体上 84 个样本

① 已根据原书作者提供的勘误表进行了修正。

种情况下，矩阵 **B** 的列变为两倍，但在贝塞尔零点附近其列近乎于零，这没有贡献有用的信息，仅仅是冗余的。因此，在这种情况下，最大化的过程能够通过仅仅使用一个更大的矩阵来避免。

4.7 球壳配置

4.4 节展示了通过双同心球面上麦克风的放置，如何消除一个开放球形阵列设计中的病态。虽然双球形阵列解决了球的贝塞尔函数零点导致的病态，但是相对于单球体配置，它需要两倍的麦克风。受到双球形阵列背后理论的启发，以最小化的麦克风数量的增加为目标，本节将给出球壳配置[45]。在这种配置中，麦克风分布在由双球配置的两个球体包围的容积之内。然而麦克风的总数，和等效的单球配置是一样的，比如单一的开放球体和单一的刚性球体。这种配置中的阵列设计，要求对每一个麦克风的角度(θ,ϕ)和半径r进行选择。由于这种配置自由度（由于不同的半径）的增加，4.5 节中给出的设计框架既可以被用来与基于一些常规的麦克风位置的角度和半径选取的设计相比较，也可以被用作一种优化麦克风位置的框架。

这种配置中选取麦克风位置的一种直接了当的方法，是利用一个已知的沿着(θ,ϕ)近似均匀采样分布来散布麦克风，或者使用其他已知方法之一，将麦克风沿着两个球体之间的半径均匀地散布。图 4.10 显示了一个刚性球体的条件数，它和 4.6 节中所给出的配置一样，有 84 个近似均匀分布的样本。沿着角度有相同的麦克风分布球壳的条件数，和两个球体之间均匀径向分布球壳的条件数也在图中展示出来。第一个球体和刚性球形阵列半径相同，而第二个球体的半径比第一个半径小 1.3 倍。该图显示出尽管球壳阵列的条件数比刚性球形阵列要高一些，但是它仍然是相对较低的，所以这种结构可以视为相对稳健的。

在一种通过降低条件数来改善稳健性的尝试中，麦克风位置的径向分量通过数值优化来选择，它基于 4.5 节中的公式和一个遗传算法求解器[45]，在径向范围从零变到更大半径的双球体结构中进行。图 4.10 展示了这种配置的条件数，和沿着半径的均匀分布比较，确实在绝大多数kr值处较低，在$3\leqslant kr\leqslant 6$的范围内有更低的上限。

采用这种优化的设计所产生的半径在图 4.11 中给出，证实了每个优化位置的(r,θ)和(r,ϕ)，$r=1$表示双球体设计中较大的半径。该图显示大部分半径位于或者靠近最大允许半径，有一些分布在球体内。

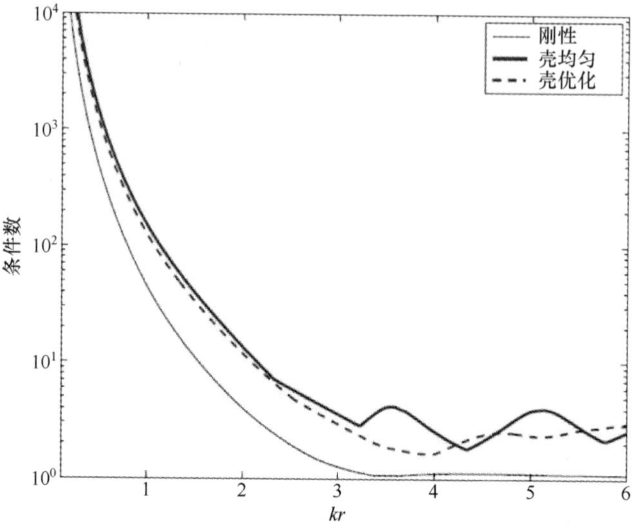

图 4.10　三种阵列配置中 kr 的一个函数：条件数 $\kappa(\boldsymbol{B})$；①一个刚性球体附近（刚性的），②和③在一个开放的球体周围，麦克风分别是均匀径向分布（壳均匀）在球壳体积内，和最优径向分布（壳优化）在球壳体积内。所有配置都给出了阶数达 6 的无混淆采样

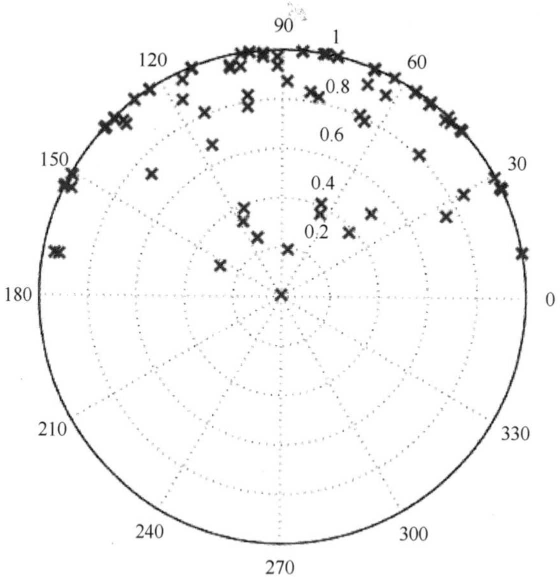

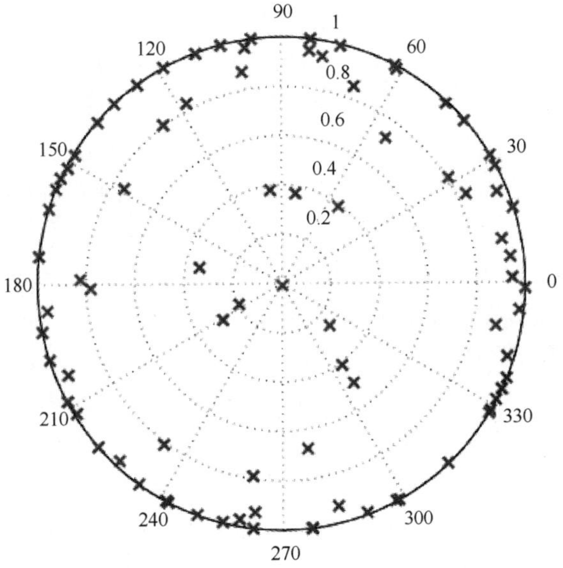

图 4.11　最优化半径设计的半径分布，使用“×”型记号在两个极坐标图中给出，上面的图展示了每个位置的(r,θ)，下面的图展示了每个位置的(r,ϕ)

球壳阵列设计的更多详细内容，包括样本分布在壳容积内的其他方法，在文献[45]中呈现。

4.8　其他配置

本章的前面各节没有呈现的其他球形阵列配置已经在文献中研制和报道，本节将对其进行概述。第一种范例可以视为球壳阵列的延续。虽然壳配置无须增加麦克风的数量就可以提供数值稳健性，但是相对于非规则的采样分布他可能具有缺陷。例如，在一个机械扫描的麦克风阵列系统中，双球形阵列可以通过一个两个自由度的系统来实现，其中，使用分离的发动机或转台来控制俯仰角和方位角，用一个额外的麦克风半径单一手动更改。球壳阵列，比如具有径向位置均匀分布的，可能需要一个三个自由度的系统，也就是带有三组发动机来实现麦克风的自动布局。这就意味着追加的成本和复杂性。以维持球壳阵列的优点为目标，Alon 和 Rafaely[3]提出了一种麦克风扫描系统的实现形式：带有两个离轴安置的发动机，为此使麦克风定位得以在一个球壳近似容积内进行。在这种配置下，主轴圆环阵列取决于所扫描表面的结果，它可以提供和壳阵列中发现的相似水平的稳健性，但是仅仅需要两个自由度就可以实现。

Parthy 和 Jin[37]提出了一个有趣的设计理念，结合刚性和开放球体于一个同心方式中。由于钢球的影响，这样一种设计即可以从改善的稳健性（由于刚性球体影响）中受益，还可以从改善的频率范围（由于不同半径的两个球体给出的测量）中得利。较大的开放球体容许在较低的频率范围内改良分析，较小的刚性球体容许将无混叠范围延伸到较高的频率。在文献[37]中，提出的阵列已经建成并用于研究声学全息技术。

另一个设计上的变化基于一个刚性球体，由 Li 和 Duraiswami[30]提出。该设计的提出针对安置在一个大型刚性表面的阵列，如一堵墙或者一张书桌。假设这个表面是无限且刚性的，入射波经过镜面反射，因而出射波是入射波的镜像。这种对称性使得刚性麦克风阵列可以用于半球形状，其中在麦克风缺少处的压力可以通过囊括声场的对称性来计算。虽然一个半球形麦克风阵列使用一半数目的麦克风，但是由于声场的对称性，所有针对球形阵列形成的方法都方便用于这个阵列。除了节省一半数量的麦克风，所提出的阵列是半球形的，举例来说，它可以很方便地放置在一个视频会议场景中的一张大书桌上。

另一种阵列配置由 Melchior 等人[32]提出，旨在获得改善了的工作频率范围，同时克服球贝塞尔函数零点引入的病态。这种阵列基于两个同心球体，和双球形阵列相似，只是这里采用心形麦克风。这些配置克服了两个球体中每一个在零频率处的病态（参见 4.3 节）。现在，通过具有明显不同半径的球体，工作频率的范围可以扩展到超出单球设计可实现的范围，或者甚至半径值相近双球设计中。该阵列测量的声场数据已经用于双耳可听话技术。

第五章　球形阵列波束形成

摘要：第四章给出了各种各样的方法来配置一个球形麦克风阵列，并且讨论了每种配置的优势。一旦麦克风以一种期望的配置安放在空间中，比如一个刚性球体的表面，它们可以被连接到调节设备上，每个麦克风处的信号可以被记录下来。在这一章中，麦克风处的信号被定义为一个阵列处理器的输入，产生一个单一的、被处理过且具有一些期望特性的输出。一种可能的期望特性就是增强来自位于某一特定方向的一个声源的信号，并且使来自位于其他方向声源的信号衰减，因此形成一个空间的或者具有方向性的滤波器。这样一种滤波器称为波束形成器，因为它形成的波束朝向某一期望方向，并且可能是最简单的阵列处理形式。本章的第一节和阵列输入、空间滤波器和空域用公式表示的阵列输出一起，给出了阵列方程。接下来给出了球谐函数域中相同方程的推导，强调了在球谐函数域中处理的好处。阵列性能的两个重要测度，也就是方向性指数（DI）和白噪声增益（WNG），会在下面的各节中给出。这些都在空间和球谐函数域中进行了推导。后续各节同样还会引入一种简化的波束形成结构，这种结构能产生轴对称的波束方向图，并且使波束方向图的成形与导向解耦。本章以介绍两种常用的波束形成器继续推进，这两种波束形成器称为延迟–求和和平面波分解波束形成器。本章给出了非轴对称波束形成器的导向，以一个波束形成器的范例作为结语。

5.1　波束形成方程

阵列方程，或者波束形成方程，本节最初在空域定义。首先，一套理论框架通过使用一个球表面上连续的压函数形成。虽然实际中连续的压函数是不可得的，但阵列方程的连续形式会作为一个研发须遵循的理论参考。考虑一个半径为 r 的球体表面的声压，记为 $p(k,r,\theta,\phi)$，一个空间滤波器被定义为声压函数和权函数 $w^*(k,\theta,\phi)$ 相乘。并且在整个球体表面进行积分以生成阵列的输出 y：

$$y=\int_0^{2\pi}\int_0^{\pi}w^*(k,\theta,\phi)p(k,r,\theta,\phi)\sin\theta\mathrm{d}\theta\mathrm{d}\phi \tag{5.1}$$

下一步，引入一个球形麦克风阵列，该阵列由 Q 个麦克风构成，这些麦克风放置在半径为 r 的同一球体表面。麦克风的位置记为 (r,θ_q,ϕ_q) $(q=1,\cdots,Q)$。

第 q 个麦克风在波数 k 处测得的声压记为 $p_q(k) \equiv p(k, r, \theta_q, \phi_q)$；这些声压构成了一个 $Q \times 1$ 维的被测声压幅度的向量：

$$\boldsymbol{p} = \begin{bmatrix} p_1(k) & p_2(k) & \cdots & p_Q(k) \end{bmatrix}^{\mathrm{T}} \tag{5.2}$$

一种空间滤波器的离散形式也用相似的方式定义，相应麦克风编号 q 对应的权为 $w_q(k)$。$Q \times 1$ 维权向量被定义为

$$\boldsymbol{w} = \begin{bmatrix} w_1(k) & w_2(k) & \cdots & w_Q(k) \end{bmatrix}^{\mathrm{T}} \tag{5.3}$$

在标准的空域阵列处理文献中，阵列输出由一个两向量的内积给出[53]（也可参见图 5.1），因此有

$$y = \boldsymbol{w}^{\mathrm{H}} \boldsymbol{p} \tag{5.4}$$

但是，注意到式（5.1）和式（5.4）中的定义并非等价，这一点非常重要。空域中阵列方程的离散形式和式（5.1）等价，且其须考虑空间采样的影响。这两种形式之间的关系将在后面使用球谐函数域中的阵列方程公式进行推导。另外同样重要的是，注意到以式（5.1）形式出现的阵列方程不会遭受空间混叠，因此，当在研究不同于空间混叠的阵列处理的方面是有用的。

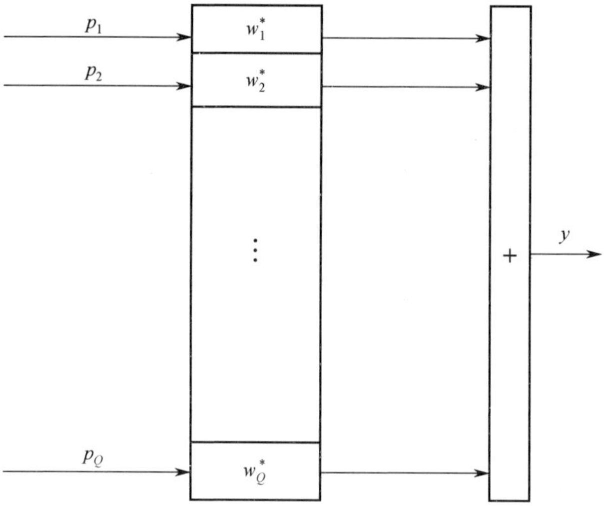

图 5.1　一个空域波束形成系统框图

阵列波束形成，或者空间滤波器的一般性问题，可以被定义为设计 $\boldsymbol{w}$，以使对于一个给定的阵列输入 $\boldsymbol{p}$，产生具有所期望特性的阵列输出 y。当描述阵列性质时，一个由单一单位幅度平面波组成的声场阵列，其阵列输入经常是假设的[53]。在这种情况下，测量到的声压被一个导向向量，或者流形向量所替代，

它给出了每一个麦克风处所测得的平面波幅度。导向向量，记为$\boldsymbol{v}$，对自由场中由压力麦克风组成的阵列，具有一个简单的解析式：

$$\boldsymbol{v}=\begin{bmatrix} v_1 & v_2 & \cdots & v_Q \end{bmatrix}^{\mathrm{T}} \tag{5.5}$$

其中

$$v_Q=\mathrm{e}^{\mathrm{i}\tilde{\boldsymbol{k}}\cdot\boldsymbol{r}},\quad 1\leqslant q\leqslant Q \tag{5.6}$$

波向量$\tilde{\boldsymbol{k}}=(k,\theta_k,\phi_k)$，表示平面波的到达方向（参见第二章），位置向量$\boldsymbol{r}=(r,\theta_q,\phi_q)$，表示第$q$个麦克风的位置。阵列输出现在可以写为

$$y=\boldsymbol{w}^{\mathrm{H}}\boldsymbol{v} \tag{5.7}$$

这是一个通过$\boldsymbol{v}$对(θ_k,ϕ_k)的依赖构成的波达方向的显函数，它定义了阵列的定向响应（或者方向性）。重要的是需注意到这一点：当考虑其他阵列结构，比如一个刚性球体周围的压力麦克风，导向向量包含来自球体的声音散射效应。这使得向量$\boldsymbol{v}$的解析表达式复杂化，从而诱导出阵列方程在球谐函数域中的表征，这种情况中一种在数学上更为自然的域。

在空域形成的阵列方程接下来将在球谐函数域中导出。考虑式（5.1），其中定义在球体上的声压函数$p(k,r,\theta,\phi)$和权函数$w(k,\theta,\phi)$，分别用$p_{nm}(k)$和$w_{nm}(k)$表示它们各自的球傅里叶变换。像式（1.40）那样，把$\boldsymbol{p}$和$\boldsymbol{w}$代入球谐函数展开方程式（5.1）中，利用球谐函数的正交性（式（1.23））求取积分。阵列输出可以写为一个球傅里叶系数的函数：

$$\begin{aligned} y &= \int_0^{2\pi}\int_0^{\pi} w^*(k,\theta,\phi)\,p(k,r,\theta,\phi)\sin\theta\mathrm{d}\theta\mathrm{d}\phi \\ &= \sum_{n=0}^{\infty}\sum_{m=-n}^{n} w_{nm}^*(k)\,p_{nm}(k,r) \end{aligned} \tag{5.8}$$

现在，假设阶数N以外的系数为零，即$w_{nm}=0\,\forall n>N$，这个方程可以以一种矩阵形式写为（也可参见图 5.2）

$$y=\boldsymbol{w}_{nm}^{\mathrm{H}}\boldsymbol{p}_{nm} \tag{5.9}$$

其中$(N+1)^2\times 1$维向量$\boldsymbol{w}_{nm}$由下式给出：

$$\boldsymbol{w}_{nm}=\begin{bmatrix} w_{00}(k) & w_{1(-1)}(k) & w_{10}(k) & w_{11}(k) & \cdots & w_{NN}(k) \end{bmatrix}^{\mathrm{T}} \tag{5.10}$$

且$(N+1)^2\times 1$维向量$\boldsymbol{p}_{nm}$由下式给出：

$$\boldsymbol{p}_{nm}=\begin{bmatrix} p_{00}(k,r) & p_{1(-1)}(k,r) & p_{10}(k,r) & p_{11}(k,r) & \cdots & p_{NN}(k,r) \end{bmatrix}^{\mathrm{T}} \tag{5.11}$$

由于一个单位幅度平面波声场产生的阵列波束方向图或者阵列输出，也能在球谐函数域中以一种和式（5.7）类似的方式写为

$$y = \boldsymbol{w}_{nm}^{\mathrm{H}} \boldsymbol{v}_{nm} \tag{5.12}$$

其中$(N+1)^2 \times 1$维列向量$\boldsymbol{v}_{nm}$定义为

$$\boldsymbol{v}_{nm} = \begin{bmatrix} v_{00} & v_{1(-1)} & v_{10} & v_{11} & \cdots & v_{NN} \end{bmatrix}^{\mathrm{T}} \tag{5.13}$$

用v_{nm}表示由平面波声场产生的阵列输入。v_{nm}的表达式是从声压p_{nm}（由单位幅度平面波）推导得出的。对于一个开放球形阵列（式（2.41））的p_{nm}可以写为

$$p_{nm}(k,r) = 4\pi i^n j_n(kr)\left[Y_n^m(\theta_k,\phi_k)\right]^* \tag{5.14}$$

其也是v_{nm}的表达式，即

$$v_{nm} = 4\pi i^n j_n(kr)\left[Y_n^m(\theta_k,\phi_k)\right]^* \tag{5.15}$$

平面波的到达方向记为(θ_k,ϕ_k)。沿用第四章中引入的标识方法，开放球体配置可以更为一般地写为

$$v_{nm} = b_n(kr)\left[Y_n^m(\theta_k,\phi_k)\right]^* \tag{5.16}$$

其中$b_n(kr) = 4\pi i^n j_n(kr)$。现在这个公式可以被推广到一系列阵列配置中，只需修改$b_n(kr)$的表达式就可以应用到刚性球形阵列、双球体开放阵列或者其他阵列（参见第四章）。这种便于在同一框架内对各种阵列配置的导向向量进行建模的灵活性，是在球谐函数域中用公式表示阵列方程的一个显著优势。

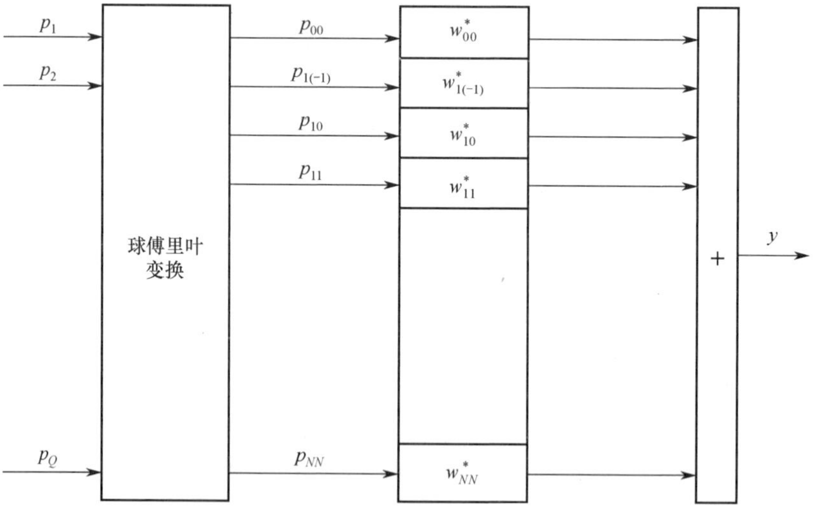

图 5.2　一个球谐函数域波束形成系统框图

与在空域中相比，球谐函数域中用公式表示阵列方程的另一个优点是计算效率。在实际中，阵列进行过采样，使得$Q > (N+1)^2$。这意味着球谐函数域中的向量和矩阵，比其在空域中对应的同一向量和矩阵维数更低。

在这本书的剩余部分，球谐函数域中的公式将会被用作标准的公式。如上所述，球谐函数域中的公式更加地灵活，因为它给出了对各种阵列配置和采样方案都适用的一种统一的表达式。但是，在某些情况下，空域中的公式也是需要的；因为直接使用麦克风信号，这种公式在阵列处理文献中更为普遍。因此，接下来将给出球谐函数域公式和空域公式之间的关系。

从球谐函数域中的公式起步（式（5.9）），阵列方程在此重写为

$$y = \boldsymbol{w}_{nm}^{\mathrm{H}} \boldsymbol{p}_{nm} \tag{5.17}$$

接下来，球谐函数向量$\boldsymbol{w}_{nm}$和$\boldsymbol{p}_{nm}$与空域向量$\boldsymbol{w}$和$\boldsymbol{p}$之间的关系，通过引入采样效果导出，像在3.6节中式（3.34）、式（3.35）和式（3.38）中对于三种采样方案那样。

对于一般采样方案，将$\boldsymbol{w}_{nm} = \boldsymbol{Y}^{\dagger}\boldsymbol{w}$和一个相似于$\boldsymbol{p}_{nm}$的表达式代入式（5.17），空域中的阵列输出可以写为

$$y = \boldsymbol{w}^{\mathrm{H}}\left[\boldsymbol{Y}^{\dagger\mathrm{H}}\boldsymbol{Y}^{\dagger}\right]\boldsymbol{p} \tag{5.18}$$

类似地，对于等角和高斯采样方案，代入$\boldsymbol{w}_{nm} = \boldsymbol{Y}^{\mathrm{H}}\mathrm{diag}(\boldsymbol{\alpha})\boldsymbol{w}$和一个相似于$\boldsymbol{p}$的表达式，阵列输出变为

$$y = \boldsymbol{w}^{\mathrm{H}}\left[\mathrm{diag}(\alpha)\boldsymbol{Y}\boldsymbol{Y}^{\mathrm{H}}\mathrm{diag}(\alpha)\right] \tag{5.19}$$

最后，对于均匀和近似均匀采样方案，代入$\boldsymbol{w}_{nm} = \dfrac{4\pi}{Q}\boldsymbol{Y}^{\mathrm{H}}\boldsymbol{w}$和一个相似于$\boldsymbol{p}$的表达式，阵列输出被表示为

$$y = \boldsymbol{w}^{\mathrm{H}}\left[\left(\frac{4\pi}{Q}\right)^2 \boldsymbol{Y}\boldsymbol{Y}^{\mathrm{H}}\right]\boldsymbol{p} \tag{5.20}$$

空域中的式（5.18）~式（5.20）和球谐函数域中的式（5.17）是等效的。注意到它们与标准空域方程$y = \boldsymbol{w}^{\mathrm{H}}\boldsymbol{p}$不同，因此两种形式$y = \boldsymbol{w}_{nm}^{\mathrm{H}}\boldsymbol{p}_{nm}$和$y = \boldsymbol{w}^{\mathrm{H}}\boldsymbol{p}$不同且不能互换使用，这一点很重要。正如式（3.41）~式（3.43）所定义的那样，式（5.18）~式（5.20）都可以使用矩阵$\boldsymbol{S}$写为一种统一的方式，使得

$$y = \boldsymbol{w}^{\mathrm{H}}\left[\boldsymbol{S}^{\mathrm{H}}\boldsymbol{S}\right]\boldsymbol{p} \tag{5.21}$$

5.2 轴对称波束形成

式(5.12)给出了阵列输出作为阵列输入和波束形成权重的一个函数。Meyer 和 Elko[34]提出了一个有用的权重 w_{nm} 的公式表示。当采用 w_{nm} 的球傅里叶逆变换来计算 $w(\theta,\phi)$ 时，这些权重是二维空域中两个参数 n 和 m（或者等价地，θ 和 ϕ）的函数。在文献[34]中提出的方法是将波束成形权重降维为一个一维函数，使得从形成对称性的轴的视角看去，所得的波束方向图是轴对称的。该提法中使用了下面的公式：

$$w_{nm}^{*}(k)=\frac{d_n(k)}{b_n(k)}Y_n^m(\theta_l,\phi_l) \tag{5.22}$$

新的波束成形权重 $d_n(k)$ 可以是一个频率的函数，其仅与 n 有关，因此可以视为是一维的。除以 $b_n(kr)$ 确保了所产生的导向向量和波束方向图不依赖于球体附近声场的物理行为。举例来说，来自配置于一个刚性球体周围阵列的散射效应，通过这一除法得以去除。这将在下面的公式中说明。最后，(θ_l,ϕ_l) 表示阵列的视角方向。从下面的推导中可见这也是明确的。

将式（5.22）代入式（5.9），并使用求和明确地重写方程，可得

$$\begin{aligned}y&=\sum_{n=0}^{N}\sum_{m=-n}^{n}w_{nm}^{*}(k)p_{nm}(k,r)\\&=\sum_{n=0}^{N}\sum_{m=-n}^{n}\frac{d_n(k)}{b_n(kr)}Y_n^m(\theta_l,\phi_l)p_{nm}(k,r)\\&=\sum_{n=0}^{N}\frac{d_n(k)}{b_n(kr)}\sum_{m=-n}^{n}p_{nm}(k,r)Y_n^m(\theta_l,\phi_l)\end{aligned} \tag{5.23}$$

式(5.23)的第三行用一种计算更为有效的形式给出(也可参见图 5.3 中的框图)，其利用了波束形成系数的单一维度。

对于轴对称波束形成器的阵列波束方向图，可以用式（5.16）替代 p_{nm} 进行公式表达，得到

$$\begin{aligned}y&=\sum_{n=0}^{N}\sum_{m=-n}^{n}\frac{d_n(k)}{b_n(kr)}Y_n^m(\theta_l,\phi_l)p_{nm}(k,r)\\&=\sum_{n=0}^{N}\sum_{m=-n}^{n}\frac{d_n(k)}{b_n(kr)}Y_n^m(\theta_l,\phi_l)b_n(kr)\left[Y_n^m(\theta_k,\phi_k)\right]^{*}\end{aligned}$$

$$
\begin{aligned}
&= \sum_{n=0}^{N} d_n(k) \sum_{m=-n}^{n} \left[Y_n^m(\theta_k, \phi_k) \right]^* Y_n^m(\theta_l, \phi_l) \\
&= \sum_{n=0}^{N} d_n(k) \frac{2n+1}{4\pi} P_n(\cos\Theta)
\end{aligned}
\tag{5.24}
$$

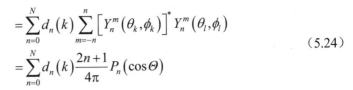

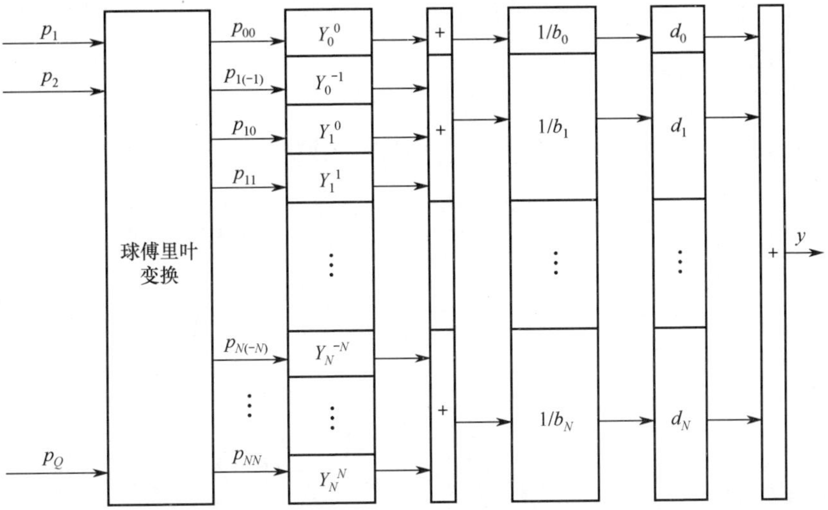

图 5.3　一个球谐函数域的轴对称波束形成系统框图

其中，最后一行的推导采用了球谐函数加法定理（式（1.26）），有

$$
\cos\Theta = \cos\theta_l \cos\theta_k + \cos(\phi_l - \phi_k)\sin\theta_l \sin\theta_k \tag{5.25}
$$

式中：Θ 为 (θ_l, ϕ_l) 与 (θ_k, ϕ_k) 的夹角（也可参见式（1.27））。

式（5.23）对于轴对称波束形成情况，通过定义一个导向向量 $\boldsymbol{v}_n$ 和一个阵列权向量 $\boldsymbol{d}_n$，可以以一种矩阵形式写为

$$
\begin{cases}
y = \boldsymbol{d}_n^{\mathrm{T}} \boldsymbol{v}_n \text{①} \\
\boldsymbol{v}_n = \dfrac{1}{4\pi}\left[P_0(\cos\Theta) \quad 3P_1(\cos\Theta) \quad \cdots \quad (2N+1)P_N(\cos\Theta) \right]^{\mathrm{T}} \\
\boldsymbol{d}_n = \left[d_0 \quad d_1 \quad \cdots \quad d_N \right]^{\mathrm{T}}
\end{cases}
\tag{5.26}
$$

现在，阵列权重 d_n 控制了阵列的波束方向图或者阵列对单位幅度平面波的响应 $y(\Theta)$。输出 y 取决于 (θ_l, ϕ_l) 与 (θ_k, ϕ_k) 的夹角 Θ。通常（但并不是必须地），$y(\Theta)$ 在 $\Theta = 0$ 处取得峰值，这意味着来自这一方向的平面波受到了最高的放大。因此，这个方向通常被认为是视角方向，或者最感兴趣的方向，已被记为

① 已根据原书作者提供的勘误表进行了修正。

(θ_l,ϕ_l)。波束方向图 y 在远离 (θ_l,ϕ_l) 的角度取决于 Θ，在 (θ_l,ϕ_l) 附近是轴对称的。现在，通过改变 (θ_l,ϕ_l) 的值，函数 $y(\Theta)$ 本身不会改变，但是它会旋转或者转向，使得 $\Theta=0$ 与 (θ_l,ϕ_l) 一致。因此，通过改变式（5.22）中 (θ_l,ϕ_l) 的值，波束图转向到新的 (θ_l,ϕ_l) 方向。这表明在这种情况下，转向以一种简单而直接的方式就能实现，并且 d_n 控制的波束方向图 $y(\Theta)$ 不依赖于转向，而通过 (θ_l,ϕ_l) 控制，同样在图 5.3 中示出。

5.3 方向性指数

阵列输出 y，在一个单位幅度平面波响应中，已经作为定义定义阵列的方向性或者阵列波束方向图给出。一个对阵列方向性进行量化的标量是方向性指数，它提供了波束方向图平方的峰值与均值之比的测度。方向性因子，记做符号 DF，被定义为[53]

$$\mathrm{DF}=\frac{\left|y(\theta_l,\phi_l)\right|^2}{\frac{1}{4\pi}\int_0^{2\pi}\int_0^{\pi}\left|y(\theta,\phi)\right|^2\sin\theta\mathrm{d}\theta\mathrm{d}\phi} \tag{5.27}$$

由此，方向性指数记作 DI，通过 $\mathrm{DI}=10\lg(\mathrm{DF})$ 计算。方向性指数可以用多种方式加以解释。首先，相对于具有相同的均方根定向增益的全向麦克风，它可以被看作是定向阵列的输出。其次，它也可以被理解为从一个来自视角方向的平面波信号与漫射（或者球面各向同性的）噪声场的信噪比。在两种情况下，它都量化了由阵列定向响应所提供的 SNR 的改善。

将式(5.12)和式(5.16)代入式(5.27)，并利用球谐函数的正交性(式(1.23))，方向性因子可以写为一个波束成形权重 w_{nm} 的函数，即

$$\begin{aligned}\mathrm{DF}&=\frac{\left|\sum_{n=0}^{N}\sum_{m=-n}^{n}w_{nm}^*v_{nm}\right|^2}{\frac{1}{4\pi}\int_0^{2\pi}\int_0^{\pi}\left|\sum_{n=0}^{N}\sum_{m=-n}^{n}w_{nm}^*b_n(kr)\left[Y_n^m(\theta,\phi)\right]^*\right|^2\sin\theta\mathrm{d}\theta\mathrm{d}\phi}\\&=\frac{\left|\sum_{n=0}^{N}\sum_{m=-n}^{n}w_{nm}^*v_{nm}\right|^2}{\frac{1}{4\pi}\sum_{n=0}^{N}\sum_{m=-n}^{n}\left|w_{nm}^*b_n(kr)\right|^2}\end{aligned} \tag{5.28}$$

其中，分子中的 v_{nm} 由式（5.16）给出。通常假定通过 w_{nm} 设计的视角方向和波

达方向$\left(\theta_k,\phi_k\right)$相等。方向性因子可以以一种矩阵形式作为一个广义瑞利熵重新改写为

$$
\begin{cases}
\mathrm{DF}=\dfrac{\boldsymbol{w}_{nm}^{\mathrm{H}}\boldsymbol{A}\boldsymbol{w}_{nm}}{\boldsymbol{w}_{nm}^{\mathrm{H}}\boldsymbol{B}\boldsymbol{w}_{nm}} \\
\boldsymbol{A}=\boldsymbol{v}_{nm}\boldsymbol{v}_{nm}^{\mathrm{H}} \\
\boldsymbol{B}=\dfrac{1}{4\pi}\mathrm{diag}\left(\left|b_0\right|^2,\left|b_1\right|^2,\left|b_1\right|^2,\left|b_1\right|^2,\cdots,\left|b_N\right|^2\right) \\
\boldsymbol{v}_{\boldsymbol{nm}}=\begin{bmatrix} v_{oo} & v_{1(-1)} & v_{10} & v_{11} & \cdots & v_{NN} \end{bmatrix}^{\mathrm{T}}
\end{cases}
\tag{5.29}
$$

如式(5.16)所示，有$v_{nm}=b_n\left[Y_n^m\left(\theta_k,\phi_k\right)\right]^*$，矩阵$\boldsymbol{A}$和$\boldsymbol{B}$的维数都是$(N+1)^2\times(N+1)^2$。$b_n(kr)$对$kr$明显的依赖关系。为了符号简洁此处被略去了。

对轴对称波束方向图情况来说，一个相似的方向性因子的推导，可以通过将式（5.22）代入式（5.28）得到：

$$
\begin{aligned}
\mathrm{DF}&=\frac{\left|\sum_{n=0}^{N}\sum_{m=-n}^{n}d_nY_n^{m①}\left(\theta_l,\phi_l\right)\left[Y_n^m\left(\theta_k,\phi_k\right)\right]^*\right|^2}{\frac{1}{4\pi}\int_0^{2\pi}\int_0^{\pi}\left|\sum_{n=0}^{N}\sum_{m=-n}^{n}d_nY_n^m\left(\theta_l,\phi_l\right)\left[Y_n^m\left(\theta_k,\phi_k\right)\right]^*\right|^2\sin\theta\mathrm{d}\theta\mathrm{d}\varphi} \\
&=\frac{\left|\sum_{n=0}^{N}d_n\frac{2n+1}{4\pi}P_n(\cos 0)\right|^2}{\frac{1}{4\pi}\sum_{n=0}^{N}\left|d_n\right|^2\frac{2n+1}{4\pi}P_n(\cos 0)} \\
&=\frac{\left|\sum_{n=0}^{N}d_n\frac{2n+1}{4\pi}\right|^2}{\frac{1}{4\pi}\sum_{n=0}^{N}\left|d_n\right|^2\frac{2n+1}{4\pi}}
\end{aligned}
\tag{5.30}
$$

其中，在分子的推导中，假定$\left(\theta_l,\phi_l\right)=\left(\theta_k,\phi_k\right)$，即视角方向和平面波到达方向相等。球谐函数的正交性（式（1.23））和球谐函数加法定理（式（1.26）），也已在分母的推导中采样。和式（5.29）类似的方式，式（5.30）可以以一种矩阵形式写为

① 已根据原书作者提供的勘误表进行了修正。

$$
\begin{cases}
\mathrm{DF} = \dfrac{\boldsymbol{d}_n^{\mathrm{H}} \boldsymbol{A} \boldsymbol{d}_n}{\boldsymbol{d}_n^{\mathrm{H}} \boldsymbol{B} \boldsymbol{d}_n} \\
\boldsymbol{A} = \boldsymbol{v}_n \boldsymbol{v}_n^{\mathrm{H}} \\
\boldsymbol{B} = \dfrac{1}{4\pi} \mathrm{diag}(\boldsymbol{v}_n) \\
\boldsymbol{v}_n = \dfrac{1}{4\pi} \begin{bmatrix} 1 & 3 & 5 & \cdots & 2N+1 \end{bmatrix}^{\mathrm{T}}
\end{cases}
\tag{5.31}
$$

在这种情况下，$\boldsymbol{A}$ 和 $\boldsymbol{B}$ 都是 $(N+1)\times(N+1)$ 维已知的常数矩阵，并且 $\boldsymbol{d}_n = \begin{bmatrix} d_0 & d_1 & \cdots & d_N \end{bmatrix}^{\mathrm{T}}$。

图 5.4 展示了两个方向性图 $|y(\Theta)|$ 的例子，如式（5.23）给出的那样，$d_n = 1$ $(n = 0,\cdots,N)$，对于 $N = 0$ ，$y(\Theta) = \dfrac{1}{4\pi}$；这表明了一个恒定不变的指向性，或者一个全向的波束方向图， $\mathrm{DF} = 1$。对于 $N = 2$， $y(\Theta) = \sum\limits_{n=0}^{N} \dfrac{2n+1}{4\pi} P_n(\cos\Theta) = \dfrac{1}{4\pi}\dfrac{3}{2}(5\cos^2\Theta + 2\cos\Theta - 1)$ [41]，显示 $\mathrm{DF} = 9$，在 $\Theta = 0$ 处具有一个清晰的最大方向性响应。

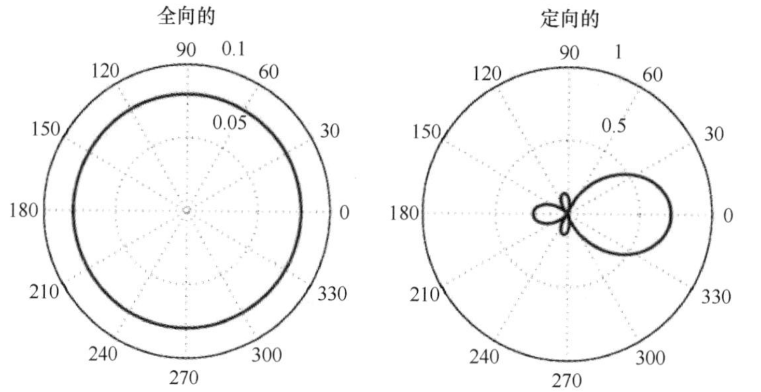

图 5.4　极坐标方向图 $y(\Theta)$，对于一个轴对称波束形成器， $d_n = 1$ $(n = 0,\cdots,N)$。对于一个全向的方向性， $\mathrm{DF} = 1$， $N = 0$。一个 $\mathrm{DF} = 9$ 和 $N = 2$ 的定向响应

5.4　白噪声增益

阵列通常工作在非理想条件下，包括传感器噪声、频率响应以及麦克风位置的不确定性。阵列的性能很重要，如方向性指数，保持了对不期望噪声以及

不确定性因素影响下的鲁棒性。用作阵列鲁棒性的一个测度是一个通用参数WNG，即白噪声增益。它被定义为阵列输出处和阵列输入相比 SNR 的改善。阵列输入是在各个麦克风或传感器的信号，阵列输出是组合信号，用于阵列处理（如波束形成）之后。

想要对 WNG 用简单的表达式来表示，须有如下假设：

（1）声场由一个单一的单位幅度平面波组成。

（2）阵列由自由场中的声压麦克风组成。其他一些阵列配置在本节后面考虑。

（3）阵列波束形成权重设计，视角方向和平面波到达方向相等。

（4）传感器噪声假定在传感器或者麦克风之间是不相关的，零均值方差为 σ^2 。

在这些条件下，阵列输入信号为 1，并且阵列输入的噪声方差是 σ^2 。阵列输出信号取决于平面波，可以用 $|y|^2 = \left|\boldsymbol{w}_{nm}^{\mathrm{H}}\boldsymbol{v}_{nm}\right|^2$ 计算，这种情况下的 $\boldsymbol{v}_{nm}$ 是在视角方向的导向向量。从阵列方程可以推导出阵列输出的噪声方差为

$$E\left[|y|^2\right] = E\left[yy^{\mathrm{H}}\right] = \boldsymbol{w}_{nm}^{\mathrm{H}}E\left[\boldsymbol{p}_{nm}\boldsymbol{p}_{nm}^{\mathrm{H}}\right]\boldsymbol{w}_{nm} \tag{5.32}$$

利用离散球形傅里叶变换的一般形式 $\boldsymbol{p}_{nm} = \boldsymbol{S}\boldsymbol{p}$ ，像式（3.40）那样，并假设在各个麦克风 $\boldsymbol{p}$ 处的信号包含了传感器噪声分量，其在传感器之间是不相关的，阵列输出缩减为

$$\begin{aligned} E\left[|y|^2\right] &= \boldsymbol{w}_{nm}^{\mathrm{H}}\boldsymbol{S}E\left[\boldsymbol{p}\boldsymbol{p}^{\mathrm{H}}\right]\boldsymbol{S}^{\mathrm{H}}\boldsymbol{w}_{nm} \\ &= \boldsymbol{w}_{nm}^{\mathrm{H}}\boldsymbol{S}\sigma^2\boldsymbol{I}\boldsymbol{S}^{\mathrm{H}}\boldsymbol{w}_{nm} \\ &= \sigma^2\boldsymbol{w}_{nm}^{\mathrm{H}}\left[\boldsymbol{S}\boldsymbol{S}^{\mathrm{H}}\right]\boldsymbol{w}_{nm} \end{aligned} \tag{5.33}$$

现在，WNG 作为阵列输出的信噪比与阵列输入的信噪比的比值计算，由下式给出

$$\mathrm{WNG} = \frac{\dfrac{\left|\boldsymbol{w}_{nm}^{\mathrm{H}}\boldsymbol{v}_{nm}\right|^2}{\sigma^2\boldsymbol{w}_{nm}^{\mathrm{H}}\left[\boldsymbol{S}\boldsymbol{S}^{\mathrm{H}}\right]\boldsymbol{w}_{nm}}}{1/\sigma^2} = \frac{\left|\boldsymbol{w}_{nm}^{\mathrm{H}}\boldsymbol{v}_{nm}\right|^2}{\boldsymbol{w}_{nm}^{\mathrm{H}}\left[\boldsymbol{S}\boldsymbol{S}^{\mathrm{H}}\right]\boldsymbol{w}_{nm}} \tag{5.34}$$

这个等式采用一种广义瑞利熵形式，用公式重新表示为

$$\begin{cases} \mathrm{WNG} = \dfrac{\boldsymbol{w}_{nm}^{\mathrm{H}}\boldsymbol{A}\boldsymbol{w}_{nm}}{\boldsymbol{w}_{nm}^{\mathrm{H}}\boldsymbol{B}\boldsymbol{w}_{nm}} \\ \boldsymbol{A} = \boldsymbol{v}_{nm}\boldsymbol{v}_{nm}^{\mathrm{H}} \\ \boldsymbol{B} = \boldsymbol{S}\boldsymbol{S}^{\mathrm{H}} \end{cases} \tag{5.35}$$

如果波束成形权重被归一化使的$\left|\boldsymbol{w}_{nm}{}^{\mathrm{H}}\boldsymbol{v}_{nm}\right|^2=1$，式（5.35）中的分子简化为1。

在均匀和近似均匀采样的特例情况中，利用矩阵$\boldsymbol{Y}$的如式（5.39）如述的正交性，$\boldsymbol{SS}^{\mathrm{H}}$的表达式变为

$$\boldsymbol{SS}^{\mathrm{H}}=\frac{4\pi}{Q}\boldsymbol{Y}^{\mathrm{H}}\boldsymbol{Y}\frac{4\pi}{Q}=\frac{4\pi}{Q}\boldsymbol{I} \tag{5.36}$$

并且WNG被简化为一种瑞利熵的形式：

$$\begin{gathered}\mathrm{WNG}=\frac{\boldsymbol{w}_{nm}^{\mathrm{H}}\boldsymbol{A}\boldsymbol{w}_{nm}}{\dfrac{4\pi}{Q}\boldsymbol{w}_{nm}^{\mathrm{H}}\boldsymbol{w}_{nm}}\\ \boldsymbol{A}=\boldsymbol{v}_{nm}\boldsymbol{v}_{nm}^{\mathrm{H}}\end{gathered} \tag{5.37}$$

在轴对称波束成形情况中，WNG 的一个表达式可以通过将式（5.22）替换为w_{nm}导出。这里忽略掉其对k和r的依赖性重写为$w_{nm}^*=\frac{d_n}{b_n}Y_n^m\left(\theta_l,\phi_l\right)$。除此之外，在式（5.16）中给出的$v_{nm}$表达式$v_{nm}=b_n\left[Y_n^m\left(\theta_l,\phi_l\right)\right]^*$，其中假设平面波达方向与视角方向是相等的，将其代入式（5.17）。现在，利用球谐函数加法定理，也就是式（1.26），在球谐函数域WNG通过求和进行改写，如文献[43]中的推导：

$$\begin{aligned}\mathrm{WNG}&=\frac{\left|\displaystyle\sum_{n=0}^{N}\sum_{m=-n}^{n}d_nY_n^m\left(\theta_l,\phi_l\right)\left[Y_n^m\left(\theta_l,\phi_l\right)\right]^*\right|^2}{\dfrac{4\pi}{Q}\displaystyle\sum_{n=0}^{N}\sum_{m=-n}^{n}\left|\left(d_n/b_n\right)Y_n^m\left(\theta_l,\phi_l\right)\right|^2}\\&=\frac{\left|\displaystyle\sum_{n=0}^{N}d_n\frac{2n+1}{4\pi}\right|^2}{\dfrac{4\pi}{Q}\displaystyle\sum_{n=0}^{N}\left|d_n/b_n\right|^2\frac{2n+1}{4\pi}}\end{aligned} \tag{5.38}$$

这可以用一种矩阵形式写为

$$\begin{aligned}\mathrm{WNG}&=\frac{\boldsymbol{d}_n^{\mathrm{H}}\boldsymbol{A}\boldsymbol{d}_n}{\boldsymbol{d}_n^{\mathrm{H}}\boldsymbol{B}\boldsymbol{d}_n}\\ \boldsymbol{A}&=\boldsymbol{v}_n\boldsymbol{v}_n^{\mathrm{H}}\\ \boldsymbol{B}&=\frac{4\pi}{Q}\mathrm{diag}\left(\boldsymbol{v}_n\right)\times\mathrm{diag}\left(\left|b_0\right|^{-2}\quad\left|b_1\right|^{-2}\quad\cdots\quad\left|b_N\right|^{-2}\right)\\ \boldsymbol{v}_n&=\frac{1}{4\pi}\left[1\ \ 3\ \ 5\ \ \cdots\ \ 2N+1\right]^{\mathrm{T}}\end{aligned} \tag{5.39}$$

以上所呈现的 WNG 表达式的推导，假设其针对自由场中的传感器。这是较为方便的，因为阵列输入处的 SNR 所有传感器都是相同的，使得任何传感器都可以被选来表征阵列输入，这并非其他阵列配置所对应的情况。例如，对于一个配置在刚性球体周围的阵列，其阵列输入处的 SNR，在各传感器上可能不尽相同。由于球体的阴影效应，对位于离平面波达方向更远的球体角度上的传感器，其阵列输入处的 SNR 将会降低。在这种情况下，WNG 的定义需要考虑所有传感器的贡献重新调整。文献[42]已经显示，由于来自刚性球体的声散射而产生的变化小于 3dB。在本书中，这种差异被忽略，有利于对所有阵列配置使用相同的 WNG 公式，尽管严格来说这种公式仅限于在自由场配置中成立。

接下来将给出一个轴对称波束形成器的 WNG。考虑一个具有 $Q=9$ 的麦克风阵列，它们均匀分布于一个开放球体表面，给出了阶数 $N=2$ 球谐函数分析。采用与 5.3 节中相同的例子，波束形成系数选择为 $d_n=1$，用式（5.39）计算 $kr=0$ 到 N 的 WNG 的值。图 5.5 展示了作为一个关于 kr 的函数的 WNG，首先对于一个单一的麦克风，然后对于一个具有 $Q=9$ 的麦克风阵列。对于单一的麦克风，正如所预期的那样，WNG 为 1，因为这种情况下阵列输入和阵列输出是一样的。对于阶数 $N=2$ 和大 kr 值的阵列，WNG 比 1 大，意味着和阵列输入处的 SNR 相比，阵列输出的 SNR 被改善。但是，对于小 kr 值，WNG 比 1 小，意味着 SNR 下降了，这在阵列处理中是一个不良的性质。对于 WNG 的进一步讨论，包括应对影响 WNG 的因素和使 WNG 最大化的阵列设计方法，可以参见第六章。

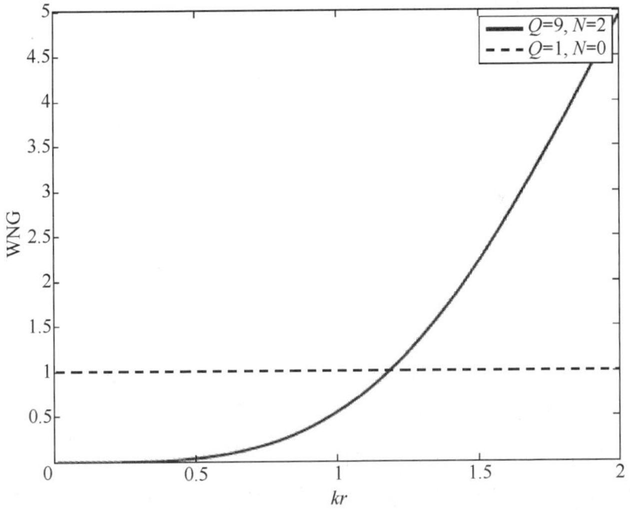

图 5.5　对于一个轴对称波束形成器的 WNG，$d_n=1\ (n=0,\cdots,N)$。对于单一的一个麦克风，$Q=1$，$N=0$。一个 $Q=9$ 和 $N=2$ 的阵列

5.5 简单的轴对称波束形成器

本节将给出一些简单的波束形成器的范例，第一个波束形成器是延迟–求和波束形成器，即波束形成权重由延迟构成，由于它易于实现因而被广泛使用。选择的延迟应该使来自于阵列视角方向的平面波的相位与所有的传感器相匹配，从而给出视角方向上的最大输出[53]。此外，延迟–求和波束形成器也提供了最大的 WNG，因此具有对噪声和不确定性最大的稳健性。下一章将进一步讨论这个问题。注意到延迟–求和方法仅对自由场中传播的平面波有效，从而使延迟–求和波束形成器对开放阵列配置是适用的。但是，对于其他阵列配置，它的实现也是有可能的，本节将给出详细介绍。

波束形成积分方程，正如式（5.1）中给出的那样，现在被用于旨在对“延迟–求和”波束形成器形成一项解析表达式。对于一个半径为 r 的球体上的声压，由于来自方向 $\tilde{\boldsymbol{k}}$ 的单个单位幅度平面波可以写为 $\mathrm{e}^{\mathrm{i}\tilde{\boldsymbol{k}}\cdot\boldsymbol{r}}$，当选择波束形成加权函数为下式时，可以获得对波达方向为 (θ_k,ϕ_k) 的平面波等于阵列视角方向 (θ_l,ϕ_l) 的相位校准：

$$w^*(k,\theta,\phi)=\mathrm{e}^{-\mathrm{i}\tilde{\boldsymbol{k}}_l\cdot\boldsymbol{r}} \tag{5.40}$$

其中，$\tilde{\boldsymbol{k}}_l=(k,\theta_l,\phi_l)$ 和 $\boldsymbol{r}=(r,\theta,\phi)$ 表示阵列球形表面。使用式（2.37），波束形成权重的系数可以在球谐函数域中写为

$$w_{nm}(k)=b_n(kr)\left[Y_n^m(\theta_l,\phi_l)\right]^* \tag{5.41}$$

用 b_n 表示一个开放球形阵列配置，如式（4.4）所示。现在，借助轴对称波束形成的表达式（式（5.22）），轴对称波束形成权重 d_n，对于延迟–求和波束形成器而言，有

$$d_n(k)=\left|b_n(kr)\right|^2 \tag{5.42}$$

尽管广泛使用，由于假设所有传感器处入射波的幅度都相同且仅需相位补偿，因此延迟–求和波束形成器通常受限于自由场中传感器组成的阵列。在球谐函数域中用公式表示的球形阵列情况下，延迟–求和波束形成器，具有设计者非常期望的鲁棒性，可以被扩展到其他阵列配置。将式（5.41）替代阵列权重，并且用式（4.3）替代阵列方程式（5.8）中测得的声压，这种情况下的阵列输出可以写为

$$
\begin{aligned}
y &= \sum_{n=0}^{N}\sum_{m=-n}^{n} w_{nm}^{*}(k)\,p_{nm}(k,r) \\
&= \sum_{n=0}^{N}\sum_{m=-n}^{n} d_n(k)\,Y_n^m(\theta_l,\phi_l)\frac{p_{nm}(k,r)}{b_n(kr)} \\
&= \sum_{n=0}^{N}\sum_{m=-n}^{n} \left|b_n(kr)\right|^2 a_{nm}(k)\,Y_n^m(\theta_l,\phi_l)
\end{aligned}
\tag{5.43}
$$

现在，$a_{nm}(k)$可以通过第四章介绍的各种阵列配置测量的声场进行计算，根据实际配置使用恰当的$b_n(kr)$；替代阵列权重$b_n(kr)$项表征一个开放球体，无论其实际配置如何。这是球谐函数域中阵列设计和处理灵活性的一个例证。

另一种广泛使用的波束形成器，以单位值的波束成形权重为特征。也就是$d_n=1$。通过代入$d_n=1$，这种情况下的式（5.43）可以被重新改写为

$$
\begin{aligned}
y &= \sum_{n=0}^{N}\sum_{m=-n}^{n} w_{nm}^{*}(k)\,p_{nm}(k,r) \\
&= \sum_{n=0}^{N}\sum_{m=-n}^{n} a_{nm}(k)\,Y_n^m(\theta_l,\phi_l) \\
&\approx a(k,\theta_l,\phi_l)
\end{aligned}
\tag{5.44}
$$

当$N\to\infty$时，近似式变成等式。这个结果表明阵列输出y作为一个视角方向的函数，近似于平面波幅度密度函数。换句话说，通过阵列测得的声场现在可以通过使用平面波分量进行表征。由于这个原因，波束形成器中称之为平面波分解波束形成器[41]。这种波束形成器的另一名称是“常规”波束形成器（参见文献[31]）。在下一章中，将展示获得了最大方向性指数常规波束方向图的阵列。

5.6 波束形成范例

本节给出了一个波束成形范例，旨在说明其中声场的合成、采样、波束形成和分析，用计算机对其进行公式化建构与实现。为清楚起见，该范例被分解成多个步骤。

（1）**自由场中的声压。**考虑一个声场，由S个谐平面波组成：波数为k，到达方向记为(θ_s,ϕ_s) $(s=1,\cdots,S)$，在坐标系原点处的振幅为$a_s(k)$ $(s=1,\cdots,S)$。利用式（2.40）和式（2.41），(r,θ,ϕ)处的声压可以写为

$$
\begin{aligned}
p(k,r,\theta,\phi) &= \sum_{n=0}^{\infty}\sum_{m=-n}^{n} p_{nm}(k,r)\,Y_n^m(\theta,\phi) \\
&= \sum_{n=0}^{\infty}\sum_{m=-n}^{n}\sum_{s=1}^{S} 4\pi i^n j_n(kr)\,a_s(k)\left[Y_n^m(\theta_s,\phi_s)\right]^{*} Y_n^m(\theta,\phi)
\end{aligned}
\tag{5.45}
$$

这个方程是精确的。但是，当目的是使用计算机仿真来产生该声场时，则必须应用通过一个近似值（限制求和为有限的）。

（2）**有限阶声场。**有限阶声场通过将对于n的求和上限替换为$\bar{N}$来进行计算。如果$kr \ll \bar{N}$ （参见2.3节），则近似误差仍然是小的，用r表示到原点的距离。实际中所产生的声场由下式给出：

$$p(k,r,\theta,\phi)=\sum_{n=0}^{\bar{N}}\sum_{m=-n}^{n}\sum_{s=1}^{S}4\pi i^{n} j_{n}(kr)a_{s}(k)\left[Y_{n}^{m}(\theta_{s},\phi_{s})\right]^{*} Y_{n}^{m}(\theta,\phi) \quad (5.46)$$

（3）**通过麦克风采样。**在本次仿真示例的下一步，一个球形麦克风阵列引入到声场，以原点为中心。假设该阵列由一个表面分布了Q个麦克风的半径为r_a的刚性球体构成，遵循一个t-设计配置（参见3.4节），它允许阶数至N的无混叠采样。式（5.46）现在可以直接用来表征麦克风位置(r_a,θ_q,ϕ_q) $(q=1,\cdots,Q)$上的声压。注意到在这种情况下，项$4\pi i^{n} j_n(kr)$被$b_n(kr)$替换，且$r=r_a$，用以表示一个刚性球体配置，像式（2.62）那样：

$$\begin{aligned}p(k,r_a,\theta_q,\phi_q)&=\sum_{n=0}^{\bar{N}}\sum_{m=-n}^{n} p_{nm}(kr_a)Y_n^m(\theta_q,\phi_q)\\&=\sum_{n=0}^{\bar{N}}\sum_{m=-n}^{n}\sum_{s=1}^{S} b_n(kr_a)a_s(k)\left[Y_n^m(\theta_s,\phi_s)\right]^{*} Y_n^m(\theta_q,\phi_q) \quad (5.47)\\q&=1,\cdots,Q\end{aligned}$$

（4）**球傅里叶变换。**下一步骤，球体表面上声压的球傅里叶变换p_{nm}，直接通过麦克风处$p(k,r_a,\theta_q,\phi_q)$的声压测量值，利用针对近似均匀采样方案的球傅里叶变换来计算（参见式（3.24）），即

$$p_{nm}(k,r_a)=\frac{4\pi}{Q}\sum_{q=1}^{Q} p(k,r_a,\theta_q,\phi_q)\left[Y_n^m(\theta_q,\phi_q)\right]^{*},\quad n\leqslant N \quad (5.48)$$

（5）**球傅里叶变换的交替算法。**如果需要避免有限阶声场的近似和在步骤（1）～（4）中引入的空间混叠的影响，那么，球谐系数可以简单地从式（5.47）中推断为

$$p_{nm}(k,r_a)=b_n(kr_a)\frac{4\pi}{Q}\sum_{s=1}^{S} a_s(k)\left[Y_n^m(\theta_s,\phi_s)\right]^{*},\quad n\leqslant N \quad (5.49)$$

（6）**波束形成。**拥有已经计算出的p_{nm}，波束成形，比如平面波分解可以使用式（5.44）来计算，其中$w_{nm}^{*}(k)=Y_n^m(\theta_l,\phi_l)/b_n(kr_a)$：

$$
\begin{aligned}
y\left(\theta_l,\phi_l\right) &= \sum_{n=0}^{N}\sum_{m=-n}^{n} w_{nm}^{*}\left(k\right) p_{nm}\left(k,r_a\right) \\
&= \sum_{n=0}^{N}\sum_{m=-n}^{n} \frac{p_{nm}\left(k,r_a\right)}{b_n\left(kr_a\right)} Y_n^m\left(\theta_l,\phi_l\right)
\end{aligned} \tag{5.50}
$$

注意到，角度$\left(\theta_l,\phi_l\right)$可以在球面任何期望密度处来选择，并且与原始采样集$\left(\theta_q,\phi_q\right)$不相关。特别地，当在球面上标出$y\left(\theta_l,\phi_l\right)$时，可能期望一个高的采样。

作为一个数值算例，考虑一个由$S=3$，幅度分别为1.0、$0.7\mathrm{e}^{\mathrm{i}\pi/3}$和$0.4\mathrm{e}^{\mathrm{i}\pi/2}$，到达方向分别为$\left(90^\circ,45^\circ\right)$、$\left(117^\circ,90^\circ\right)$和$\left(45^\circ,270^\circ\right)$的谐平面波组成的声场，波数$k$和半径$r$满足$kr=kr_a=6$。刚性球形阵列表面的压力由84个麦克风测量，允许阶数达$N=6$的无混叠采样。麦克风处的声压是通过在步骤（3）中代入$\bar{N}=10$计算的。然后，p_{nm}像在步骤（4）中那样计算，应用波束成形以产生平面波的分解$y\left(\theta_l,\phi_l\right)$。

图 5.6 展示了这种情况下$y\left(\theta_l,\phi_l\right)$的归一化幅度。一个$60\times60$个点的等角网格用于生成$\left(\theta_l,\phi_l\right)$。该图显示了对应于平面波的实际到达方向的三个峰值，在图中用“+”标记。注意到通过平面波分解，由于波束成形的有限球谐函数阶数，每个平面波都对y贡献出一个正弦状的函数（图 1.12），因此y是由这些函数的加权求和组成的。这可能可以解释某些效应，比如除了波达方向以外的峰值方向，波达方向附近的宽峰，以及不与波达方向精确一致的峰值。通过控制阵列波束方向图来降低这些效应的方法将在下一章给出。

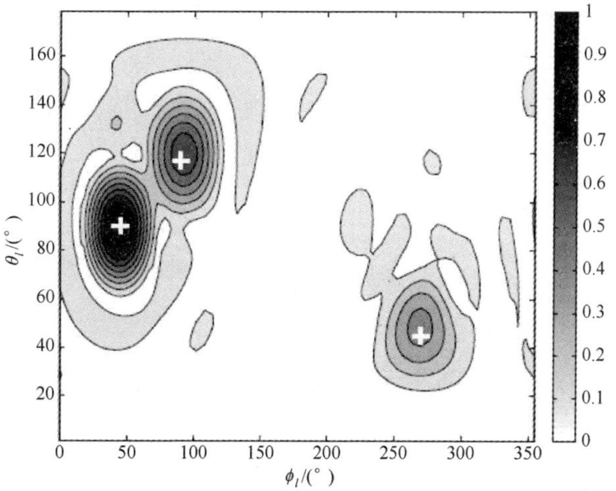

图 5.6 利用具有从式（5.48）计算得出的p_{nm}的式（5.50）求取的平面波分解$y\left(\theta_l,\phi_l\right)$的归一化幅度，$kr=kr_a=6$。三个平面波的到达方向用白色的“+”标记

图 5.7 展示了 $y(\theta_l,\phi_l)$ 的归一化幅度；这次，直接从式(5.49)中计算出 p_{nm}，因此可以避免由于有限阶数和空间混叠产生的误差。由于图 5.6 和图 5.7 比较相似，在这种情况中很清楚地是，有限的阶数和空间采样不会产生明显的误差。这是合理的，因为有 $\bar{N}=10$，$N=6$ 和 $kr=6$，两种误差预期都小。

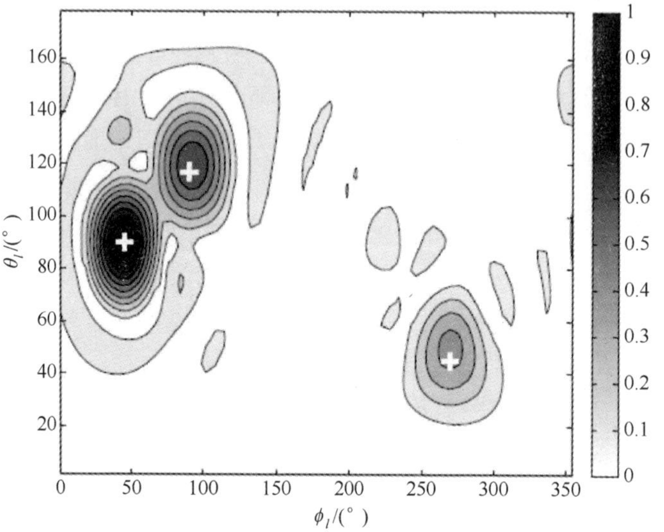

图 5.7 利用具有从式（5.49）计算得出的 p_{nm} 的式（5.50）求取的平面波分解 $y(\theta_l,\phi_l)$ 的归一化幅度，$kr=kr_a=6$。三个平面波的到达方向用白色的“+”标记

相比之下，接下来的这个例子中误差不能被期望是小的，其中 $y(\theta_l,\phi_l)$ 的计算是重复性的，像图 5.6 中那样，但是这一次 $kr=10$。图 5.8 展示了大量远离平面波到达方向的峰值。这些峰值几乎全部是高阶混叠到低阶得混叠误差所导致的，$n=0,\cdots,6$。

在这个仿真示例中的公式，在这里以矩阵形式给出，因为这种形式通过计算机编程最可能在实际中被采用。首先，在麦克风处的声压，式（5.47）被重新改写为

$$\begin{aligned}&\boldsymbol{p}=\boldsymbol{Y}_q\boldsymbol{B}\boldsymbol{Y}_S^{\mathrm{H}}\boldsymbol{a}_S\\&\boldsymbol{a}_S=\left[a_1(k)\ \ a_2(k)\ \ \cdots\ \ a_S(k)\right]^{\mathrm{T}}\\&\boldsymbol{Y}_S=\begin{bmatrix}Y_0^0(\theta_1,\phi_1)&\cdots&Y_N^N(\theta_1,\phi_1)\\\vdots&\ddots&\vdots\\Y_0^0(\theta_S,\phi_S)&\cdots&Y_N^N(\theta_S,\phi_S)\end{bmatrix}\end{aligned}\tag{5.51}$$

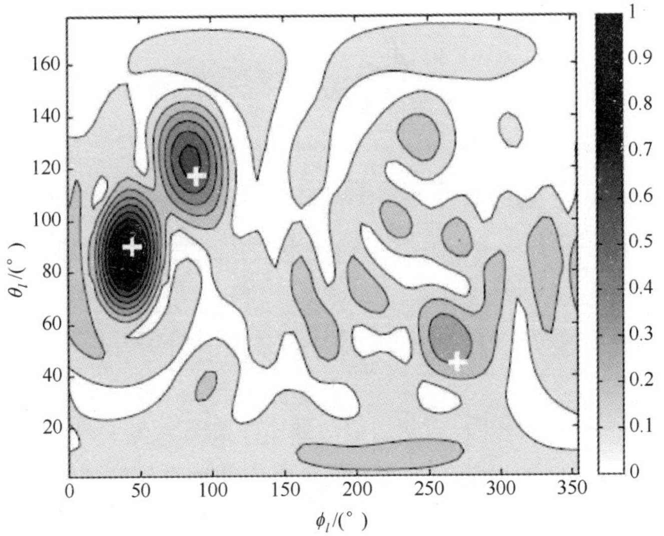

图 5.8　利用具有从式（5.48）计算得出的 p_{nm} 的式（5.50）求取的平面波分解 $y(\theta_l,\phi_l)$ 的归一化幅度，$kr = kr_a = 10$。三个平面波的到达方向用白色的“+”标记

$$\boldsymbol{B} = \mathrm{diag}\left(b_0 \;\; b_1 \;\; b_1 \;\; b_1 \;\; \cdots \;\; b_N\right) \tag{5.52}$$

$$\boldsymbol{Y}_q = \begin{bmatrix} Y_0^0(\theta_1,\phi_1) & \cdots & Y_N^N(\theta_1,\phi_1) \\ \vdots & \ddots & \vdots \\ Y_0^0(\theta_Q,\phi_Q) & \cdots & Y_N^N(\theta_Q,\phi_Q) \end{bmatrix} \tag{5.53}$$

$$\boldsymbol{p} = \left[p(k,r_a,\theta_1,\phi_1) \;\; \cdots \;\; p(k,r_a,\theta_Q,\phi_Q) \right]^{\mathrm{T}} \tag{5.54}$$

其中，$S\times 1$ 维向量 $\boldsymbol{a}_S$ 包含了在平面波的幅度，$Q\times 1$ 维向量 $\boldsymbol{p}$ 包含了麦克风处的声压幅度，$(N+1)^2\times(N+1)^2$ 维对角矩阵 $\boldsymbol{B}$ 包含了一个半径 $r=r_a$ 的刚性球体的 $b_n(kr)$ 的值，$S\times(N+1)^2$ 维矩阵 $\boldsymbol{Y}_S$ 包含了具有平面波到达方向的球谐函数，类似低，$Q\times(N+1)^2$ 维矩阵 $\boldsymbol{Y}_q$ 包含了具有麦克风位置方向的球谐函数。

在下一步中，球面上的声压球谐系数 p_{nm} 像式（5.48）那样计算为

$$\begin{aligned} \boldsymbol{p}_{nm} &= \frac{4\pi}{Q}\boldsymbol{Y}_q^{\mathrm{H}}\boldsymbol{p} \\ \boldsymbol{p}_{nm} &= \left[p_{00} \;\; p_{1(-1)} \;\; p_{10} \;\; p_{11} \;\; \cdots \;\; p_{NN} \right]^{\mathrm{T}} \end{aligned} \tag{5.55}$$

其中，$(N+1)^2\times 1$ 维向量 $\boldsymbol{p}_{nm}$ 包含了系数 p_{nm}。在最后一步中，式（5.50）那样

计算平面波分解：

$$\boldsymbol{y}=\boldsymbol{Y}_1\boldsymbol{B}^{-1}\boldsymbol{p}_{nm}$$
$$\boldsymbol{Y}_1=\begin{bmatrix} Y_0^0(\theta_1,\phi_1) & \cdots & Y_N^N(\theta_1,\phi_1) \\ \vdots & \ddots & \vdots \\ Y_0^0(\theta_L,\phi_L) & \cdots & Y_N^N(\theta_L,\phi_L) \end{bmatrix} \tag{5.56}$$

其中，$L\times(N+1)^2$ 维矩阵 $\boldsymbol{Y}_1$ 包含了具有平面波视角方向的球谐函数。

5.7 非轴对称波束方向图导向

尽管 5.2 节中介绍的轴对称波束形成器由于其具有的一维公式，设计简便。但是在某些情况下，我们可能会对关于视角方向非轴对称的波束方向图感兴趣。可能出现一种情况：感兴趣的声源占据了定向空间内一个宽广的区域，比如在一个礼堂的舞台上，或者安置在附近的一些扬声器。在这种情况下，主瓣应该在方位角方向上较宽，在俯仰角方向上较窄。因此关于视角方向轴对称的波束方向图可能不能提供最为适宜的解决方法。在这种情况下，我们可能会想要回归到一般原则，如式（5.8）所示的二维波束形成器公式。它可以方便地将波束成形系数 w_{nm} 表示为一个关于 b_n 和修改后波束成形系数 c_{nm} 的函数：

$$w_{nm}^*(k)=\frac{c_{nm}(k)}{b_n(kr)} \tag{5.57}$$

阵列波束方向图定义为一个单位幅度平面波响应的阵列输出，它可以通过将式（5.57）和式（5.16）代入式（5.8）中得到：

$$y=\sum_{n=0}^{N}\sum_{m=-n}^{n}c_{nm}(k)\left[Y_n^m(\theta_k,\phi_k)\right]^* \tag{5.58}$$

因此波束方向图 y 和系数 $c_{nm}(k)$，通过球傅里叶变换和复共轭运算联系起来。即 $\left[y(\theta_k,\phi_k)\right]^*$ 是 $\left[c_{nm}\right]^*$ 的球傅里叶变换。一旦所期望的波束方向图是可以获得的，这就提供了一个计算 c_{nm} 的简单框架。然而这样的一个波束方向图的导向，可能不会像轴对称波束方向图情况中那样简单。回顾轴对称波束方向图情景中，导向是通过将期望视角方向 (θ_l,ϕ_l) 代入式（5.22）得到的，而没有对波束成形系数 d_n 作任何的修改。在非轴对称波束成形（式（5.58））情况下，导向将会直接改变系数 c_{nm}。但是，波束方向图的导向和旋转函数 $y(\theta_k,\phi_k)$ 是等价的，因此如 1.6 节中所介绍的，将采用对球面函数的旋转操作[44]。

让我们通过 $y^r(\theta_k,\phi_k) \equiv \Lambda(\alpha,\beta,\gamma)y(\theta_k,\phi_k)$ 表示球面函数 y，通过欧拉角 (α,β,γ) 旋转（更多关于使用欧拉角旋转的细节参见 1.6 节）。在波束形成情况下，旋转将会把波束方向图引向期望方向。注意到在非轴对称波束方向图情况下，除了常规的导向之外，是在视角方向上的变化，能找到另一个自由度；这可以解释为波束方向图本身关于视角方向的旋转。当完成非轴对称波束方向图导向时，这解释了三个角度 (α,β,γ) 的需求。

基于式（1.72）和 1.6 节，转向现在得以用公式来表示，其中，一个球面函数的旋转被分解为一组球谐函数的旋转，转而又利用与魏格纳-D 函数的乘法[44]进行公式化表示：

$$
\begin{aligned}
y^r(\theta_k,\phi_k) &= \Lambda(\alpha,\beta,\gamma)y(\theta_k,\phi_k) \\
&= \sum_{n=0}^{N}\sum_{m=-n}^{n} c_{nm}(k)\Lambda(\alpha,\beta,\gamma)\left[Y_n^m(\theta_k,\phi_k)\right]^* \\
&= \sum_{n=0}^{N}\sum_{m=-n}^{n} c_{nm}(k)\sum_{m'=-n}^{n}\left[D_{m'm}^n(\alpha,\beta,\gamma)\right]^*\left[Y_n^{m'}(\theta_k,\phi_k)\right]^* \\
&= \sum_{n=0}^{N}\sum_{m'=-n}^{n}\left(\sum_{m=-n}^{n} c_{nm}(k)\left[D_{m'm}^n(\alpha,\beta,\gamma)\right]^*\right)\left[Y_n^{m'}(\theta_k,\phi_k)\right]^* \\
&= \sum_{n=0}^{N}\sum_{m'=-n}^{n} c_{nm'}^r(k)\left[Y_n^{m'}(\theta_k,\phi_k)\right]^*
\end{aligned}
\tag{5.59}
$$

旋转过后的波束方向图 y^r 是通过一组新的波束形成系数 c_{nm}^r 产生的，它与原始系数的关系利用下式可得

$$
c_{nm'}^r(k) = \sum_{m=-n}^{n} c_{nm}(k)\left[D_{m'm}^n(\alpha,\beta,\gamma)\right]^* \tag{5.60}
$$

将式（5.57）代入式（5.60），旋转后的系数 w_{nm}^r 可以依据原始系数 w_{nm} 写为

$$
w_{nm'}^r(k) = \sum_{m=-n}^{n} w_{nm}(k)D_{m'm}^n(\alpha,\beta,\gamma) \tag{5.61}
$$

式（5.61）可以以一种矩阵形式写为

$$
\boldsymbol{w}_{nm}^r = \boldsymbol{D}\boldsymbol{w}_{nm} \tag{5.62}
$$

其中，$\boldsymbol{w}_{nm}^r$ 是一个 $(N+1)^2\times 1$ 维的旋转后的波束方向图的系数向量，$\boldsymbol{w}_{nm}$ 已经在式（5.10）中定义，块对角魏格纳-D 矩阵 $\boldsymbol{D}$ 也已经在 1.6 节中被定义。

旋转可接连用于在一个不间断的导向过程，例如连续旋转 $\boldsymbol{D}_1$ 和 $\boldsymbol{D}_2$ 可以通过两个旋转矩阵相乘来实现（即 $\boldsymbol{D}_2\boldsymbol{D}_1$），以产生一个等效的旋转。这可能会使简化从当前视角方向 (θ_l,ϕ_l) 到期望的新视角方向 $(\theta_{l'},\phi_{l'})$ 的导向过程令人满意。其

中 ψ_l 和 $\psi_{l'}$ 分别表示关于当前视角方向和期望视角方向的旋转，首先，一个 $\Lambda(-\psi_l,-\theta_l,-\phi_l)$ 的旋转，被用来调整波束方向图视角方向与 z 轴正向对准，关于这个方向没有任何进一步的旋转。然后，一个 $\Lambda(\theta_{l'},\phi_{l'},\psi_{l'})$ 方向的旋转，被用来将波束方向图导向新的方向。这样的整个过程可以使用一个单一的旋转矩阵来实现（通过两个旋转矩阵相乘，如上面讲解的那样[44]）。

第六章 最优波束方向图设计

摘要：作为一种可以实现方向性滤波的工具，在第五章中介绍了球形麦克风阵列的波束形成，它以阵列的波束方向图为特征。以一种更为明确的方式控制波束方向图从而获取期望的特性可能正是人们所希望的。例如，和来自整个方向范围中的非期望平面波不感兴趣的平面波比较起来，能够实现最大方向性指数的波束形成器以增强一个感兴趣的平面波可能是有价值的。如果对系统不确定性的稳健性较为重要，获取最大白噪声增益的波束形成器可能是人们所期望的。我们可能对增强一个期望的目标平面波同样有兴趣，与此同时须保证对其他方向上不感兴趣的平面波有一个明确的衰减水平。这可以通过使用道尔夫–切比雪夫设计限制波束方向图中旁瓣水平实现。设计目标也可以结合为一个单一的任务，或者整合为一个更加复杂的有约束的最优化表示。总的来说，这一章给出了球形阵列中明确表征的波束方向图设计方法，旨在提供能使阵列特性与具体性能方面相匹配的工具。

6.1 最大方向性波束形成器

方向性因子已经在 5.3 节中引入，其为视角方向阵列响应与所有方向平均响应的比值。通过引入一个无失真响应约束[53]使视角方向归一化，使得在服从视角方向具有单位响应限制下，平均响应最小化，这在阵列信号处理中常见。沿用式（5.29）中导出的方向性因子，最大方向性波束形成器可设计为满足

$$
\begin{aligned}
&\underset{\boldsymbol{w}_{nm}}{\text{minimize}}\ \boldsymbol{w}_{nm}^{\mathrm{H}}\boldsymbol{B}\boldsymbol{w}_{nm}\\
&\text{subject to}\ \boldsymbol{w}_{nm}^{\mathrm{H}}\boldsymbol{v}_{nm}=1
\end{aligned}
\tag{6.1}
$$

其中

$$
\boldsymbol{B}=\frac{1}{4\pi}\operatorname{diag}\left(\left|b_0\right|^2\ \left|b_1\right|^2\ \left|b_1\right|^2\ \left|b_1\right|^2\cdots\left|b_N\right|^2\right)
\tag{6.2}
$$

$\boldsymbol{w}_{nm}^{\mathrm{H}}\boldsymbol{v}_{nm}=1$ 表示无失真响应约束。向量 $\boldsymbol{w}_{nm}$ 和 $\boldsymbol{v}_{nm}$ 维数为 $(N+1)^2\times 1$，正如第五章中所定义的：

$$
\begin{cases}
\boldsymbol{w}_{nm}=\left[w_{00}\ w_{1(-1)}\ w_{10}\ w_{11}\cdots w_{NN}\right]^{\mathrm{T}}\\
\boldsymbol{v}_{nm}=\left[v_{00}\ v_{1(-1)}\ v_{10}\ v_{11}\cdots v_{NN}\right]^{\mathrm{T}}
\end{cases}
\tag{6.3}
$$

导向向量的元素 v_{nm} 在式（5.16）中定义。

通过使用阵列信号处理中广泛采用的拉格朗日乘数法[53]，可以获得式(6.1)中最优化问题的一个解。注意到，用式（5.27）分母表示的平均方向性是一个实数量，此后导出了式（5.29）中的分母，即 $\boldsymbol{w}_{nm}^{\mathrm{H}}\boldsymbol{B}\boldsymbol{w}_{nm}$，同样也是实数。因此式（6.1）中将要最小化的函数也是实的。使用拉格朗日乘数法，有约束的最优化问题退化为如下一个无约束的形式：

$$\underset{\boldsymbol{w}_{nm}}{\text{minimize}} \ \boldsymbol{w}_{nm}^{\mathrm{H}}\boldsymbol{B}\boldsymbol{w}_{nm}+\lambda^{*①}\left(\boldsymbol{w}_{nm}^{\mathrm{H}}\boldsymbol{v}_{nm}-1\right)+\lambda^{*}\left(\boldsymbol{v}_{nm}^{\mathrm{H}}\boldsymbol{w}_{nm}-1\right) \tag{6.4}$$

对复向量 $\boldsymbol{w}_{nm}$ 求导，并令结果等于零，产生了

$$\boldsymbol{w}_{nm}\boldsymbol{B}w_{nm}B+\lambda\boldsymbol{v}_{nm}^{\mathrm{H}}=0 \tag{6.5}$$

当上式满足时，表明在求解点处二次目标函数和线性约束函数的梯度位于同一方向上，仅仅是被 λ 归一化了。因此解满足

$$\boldsymbol{w}_{nm}^{\mathrm{H}}=-\lambda\boldsymbol{v}_{nm}^{\mathrm{H}}\boldsymbol{B}^{-1} \tag{6.6}$$

两边同时右乘 $\boldsymbol{v}_{nm}$ 并代入式（6.1）中的约束条件，λ 的值由下式给出：

$$\lambda=-\frac{1}{\boldsymbol{v}_{nm}^{\mathrm{H}}\boldsymbol{B}^{-1}\boldsymbol{v}_{nm}} \tag{6.7}$$

最优 $\boldsymbol{w}_{nm}$ 的值现在可以以一种最终形态写为

$$\boldsymbol{w}_{nm}^{\mathrm{H}}=-\frac{\boldsymbol{v}_{nm}^{\mathrm{H}}\boldsymbol{B}^{-1}}{\boldsymbol{v}_{nm}^{\mathrm{H}}\boldsymbol{B}^{-1}\boldsymbol{v}_{nm}} \tag{6.8}$$

注意到，矩阵 $\boldsymbol{B}$ 必须是可逆的，这意味着要求所有 $b_n(kr)$ 的值为非零值（参见式（6.2）和第四章）。将矩阵 $\boldsymbol{B}$ 和向量 $\boldsymbol{v}_{nm}$ 的元素代入式（6.8）中，$\boldsymbol{w}_{nm}$ 的元素可以表示为

$$\begin{aligned} w_{nm}^{*} &= \frac{b_n\left(kr\right)^{*}Y_n^{m}\left(\theta_k,\phi_k\right)/\left|b_n\left(kr\right)\right|^2}{\sum\limits_{n=0}^{N}\sum\limits_{m=-n}^{n}\left[Y_n^{m}\left(\theta_k,\phi_k\right)\right]^{*}Y_n^{m}\left(\theta_k,\phi_k\right)} \\ &= \frac{\dfrac{1}{b_n\left(kr\right)}Y_n^{m}\left(\theta_k,\phi_k\right)}{\sum\limits_{n=0}^{N}\dfrac{2n+1}{4\pi}P_n(\cos 0)} \\ &= \frac{4\pi}{\left(N+1\right)^2}\frac{1}{b_n\left(kr\right)}Y_n^{m}\left(\theta_k,\phi_k\right) \end{aligned} \tag{6.9}$$

从这一结果中可以得出两个结论。对比式（6.9）和式（5.22），明显地，

① 已根据原书作者提供的勘误表进行了修正。

最大方向性波束形成器是轴对称的，有

$$d_n=\frac{4\pi}{\left(N+1\right)^2} \tag{6.10}$$

于是可知，式（6.9）中的最优波束形成器也是轴对称最大方向性波束形成器的一个解，方向性因子如式（5.30）中定义。注意到式（6.10）是5.5节中描述的平面波分解阵列的归一化版本，因此第二个结论直接可知。平面波分解阵列因而实现了最大的方向性。这是球谐函数域公式后面特征的象征，特别是轴对称波束方向图：令所有系数为常数后的这一看似天真的解，却获得了最好的方向性指数！一个求解最大方向性波束形成器的备选方法将在本节末尾进行概述。

通过将式（6.8）的解和满足的约束代入式（5.29），接下来推导最大方向性波束形成器的方向性因子：

$$\begin{aligned}
\mathrm{DF}_{\max}&=\frac{\boldsymbol{w}_{nm}^{\mathrm{H}}\boldsymbol{A}\boldsymbol{w}_{nm}}{\boldsymbol{w}_{nm}^{\mathrm{H}}\boldsymbol{B}\boldsymbol{w}_{nm}}\\
&=\frac{\boldsymbol{w}_{nm}^{\mathrm{H}}\boldsymbol{v}_{nm}\boldsymbol{v}_{nm}^{\mathrm{H}}\boldsymbol{w}_{nm}}{\left[\boldsymbol{v}_{nm}^{\mathrm{H}}\boldsymbol{B}^{-1}\boldsymbol{v}_{nm}\right]^{-1}}\\
&=\boldsymbol{v}_{nm}^{\mathrm{H}}\boldsymbol{B}^{-1}\boldsymbol{v}_{nm}\\
&=\sum_{n=0}^{N}\sum_{m=-n}^{n}b_n^*\left(kr\right)Y_n^m\left(\theta_k,\phi_k\right)\frac{4\pi}{\left|b_n\left(kr\right)\right|^2}b_n\left(kr\right)\left[Y_n^m\left(\theta_k,\phi_k\right)\right]^*\\
&=4\pi\sum_{n=0}^{N}\sum_{m=-n}^{n}\left[Y_n^m\left(\theta_k,\phi_k\right)\right]^*Y_n^m\left(\theta_k,\phi_k\right)\\
&=4\pi\sum_{n=0}^{N}\sum_{m=-n}^{n}\left[Y_n^m\left(\theta_k,\phi_k\right)\right]^*Y_n^m\left(\theta_k,\phi_k\right)=4\pi\sum_{n=0}^{N}\frac{2n+1}{4\pi}P_n\left(\cos 0\right)\\
&=\left(N+1\right)^2
\end{aligned} \tag{6.11}$$

因此最大可达的方向性指数因子取决于阵列阶数。具有一个高方向性指数因子的阵列需要高阶N，相应地需要有大量的麦克风。因为无混叠采样所要求的麦克风数需要为$Q\geqslant\left(N+1\right)^2$，很明显最大可取方向性恰好与阵列的麦克风数成比例关系。

最大方向性阵列呈现出一个称为“超心型”的波束方向图[21]。这个波束方向图，因其一阶阵列所具有的$\frac{1}{4}\left(1+3\cos\Theta\right)$方向性而广为人知，也能够通过利用最大方向性解特别地推广到球形阵列。一个轴对称阵列的波束方向图，有

$d_n=\dfrac{4\pi}{(N+1)^2}$，可以用式（5.24）写为

$$\begin{aligned} y(\Theta) &= \frac{4\pi}{(N+1)^2}\sum_{n=0}^{N}\frac{2n+1}{4\pi}P_n(\cos\Theta) \\ &= \frac{P_{N+1}(\cos\Theta)-P_N(\cos\Theta)}{(N+1)(\cos\Theta-1)} \end{aligned} \tag{6.12}$$

（参见 1.5 节，描述球傅里叶变换 $Y_n^m(\theta,\phi)$）。代入勒让德多项式（参见 1.4 节），表 6.1 展示了几项阵列阶数的超心型方向性，图 6.1 画出了阶数 $N=1,\cdots,4$ 的波束方向图。该图展示了位于高阶的改进的超心型方向性，与之而来的还有降低了得旁瓣水平和一个更窄的主瓣。事实上，Rafaely[41]指出对于阶数高于 $N=4$ 的阵列，其主瓣宽度（定义为主瓣两旁两个零点之间的夹角）可由下列简单表达式近似表示：

$$2\Theta_0=\frac{2\pi}{N} \tag{6.13}$$

表 6.1　阶数为 $N=0,\cdots,5$ 的超心型方向性表达式及其相应的方向性指数，$\Theta=0$ 处归一化为单位幅度

阶数 N	$y(\Theta)/y(0)$	DI/dB
0	1	0
1	$\frac{1}{4}(3\cos\Theta+1)$	6.0
2	$\frac{1}{6}(5\cos^2\Theta+2\cos\Theta-1)$	9.5
3	$\frac{1}{32}(35\cos^3\Theta+15\cos^2\Theta-15\cos\Theta-3)$	12.0
4	$\frac{1}{40}(63\cos^4\Theta+28\cos^3\Theta-42\cos^2\Theta-12\cos\Theta+3)$	14.0
5	$\frac{1}{96}(231\cos^5\Theta+105\cos^4\Theta-210\cos^3\Theta-70\cos^2\Theta+35\cos\Theta+5)$	15.6

主瓣宽度也与阵列从空间上分离来自不同方向的两个平面波的能力有关。这个分离能力的限制以其光学中的称谓“瑞利分辨率”著称[8]，即是

$$\Theta_{\text{Rayleigh}}\approx\frac{\pi}{N} \tag{6.14}$$

对于低阶阵列，瑞利分辨率很低，但随着阶数的增加，分辨率以一种成比例的方式改善。

随后将对一个备选的最大方向性波束形成器推导方法进行简要概述，此方法不需要拉格朗日乘子。在这种方法中，方向性因子被直接最大化，无需强加

一个无失真响应约束，之后得到的解被归一化以满足约束。最大化式（5.29）中的方向性因子可以写为

$$\underset{\mathbf{w}_{nm}}{\text{maximize}}\ \lambda,\ \lambda = \frac{\mathbf{w}_{nm}^{\mathrm{H}}\mathbf{A}\mathbf{w}_{nm}}{\mathbf{w}_{nm}^{\mathrm{H}}\mathbf{B}\mathbf{w}_{nm}} \tag{6.15}$$

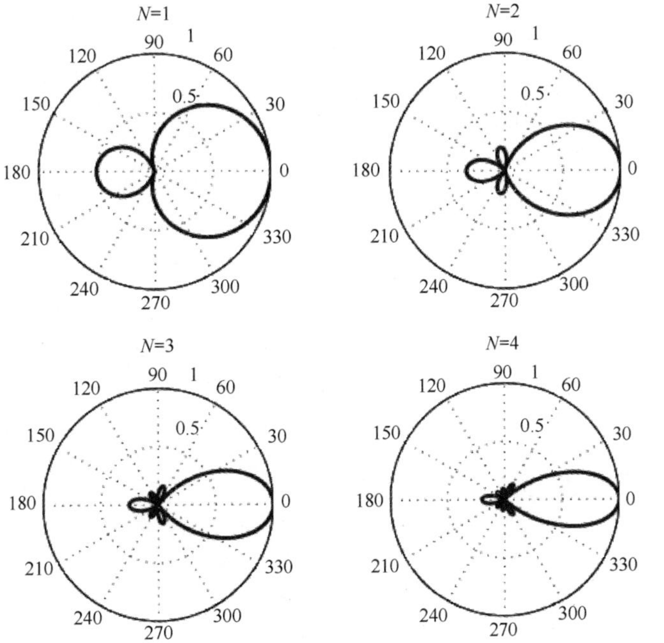

图 6.1　阶数 $N=1,\cdots,4$ 的超心型波束方向图

式（6.15）可以写为

$$\mathbf{w}_{nm}^{\mathrm{H}}\mathbf{A}\mathbf{w}_{nm} = \lambda\mathbf{w}_{nm}^{\mathrm{H}}\mathbf{B}\mathbf{w}_{nm} \tag{6.16}$$

这个标量方程的一个解可以通过解下面的向量方程找到：

$$\mathbf{A}\mathbf{w}_{nm} = \lambda\mathbf{B}\mathbf{w}_{nm} \tag{6.17}$$

因为式（6.17）左乘 $\mathbf{w}_{nm}$ 保持相等。式（6.17）是一个广义特征值问题[17]，有式（6.15）表示的一个广义的瑞利熵。我们现在利用式（5.29）中定义的矩阵 $\mathbf{A}$ 和 $\mathbf{B}$ 的特殊结构，来将这个广义特征值问题简化为一个（标准的）特征值问题。首先，方程的两边乘以矩阵 $\mathbf{B}$ 的逆，其次，把矩阵 $\mathbf{A}$ 写为一个二元的或者两个向量的外积 $\mathbf{v}_{nm}\mathbf{v}_{nm}^{\mathrm{H}}$，即 $\mathbf{B}^{-1}\mathbf{A} = \tilde{\mathbf{v}}_{nm}\mathbf{v}_{nm}^{\mathrm{H}}$，有 $\tilde{\mathbf{v}}_{nm} = \mathbf{B}^{-1}\mathbf{v}_{nm}$。式（6.17）现在可以重新改写为

$$\left[\mathbf{v}_{nm}\mathbf{v}_{nm}^{\mathrm{H}}\right]\mathbf{w}_{nm} = \lambda\mathbf{B}\mathbf{w}_{nm} \tag{6.18}$$

式（6.17）是一个特征值问题，其考虑之中的矩阵具有单位秩，因为它由两个

向量的外积组成。由于单一秩，因而只有一个非零特征值及其相对应的右特征向量是 $\tilde{\boldsymbol{v}}_{nm}$ [36]。代入 $\boldsymbol{w}_{nm}=\tilde{\boldsymbol{v}}_{nm}$，这就变成了一个解，以 $\lambda=\boldsymbol{v}_{nm}^{\mathrm{H}}\tilde{\boldsymbol{v}}_{nm}$ 为条件。因此这些是这种情况下特征向量和特征值。特征值是最大的，且为正实数，其他所有特征值为零。因而最优波束形成系数可以写为

$$\boldsymbol{w}_{nm}^{\mathrm{H}}=\boldsymbol{v}_{nm}^{\mathrm{H}}\boldsymbol{B}^{-1} \tag{6.19}$$

这是式（6.8）推导出的解的归一化版本。如式（6.8）中那样，现在可以运用更进一步的归一化去满足无失真响应约束。

6.2 最大 WNG 波束形成器

WNG 作为一种阵列稳健性的常用测度在 5.4 节中进行了介绍。取得最大 WNG 的阵列因此对传感器噪声和其他系统参数不确定性是最为稳健的。本节给出了具有最大 WNG 的球形阵列的推导。正如最大方向性波束形成器设计相似，我们波束方向图在视角方向处限制为具有单位响应，使得 $\boldsymbol{w}_{nm}^{\mathrm{H}}\boldsymbol{v}_{nm}=1$，正如式（5.35）中的分子满足 $\boldsymbol{w}_{nm}^{\mathrm{H}}\boldsymbol{A}\boldsymbol{w}_{nm}=1$。因此通过求解下面的最优化问题，可以设计出最大 WNG 波束形成器：

$$\begin{aligned}&\underset{\boldsymbol{w}_{nm}}{\text{minimize}}\ \boldsymbol{w}_{nm}^{\mathrm{H}}\boldsymbol{B}\boldsymbol{w}_{nm}\\&\text{subject to}\ \boldsymbol{w}_{nm}^{\mathrm{H}}\boldsymbol{v}_{nm}=1\end{aligned} \tag{6.20}$$

其中

$$\boldsymbol{B}=\boldsymbol{S}\boldsymbol{S}^{\mathrm{H}} \tag{6.21}$$

这个问题与式（6.1）中定义的最大方向性问题相似，因而运用与式（6.8）类似的一个解，可得

$$\boldsymbol{w}_{nm}^{\mathrm{H}}=\frac{\boldsymbol{v}_{nm}^{\mathrm{H}}\boldsymbol{B}^{-1}}{\boldsymbol{v}_{nm}^{\mathrm{H}}\boldsymbol{B}^{-1}\boldsymbol{v}_{nm}} \tag{6.22}$$

在此情景中最大的 WNG，可将解（式（6.22））代入到 WNG 的表达式（式（5.34））中，并且假设 $\boldsymbol{w}_{nm}^{\mathrm{H}}\boldsymbol{v}_{nm}=1$：

$$\begin{aligned}\mathrm{WNG}_{\max}&=\frac{\left|\boldsymbol{w}_{nm}^{\mathrm{H}}\boldsymbol{v}_{nm}\right|^2}{\boldsymbol{w}_{nm}^{\mathrm{H}}\boldsymbol{B}\boldsymbol{w}_{nm}}=\frac{1}{\boldsymbol{w}_{nm}^{\mathrm{H}}\boldsymbol{B}\boldsymbol{w}_{nm}}\\&=\frac{\left(\boldsymbol{v}_{nm}^{\mathrm{H}}\boldsymbol{B}^{-1}\boldsymbol{v}_{nm}\right)^2}{\boldsymbol{v}_{nm}^{\mathrm{H}}\boldsymbol{B}^{-1}\boldsymbol{B}\boldsymbol{B}^{-\mathrm{H}}\boldsymbol{v}_{nm}}\\&=\boldsymbol{v}_{nm}^{\mathrm{H}}\boldsymbol{B}^{-1}\boldsymbol{v}_{nm}\end{aligned} \tag{6.23}$$

最后一行的推导要求矩阵 $\boldsymbol{B}$ 是共轭对称的，由于 $\boldsymbol{B}=\boldsymbol{S}\boldsymbol{S}^{\mathrm{H}}$，因此满足共轭对称性。

在均匀或者近似均匀采样的特殊情况下（参见式（5.36）），矩阵 $\boldsymbol{B}$ 可以简化为

$$\boldsymbol{B}=\boldsymbol{S}\boldsymbol{S}^{\mathrm{H}}=\frac{4\pi}{Q}\boldsymbol{I} \tag{6.24}$$

将式（6.24）代入式（6.22）和式（6.23）中，在均匀或者近似均匀采样情况下，最优权重和最大 WNG 可以写为

$$\boldsymbol{w}_{nm}^{\mathrm{H}}=\frac{\boldsymbol{v}_{nm}^{\mathrm{H}}}{\boldsymbol{v}_{nm}^{\mathrm{H}}\boldsymbol{v}_{nm}} \tag{6.25}$$

和

$$\mathrm{WNG}_{\max}=\frac{Q}{4\pi}\boldsymbol{v}_{nm}^{\mathrm{H}}\boldsymbol{v}_{nm} \tag{6.26}$$

使用下面的关系（参见式（3.34）和式（6.39）），最大 WNG 的表达式可以进一步简化为

$$\boldsymbol{v}^{\mathrm{H}}\boldsymbol{v}=\boldsymbol{v}_{nm}^{\mathrm{H}}\boldsymbol{Y}^{\mathrm{H}}\boldsymbol{Y}\boldsymbol{v}_{nm}=\frac{Q}{4\pi}\boldsymbol{v}_{nm}^{\mathrm{H}}\boldsymbol{v}_{nm} \tag{6.27}$$

将式（6.26）代入可得

$$\mathrm{WNG}_{\max}=\boldsymbol{v}^{\mathrm{H}}\boldsymbol{v}=Q \tag{6.28}$$

在自由空间中的传感器情况下实现了等于 Q；在这种情况下，导向向量如式（5.5）和式（5.6）所定义的那样，即具有元素 $v_q=\mathrm{e}^{\mathrm{i}\tilde{\mathbf{k}}\cdot\mathbf{r}}$，$\boldsymbol{r}=(r,\theta_q,\phi_q)$，所以最大 WNG 等于传感器个数 Q。这是一个广为人知的可实现 WNG 最大化的结果[53]。

将式（5.16）代入式（6.25）和式（6.26）中，最优权重和最大 WNG 能够在球谐波域中更为明确地表示为

$$\begin{aligned}w_{nm}^{*}&=\frac{b_n(kr)^{*}Y_n^{m}(\theta_k,\phi_k)}{\sum_{n=0}^{N}\sum_{m=-n}^{n}\left|b_n(kr)\right|^2 Y_n^m(\theta_k,\phi_k)\left[Y_n^m(\theta_k,\phi_k)\right]^{*}}\\&=\frac{b_n(kr)^{*}Y_n^{m}(\theta_k,\phi_k)}{\sum_{n=0}^{N}\frac{2n+1}{4\pi}\left|b_n(kr)\right|^2}\end{aligned} \tag{6.29}$$

和

$$\mathrm{WNG}_{\max}=\frac{Q}{4\pi}\sum_{n=0}^{N}\frac{2n+1}{4\pi}\left|b_n(kr)\right|^2 \tag{6.30}$$

有趣的是，注意到现最大 WNG 的波束形成器是轴对称的（参见式（5.22）），因此

$$d_n = \frac{\left|b_n\left(kr\right)\right|^2}{\sum_{n=0}^{N} \frac{2n+1}{4\pi}\left|b_n\left(kr\right)\right|^2} \tag{6.31}$$

当传感器处在自由空间中时，同样注意到这个波束形成器与式（5.42）给出的波束形成器（也就是延时-求和波束形成器）相似。因此对于自由场阵列，显而易见，最大 WNG 波束形成器等效于延时-求和波束形成器。这就进一步证明了文献中延时-求和波束形成器之所以广泛使用，是因为它具有可靠的稳健性特点[53]。然而，式（6.31）可以针对一般的阵列配置，用于设计最大 WNG 波束形成器，而不仅仅是用于自由空间中的传感器，如刚性球形阵列。

图 6.2 展示了一个阶数 $N=3$，$kr \in [0,3]$ 范围，设计以取得最大 WNG 的阵列的 WNG。将 $b_n(kr)$ 的值代入刚性球体和开放球体中，WNG 的值可以利用式（6.30）计算。正如期望的那样，开放球形阵列获得的 WNG 接近于 Q（大约 15dB）。只有当 kr 接近 3 时，WNG 的值才会略微减小，因为在这个区间中，阶数高于 3 对声场的贡献变得重要，并且复指数声场函数的近似变得不那么精确。这个刚性球形阵列在更高的频率范围内，获取了一个略高于 Q 的 WNG。这是因为散射的影响；但是，正如在 5.4 节中讨论的那样，WNG 是针对自由空间中的传感器定义的，因此可能不能直接应用于一个刚性球体周围的传感器情景。这就意味着 WNG 的增大有几分理论上的假设。

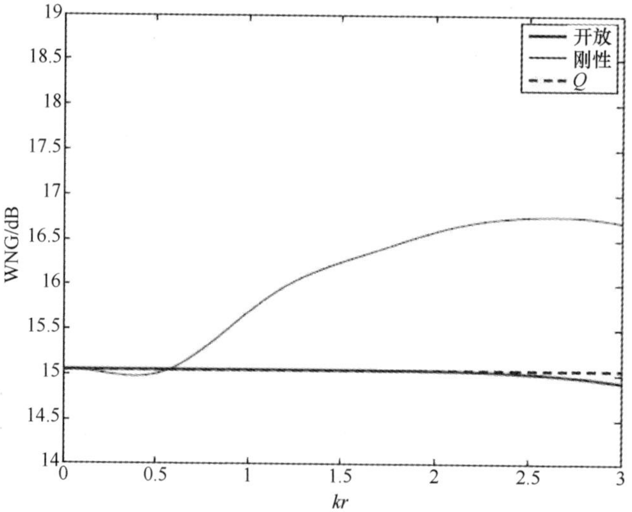

图 6.2 阶数 $N=3$，具有 $Q=32$ 个安置在刚性的和开放的球体表面、近似均匀分布麦克风的阵列的 WNG

6.3 范例：与 WNG 相对的方向性

前面两节给出了两种球形阵列设计的备选方案，一种获得了最大方向性指数，另一个取得了一个最大的 WNG。这两种设计将在本节中通过一个范例[43]进行比较比较。针对一个球形阵列设计最大方向性和最大 WNG 波束形成器，该球形阵列由 $Q=36$ 个安置在开放球体周围的麦克风组成，采用近似均匀采样配置，实现了阶数达 $N=4$ 的无混叠采样。这两个波束形成器的方向性指数和 WNG 在图 6.3 中给出。从这个例子中可以总结出数条结论：

（1）方向性指数图清楚地展现出，针对最大方向性设计的阵列，比针对最大 WNG 设计的阵列确实取得了一个更佳的方向性指数。如图中说明的那样，这种情况下（对于四阶阵列）的方向性指数由 $10\lg(N+1)^2 \approx 14\text{dB}$ 给出。

（2）WNG 图展现出，针对最大 WNG 设计的阵列，比针对最大方向性设计的阵列确实取得了一个更佳的 WNG。如图中说明的那样，这种延迟–求和类型阵列的 WNG 值由 $10\lg Q \approx 15.5\text{dB}$ 给出。

（3）针对最大 WNG 设计的阵列，其方向性指数向低频方向减小，在 $kr=0$ 处取值为 $DI=0\text{dB}$。这是该设计中为取得最大 WNG 的而引入的要求所产生的一个结果。所要求的 WNG 只能在 kr 为低值时通过将低幅权重分配给高阶系数来取得，从这种情况中的解来看是显而易见的，也就是 d_n 与 $|b_n(kr)|^2$ 成比例关系。对于大的 n 和小的 kr，$b_n(kr)$ 的幅度小。在小 kr 处阵列的低有效阶产生了低方向性指数值。高阶且低幅处展现出不理想的信噪比，以致于将高增益权重分配给这些阶将增加噪声，减小 WNG。

（4）由于相同的原因，针对最大方向性指数设计的阵列，在小 kr 处获得了不理想的 WNG。

（5）在 $kr=N$ 处，两种设计都获得一个相似的方向性指数和 WNG。这是因为 $b_n(kr)(n=0,\cdots,N)$ 在 $kr=N$ 处有相似的幅度。所以，如果将其设计为在 $kr=N$ 处工作，针对窄带信号设计的阵列因此能够具有最好的方向性指数和最好的 WNG。

（6）针对最大方向性指数设计的阵列，在频率 $b_n(kr)=0$（也就是球贝塞尔函数的零点）附近有不理想的 WNG。正如上面所讨论的，当试图取得一个高方向性指数时，$b_n(kr)$ 的低值强加出差的 WNG。所以，开放球形阵列就稳健性而言的缺点在这个例子中也明确地表明。

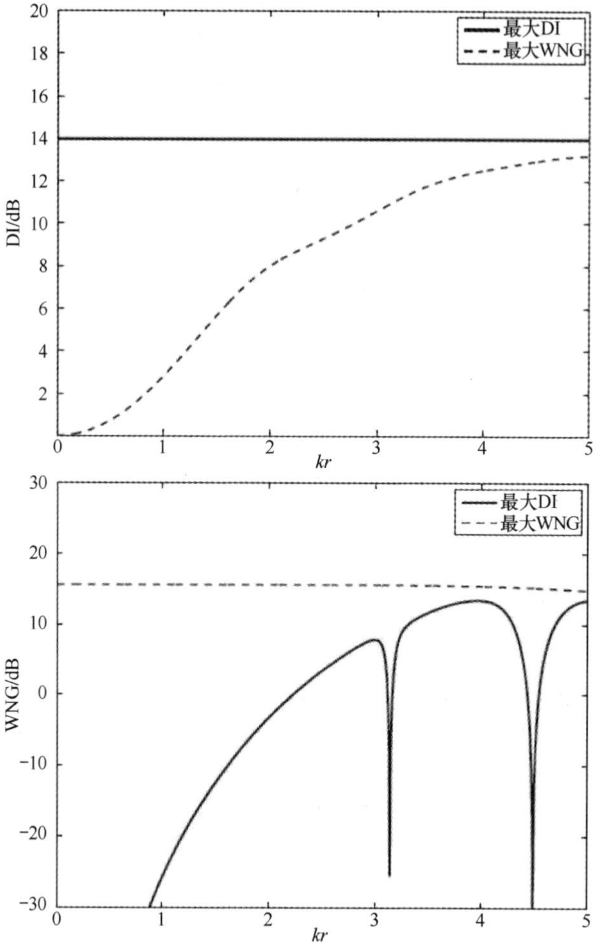

图 6.3　两个阵列的方向性指数（顶部）和 WNG（底部）。阶数 $N=4$，具有 $Q=36$ 个安置在开发球体表面，近似均匀分布的麦克风。一个设计来实现最大方向性指数，另一个设计来取得最大 WNG

上面给出的范例清楚地展现了方向性指数与 WNG 之间所固有的折中。这种折中需要一种兼顾方向性指数和 WNG 的设计。这样的设计方法将在接下来的几节中给出。

6.4　混合目标

在 6.1 节和 6.2 节中给出了针对最大方向性和按最大 WNG 的球形麦克风阵列设计。接下来的一节中给出的设计范例，展示出了方向性和 WNG 之间固有的折中，也就是高方向性指数可能是以消耗稳健性为代价的。所以，实际中球形阵列的设计牵涉了一种两者性能度量上的平衡。

当有必要降低漫射或者各向同性球状噪声场的影响时，具有最大方向性的球形阵列特别有用。另外，当有必要减弱传感器噪声影响时，具有最大 WNG 的球形阵列特别令人满意。因此，方向性和 WNG 之间的平衡，表现了降低声学噪声和减弱传感器噪声之间的平衡。现在，通过最小化阵列输出的全部噪声（包括声学噪声和传感器噪声），可以取得一种方向性和 WNG 之间自然的平衡[38]。在本节将介绍一个设计框架，用于设计在阵列输出处使全部噪声最小化的球形阵列。首先，用公式表示了一个阵列输出处的全部噪声，随后在服从一项无失真响应约束条件下，通过最小化阵列输出处的全部噪声，一个阵列波束形成系数的闭式表达式被推导出来。

假设空间不相关传感器噪声的方差 σ_s^2，沿用 5.4 节中的推导，阵列输出处传感器噪声的方差 σ_{so}^2，像式（5.33）那样，可以表示为

$$\begin{cases}\sigma_{so}^2 = \sigma_s^2 \boldsymbol{w}_{nm}^{\mathrm{H}} \boldsymbol{A} \boldsymbol{w}_{nm} \\ \boldsymbol{A} = \boldsymbol{S}\boldsymbol{S}^{\mathrm{H}}\end{cases} \tag{6.32}$$

其中矩阵 $\boldsymbol{S}$ 取决于采样方案（参见式（3.41）到式（3.43））。对于均匀和近似均匀采样的特例，σ_{so}^2 缩减为

$$\sigma_{so}^2 = \sigma_s^2 \frac{4\pi}{Q} \boldsymbol{w}_{nm}^{\mathrm{H}} \boldsymbol{w}_{nm} \tag{6.33}$$

（参见式（6.24））。

进一步地，假设漫射或者各向同性球状噪声，沿用 5.4 节中的推导，用 σ_a^2 表示声学噪声空间密度的方差（或者作为备选，σ_a 表示构成噪声场的平面波幅度密度），阵列输出端声学噪声的方差 σ_{ao}^2 可以表示为

$$\begin{aligned}\sigma_{ao}^2 &= \int_0^{2\pi}\int_0^{\pi} \left|Y(\theta,\phi)\right|^2 \sin\theta \mathrm{d}\theta \mathrm{d}\phi \\ &= \int_0^{2\pi}\int_0^{\pi} \sum_{n=0}^{N}\sum_{m=-n}^{n} \left| w_{nm}^*(k)\sigma_a b_n(kr)\left[Y_n^m(\theta_k,\phi_k)\right]^* \right|^2 \sin\theta \mathrm{d}\theta \mathrm{d}\phi \\ &= \sigma_a^2 \sum_{n=0}^{N}\sum_{m=-n}^{n} \left| w_{nm}^*(k) b_n(kr)\right|^2 \\ &= \sigma_a^2 \boldsymbol{w}_{nm}^{\mathrm{H}} \boldsymbol{B} \boldsymbol{w}_{nm}\end{aligned} \tag{6.34}$$

其中

$$\boldsymbol{B} = \mathrm{diag}\left(|b_0|^2 \ \ |b_1|^2 \ \ |b_1|^2 \ \ |b_1|^2 \cdots \ |b_N|^2\right) \tag{6.35}$$

与式（5.29）中找到的表达式相似，推导中运用了如式（1.23）表征的球谐函数的正交特性来求取上式中的积分。阵列输出端的全部噪声现在可以写为一组声学噪声和传感器噪声的组合：

$$
\begin{aligned}
\sigma_o^2 &= \sigma_{ao}^2 + \sigma_{so}^2 = \sigma_a^2 \boldsymbol{w}_{nm}^{\mathrm{H}} \boldsymbol{B} \boldsymbol{w}_{nm} + \sigma_s^2 \boldsymbol{w}_{nm}^{\mathrm{H}} \boldsymbol{A} \boldsymbol{w}_{nm} \\
&= \boldsymbol{w}_{nm}^{\mathrm{H}} \boldsymbol{R} \boldsymbol{w}_{nm}
\end{aligned}
\tag{6.36}
$$

其中

$$
\boldsymbol{R} = \sigma_a^2 \boldsymbol{B} + \sigma_s^2 \boldsymbol{A} \tag{6.37}
$$

增加一项如式（6.1）中那样的无失真响应约束，一个最优化问题可以写为

$$
\begin{aligned}
&\underset{\boldsymbol{w}_{nm}}{\text{minimize}}\ \boldsymbol{w}_{nm}^{\mathrm{H}} \boldsymbol{R} \boldsymbol{w}_{nm} \\
&\text{subject to } \boldsymbol{w}_{nm}^{\mathrm{H}} \boldsymbol{v}_{nm} = 1
\end{aligned}
\tag{6.38}
$$

解（参见式（6.8））变为

$$
\boldsymbol{w}_{nm}^{\mathrm{H}} = -\frac{\boldsymbol{v}_{nm}^{\mathrm{H}} \boldsymbol{R}^{-1}}{\boldsymbol{v}_{nm}^{\mathrm{H}} \boldsymbol{R}^{-1} \boldsymbol{v}_{nm}} \tag{6.39}
$$

假设为近似均匀采样，通过代入式（5.22），一个轴对称波束形成器的相似公式可以推导得出，式（5.36）依然适用。这种情况中阵列输出端传感器噪声的方差可以推导得出

$$
\begin{aligned}
\sigma_{so}^2 &= \sigma_s^2 \frac{4\pi}{Q} \sum_{n=0}^{N} \sum_{m=-n}^{n} \left| w_{nm}(k) \right|^2 \\
&= \sigma_s^2 \frac{4\pi}{Q} \sum_{n=0}^{N} \frac{\left| d_n(kr) \right|^2}{\left| b_n(kr) \right|^2} \sum_{m=-n}^{n} \left| Y_n^m(\theta_l, \phi_l) \right|^2 \\
&= \sigma_s^2 \frac{1}{Q} \sum_{n=0}^{N} \frac{\left| d_n(kr) \right|^2}{\left| b_n(kr) \right|^2} (2n+1) \\
&= \sigma_s^2 \boldsymbol{d}_{\boldsymbol{n}}^{\mathrm{H}} \boldsymbol{A} \boldsymbol{d}_{\boldsymbol{n}}
\end{aligned}
\tag{6.40}
$$

其中

$$
\boldsymbol{A} = \frac{1}{Q} \operatorname{diag}\left(1/\left| b_0 \right|^2 \quad 3/\left| b_1 \right|^2 \quad \cdots \quad (2N+1)\left| b_N \right|^2 \right) \tag{6.41}
$$

上面的推导中利用了式（1.26）给出的球谐函数加法定理，来化简球谐函数的求和。

近似均匀采样情况下，一个轴对称波束形成器的声学噪声方差，可以通过代入式（5.22），从式（6.34）中直接推导出来：

$$
\begin{aligned}
\sigma_{ao}^2 &= \int_0^{2\pi}\int_0^{\pi}\left|Y(\theta,\phi)\right|^2 \sin\theta \mathrm{d}\theta \mathrm{d}\phi = \sigma_a^2 \sum_{n=0}^{N}\sum_{m=-n}^{n}\left|w_{nm}^*(k) b_n(kr)\right|^2 \\
&= \sigma_a^2 \sum_{n=0}^{N}\left|d_n(kr)\right|^2 \sum_{m=-n}^{n}\left|Y_n^m(\theta_l,\phi_l)\right|^2 \\
&= \sigma_a^2 \sum_{n=0}^{N}\left|d_n(kr)\right|^2 \frac{(2n+1)}{4\pi} \\
&= \sigma_a^2 \boldsymbol{d}_n^{\mathrm{H}} \boldsymbol{B} \boldsymbol{d}_n
\end{aligned} \tag{6.42}
$$

其中

$$
\boldsymbol{B} = \frac{1}{4\pi}\mathrm{diag}\begin{pmatrix}1 & 3 & \cdots & 2N+1\end{pmatrix} \tag{6.43}
$$

在此情景中，矩阵 $\boldsymbol{R}$ 和式（6.37）中的形式相同，也就是 $\boldsymbol{R}=\sigma_a^2\boldsymbol{B}+\sigma_s^2\boldsymbol{A}$。一个类似于式（6.38）的最优化问题现在可以写为

$$
\begin{aligned}
&\underset{\boldsymbol{d}_n}{\text{minimize}}\ \boldsymbol{d}_n^{\mathrm{H}}\boldsymbol{R}\boldsymbol{d}_n \\
&\text{subject to}\ \boldsymbol{d}_n^{\mathrm{T}}\,\boldsymbol{v}_n = 1
\end{aligned} \tag{6.44}
$$

（式中 T 处标注① ）

在这种情况中，导向向量 $\boldsymbol{v}_n$ 的元素是 $v_n=\dfrac{2n+1}{4\pi}$ $(n=0,\cdots,N)$（参见式(5.23))。假设这种情况中入射平面波和视角方向之间的夹角为零。解变为

$$
\boldsymbol{d}_n^{\mathrm{T}} = \frac{\boldsymbol{v}_n^{\mathrm{H}}\boldsymbol{R}^{-1}}{\boldsymbol{v}_n^{\mathrm{H}}\boldsymbol{R}^{-1}\boldsymbol{v}_n} \tag{6.45}
$$

（式中 T 处标注① ）

表 6.2 列出了使用混合目标方法设计球形麦克风阵列的范例。在所有范例中，像用式(6.44)所表示的那样，一个最优化问题可以用公式加以表示，通过式(6.45)求解。然后，方向性因子的值和 WNG 分别用式（5.31）和式（5.39）计算。

表 6.2　几种设计的方向性因子和 WNG，参数在表中左手边列出

球体	N	Q	kr	σ_a^2	σ_s^2	DF	WNG
开放	2	12	2	1.0	0.0	9.00	6.58
开放	2	12	2	0.0	1.0	5.97	11.67
刚性	3	32	3	1.0	0.0	16.00	44.52
刚性	3	32	3	0.0	1.0	15.31	46.72
刚性	3	32	3	1.0	1.0	16.00	44.64
刚性	4	36	2	1.0	0.0	25.00	1.60
刚性	4	36	2	0.0	1.0	9.35	51.50
刚性	4	36	2	0.4	1.0	17.78	15.48

① 已根据原书作者提供的勘误表进行了修正。

基于一个开放配置中的二阶球形阵列，表的前两行给出了两种简化的设计，$kr=2$，由 12 个麦克风组成，采用均匀采样方案。第一种设计，$\sigma_a^2=1,\ \sigma_s^2=0$，降低为一个最大方向性波束形成器。的确能使$\mathrm{DF}=9$，达到了这种情况下$(N+1)^2$的理论上界。第二种设计，$\sigma_a^2=0,\ \sigma_s^2=1$，变弱为一个最大 WNG 波束形成器，取得 11.67 的 WNG，稍低于自由空间阵列（或开放配置）Q值上界，这种情况下为 12。这个范例说明最大方向性和最大 WNG 设计，是混合目标设计的特例。

第二组范例基于一个刚性球体配置下的阶数$N=3$的球形阵列，$kr=3$，由 32 个麦克风组成，采用近似均匀采样方案。这一组设计的前两行与前一组设计的前两行相似，分别代表最大方向性和最大 WNG 波束形成器。第一种设计如期望那样取得的$\mathrm{DF}=(N+1)^2=16$。第二种设计取得的 WNG 高于Q（在此情景中为 32）。这是因为刚球的散射效应会使 WNG 值增大，参见 5.4 节。在第三种设计中，σ_a^2和σ_s^2分派了相等的权值。有意思的是，注意到以上三种设计的方向性因子和 WNG 的值非常接近，并不明显受σ_a^2和σ_s^2选择的影响。这是因为$b_n(kr)$的值对于$n=0,\cdots,3$，在$kr=3$非常接近（图 2.9），所以这种情况中最大方向性和最大 WNG 这两个极端的设计也是非常接近的。同样可以参见 6.3 节。这种情况中，混合目标设计并非很令人满意，因为无论σ_a^2和σ_s^2的选择如何，它产生的是一种相近的设计。

最后一组范例基于一个刚性球体配置下的阶数$N=4$的球形阵列，$kr=2$，由 36 个麦克风组成，采用近似均匀采样方案。第一种设计取得了一个最大的方向性指数$\mathrm{DF}=25$，而第二种设计取得了一个最大的 WNG 为 51.5，和期望一致，大于Q（在此情景中为 36），这是由于刚性球体的散射所致。第三种设计有$\sigma_a^2=0.4$和$\sigma_s^2=1$①，是一个适中的设计，对方向性和稳健性进行了折中。这表明了混合目标方法的能力在于提供了一系列有用的最优波束形成器，所有的波束形成系数都有一个闭式的表达式。此外，当传感器噪声方差和声学噪声方差已知时，这种有帮助的设计提供了一种方向性和稳健性之间最优的折中。

6.5 最大前后比

具有一个最优波束方向图的麦克风阵列的设计，在 6.1 节已经给出，其中单一视角方向上波束方向图的幅度与所有方向上平均的波束方向图幅度的比值

① 已根据原书作者提供的勘误表进行了修正。

是进行了最大化。在这个最大方向性设计中隐含的假设，是期望信号仅来自于单一的方向。而这种假设并不总是成立。考虑这样一个例子，麦克风面向舞台的现场音乐录制。在这种情景下，方向性因子应该在一个更宽的方向范围上最大化，以捕获整个舞台上的声源。除此之外，其他方向上（如观众方向）的波束方向图幅度期望则为低幅的。一个适用于这个例子的简单设计目标是：最大化波束方向图的前向和后向的比值。具有最大前后比的定向型麦克风已经在文献[13]中讨论过，文献中对于不同的麦克风导出了最优解。在本节中，将推导球麦克风阵列的最大前后比的解。

前后比的度量可以写为[13]

$$F=\frac{\int_0^{2\pi}\int_0^{\pi/2}\left|Y(\theta,\phi)\right|^2\sin\theta\mathrm{d}\theta\mathrm{d}\phi}{\int_0^{2\pi}\int_{\pi/2}^{\pi}\left|Y(\theta,\phi)\right|^2\sin\theta\mathrm{d}\theta\mathrm{d}\phi} \tag{6.46}$$

在这个公式中，“前向”代表了上半球，“后向”代表了下半球。因为问题关于 z 轴对称，可采用式（5.24）中的轴对称波束方向图，代入 $y=\sum_{n=0}^{N}d_n\frac{2n+1}{4\pi}P_n(\cos\theta)$。接下来求取式（6.46）中分子的积分，标记为 $F=\frac{F_{\mathrm{NUM}}}{F_{\mathrm{DEN}}}$。我们首先求解 F_{NUM}：

$$\begin{aligned}F_{\mathrm{NUM}}&=\int_0^{2\pi}\int_0^{\pi/2}\left|Y(\theta,\phi)\right|^2\sin\theta\mathrm{d}\theta\mathrm{d}\phi\\&=\frac{1}{8\pi}\sum_{n=0}^{N}\sum_{n'=0}^{N}d_n^*(2n+1)d_{n'}(2n'+1)\\&\quad\times\int_0^{\pi/2}P_n(\cos\theta)P_{n'}(\cos\theta)\sin\theta\mathrm{d}\theta\end{aligned} \tag{6.47}$$

最后一个积分可以通过明确地写出勒让德多项式 $P_n(z)=\sum_{q=0}^{n}p_q{}^n z^q$，令 $z=\cos\theta$ 来求取，这样有

$$\begin{aligned}\int_0^1 P_n(z)P_{n'}(z)\mathrm{d}z&=\sum_{q=0}^{n}\sum_{l=0}^{n'}p_q^n p_l^{n'}\int_0^1 z^{q+l}\mathrm{d}z\\&=\sum_{q=0}^{n}\sum_{l=0}^{n'}\frac{1}{q+l+1}p_q^n p_l^{n'}\text{①}\end{aligned} \tag{6.48}$$

---

① 原文误为“$\frac{1}{p+q+1}p_k^n p_l^{n'}$”，已修正。

现在，F_{NUM} 可以以一种矩阵形式写为

$$F_{\mathrm{NUM}} = \boldsymbol{d}_n^{\mathrm{H}} \boldsymbol{A} \boldsymbol{d}_n \tag{6.49}$$

其中 $\boldsymbol{d}_n = [d_0 \ d_1 \ \cdots \ d_N]^{\mathrm{T}}$，对于 $n = 0,\cdots,N$ 和 $n' = 0,\cdots,N$，矩阵 $\boldsymbol{A}$ 中的元素由下式给出：

$$A_{nn'} = \frac{1}{8\pi}(2n+1)(2n'+1)\sum_{q=0}^{n}\sum_{l=0}^{n'}\frac{1}{q+l+1}p_q^n p_l^{n'} \tag{6.50}$$

F 的分母表达式标记为 F_{DEN}，它可以采用不同的积分限，以相似的方式导出：

$$\begin{aligned} F_{\mathrm{DEN}} &= \int_0^{2\pi}\int_{\pi/2}^{\pi}\left|Y(\theta,\phi)\right|^2 \sin\theta \mathrm{d}\theta \mathrm{d}\phi \\ &= \frac{1}{8\pi}\sum_{n=0}^{N}\sum_{n'=0}^{N} d_n^*(2n+1)d_{n'}(2n'+1) \\ &\quad \times \int_{\pi/2}^{\pi} P_n(\cos\theta)P_{n'}(\cos\theta)\sin\theta \mathrm{d}\theta \\ &= \frac{1}{8\pi}\sum_{n=0}^{N}\sum_{n'=0}^{N} d_n^*(2n+1)d_{n'}(2n'+1)\sum_{q=0}^{n}\sum_{l=0}^{n'}\frac{(-1)^{q+l}}{q+l+1}p_q^n p_l^{n'} \end{aligned} \tag{6.51}$$

F 现在可以以一种瑞利熵的矩阵形式写为

$$F = \frac{\boldsymbol{d}_n^{\mathrm{H}} \boldsymbol{A} \boldsymbol{d}_n}{\boldsymbol{d}_n^{\mathrm{H}} \boldsymbol{B} \boldsymbol{d}_n} \tag{6.52}$$

其中对于 $n = 0,\cdots,N$ 和 $n' = 0,\cdots,N$，矩阵 $\boldsymbol{B}$ 中的元素由下式给出：

$$B_{nn'} = \frac{1}{8\pi}(2n+1)(2n'+1)\sum_{q=0}^{n}\sum_{l=0}^{n'}\frac{(-1)^{q+l}}{q+l+1}p_q^n p_l^{n'} \tag{6.53}$$

矩阵 $\boldsymbol{A}$ 和 $\boldsymbol{B}$ 都是实的，对称而且正定，所以特征值是正实数，特征向量是实向量（参见文献[13]）。将瑞利熵写为一个广义特征值问题：

$$\boldsymbol{A}\boldsymbol{d}_n = \lambda \boldsymbol{B}\boldsymbol{d}_n \tag{6.54}$$

最大特征值正是最大前后比，相应的特征向量正是解 $\boldsymbol{d}_n$。

最大前后比波束方向图也以“超心形方向图”著称[13]。图 6.4 展示了阶数 $N = 1,\cdots,4$ 的球形阵列超心形波束方向图例子。注意到，正如图中的细节所展示的那样，这些阵列可以取得非常高的前后比。

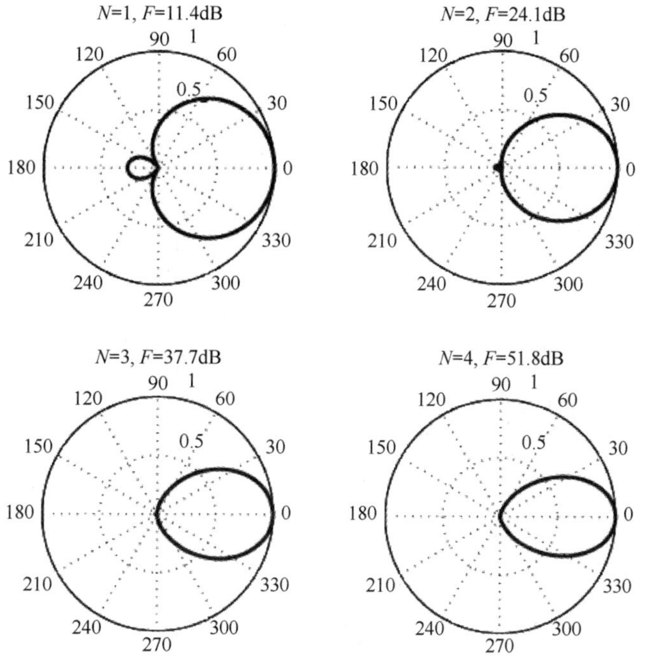

图 6.4　阶数 $N = 1,\cdots,4$ 的超心形波束方向图，相应的 F 的值以分贝表示

6.6　道尔夫−切比雪夫波束方向图

波束方向图设计通常包含一些关于期望信号和无用噪声的假设。例如，在最大方向性波束形成器设计中，期望信号是来自阵列视角方向的平面波，而噪声由来自所有方向的波组成，如漫射声场。然而，噪声可能是由来自未知方向的少数平面波组成的。在这种情况下，限制波束方向图旁瓣电平可以保证噪声衰减的一个所需电平。这样的波束方向图设计框架正是本节将给出的，称为道尔夫−切比雪夫设计方法。

特别地，对于一个给定的旁瓣电平限度，可以设计出具有最小主瓣宽度的波束方向图，或者给定一个主瓣宽度限度，可以设计出具有最小旁瓣电平的波束方向图。一个简要的关于道尔夫−切比雪夫波束方向图的回顾首先在文献[53]中进行了介绍，接着在文献[26]中对球形阵列给出了一个闭式道尔夫−切比雪夫设计方法的推导。

道尔夫−切比雪夫波束方向图基于切比雪夫多项式，以 $[-1,1]$ 范围内的等幅振荡和在此范围之外的快速发散为特征。图 6.5 展示了一个切比雪夫多项式 $T_8(x)$，表明 $x \in [0,1]$ 范围内 $|T_8(x)| \leqslant 1$；此后快速增大。通过一种道尔夫−切比

雪夫波束方向图设计，多项式的振荡部分被转换为波束方向图的等纹波旁瓣响应，而发散部分以单调响应贡献于主瓣。如图 6.5 所示，选择一个点 (x_0, R) 来设置主瓣宽度和旁瓣的相对衰减。点 x_0 被转化为视角方向或者主瓣的最高点，以便于得到相对的旁瓣衰减 $1/R$ 。最后多项式通过 $x = x_0\cos(\theta/2)$ 进行参数比例缩放。因此基于切比雪夫多项式，以描述道尔夫-切比雪夫波束方向图的基本方程由下式给出：

$$y(\theta) = \frac{1}{R} T_M\left[x_0 \cos(\theta/2)\right] \tag{6.55}$$

其中，$T_M(\cdot)$ 是阶数为 M 的切比雪夫多项式，$\theta \in [-\pi, \pi]$ 是信号的到达方向，x_0 控制主瓣宽度。由于除以了 R，观测方向 $\theta = 0$ 上的峰值响应为 1。图 6.6 展示了 $M = 8$ 和 $(x_0, R) = (1.06, 8.2)$ 时，由图 6.5 所示多项式推导出的 $y(\theta)$。

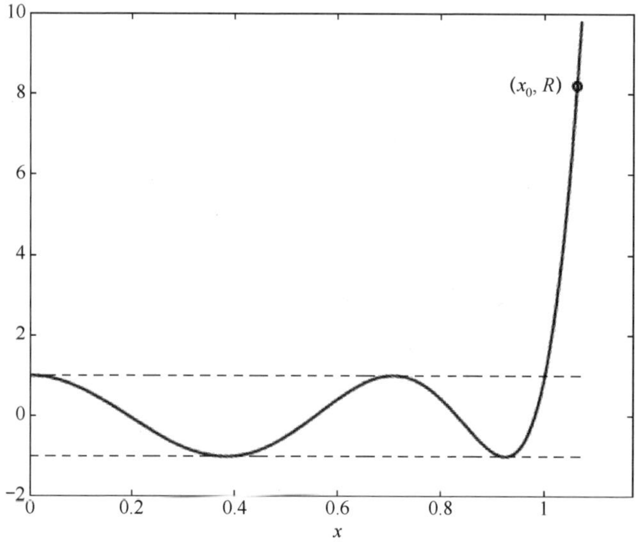

图 6.5　切比雪夫多项式 $T_8(x)$，展示出在 $x \in [0,1]$ 上的等幅波纹，$x > 1$ 上幅度发散。$(x_0, R) = (1.06, 8.2)$ 也在图中进行了标记

在正式的设计过程中，通过设定 $1/R$ 的值，首先选定所期望的旁瓣电平，之后再通过下式计算 x_0 [53]：

$$x_0 = \cosh\left[\frac{\cosh^{-1}(R)}{M}\right] \tag{6.56}$$

主瓣零点 θ_0 由下式给出：

$$\theta_0 = 2\arccos\left[\frac{\cos\left(\frac{\pi}{2M}\right)}{x_0}\right] \tag{6.57}$$

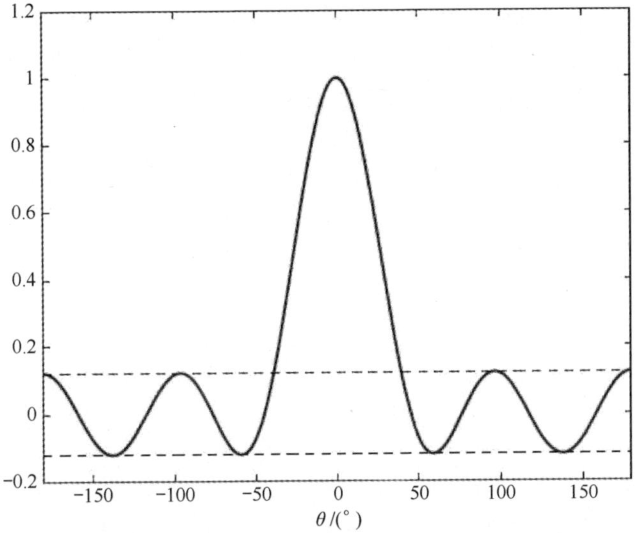

图 6.6　函数 $\frac{1}{R}T_8\left[x_0\cos(\theta/2)\right]$，$x_0 = 1.06$，$R = 8.2$ 和 $\theta_0 = 45^\circ$，展示出主瓣和等波纹旁瓣

作为备选，所期望的主瓣的零点设置为 θ_0，通过它可以导出 x_0 和 R：

$$R = \cosh\left(M\ \mathrm{arccosh}\left(x_0\right)\right) \tag{6.58}$$

有

$$x_0 = \frac{\cos\left(\frac{\pi}{2M}\right)}{\cos\left(\theta_0/2\right)} \tag{6.59}$$

由于组成轴对称球形阵列波束方向图的勒让德多项式和切比雪夫多项式之间的相似性[26]，球形阵列能够有效地进行设计以实现道尔夫–切比雪夫波束方向图。根据文献[26]的发展，令式（5.23）中球形阵列轴对称波束方向图和式(6.55)相等，通过进一步的代换：$z = \cos\theta$，$\cos(\theta/2) = \sqrt{\frac{1+\cos\theta}{2}}$ 和 $M = 2N$，可得

$$\sum_{n=0}^{N} d_n \frac{2n+1}{4\pi} P_n(z) = \frac{1}{R} T_{2N}\left(x_0\sqrt{\frac{1+z}{2}}\right) \tag{6.60}$$

偶数阶 $2N$ 的切比雪夫多项式 T_{2N} 仅由偶次幂项组成[4]，所以多项式 $T_{2N}\left(x_0\sqrt{\frac{1+z}{2}}\right)$ 是 z 的 N 阶多项式。式（6.60）左手边的多项式也是 z 的 N 阶多项式（参见 1.3 节），所以这两个多项式的系数能够置为相等的，这就得到了对于道尔夫–切比雪夫波束方向图 d_n 的一个推导。首先，式（6.60）两边均乘以 $2\pi P_m(z)$ $(m=0,\cdots,N)$，然后在 $z\in[-1,1]$ 范围上积分。由于勒让德多项式的正交性（参见式（1.36）），式（6.60）右手边缩减为 d_m，可得

$$d_m=\frac{2\pi}{R}\int_{-1}^{1}P_m(z)T_{2N}\left(x_0\sqrt{\frac{1+z}{2}}\right)\mathrm{d}z,\quad m=0,\cdots,N \tag{6.61}$$

为了求解积分，两种多项式均以一种展开形式明确写为

$$\begin{cases}P_m(z)=\sum\limits_{s=0}^{m}p_s^m z^s\\ T_{2N}(z)=\sum\limits_{l=0}^{N}t_{2l}^{2N}z^{2l}\end{cases} \tag{6.62}$$

其中，p_s^m 和 t_{2l}^{2N} 分别表示勒让德和切比雪夫多项式的系数。虽然 $T_{2N}(z)$ 阶数为 $2N$，但是仅有 $N+1$ 个系数，因为奇次幂项的系数为零。将式(6.62)代入式(6.61)，并且重排各项，生成

$$d_m=\frac{2\pi}{R}\sum_{s=0}^{m}\sum_{l=0}^{N}2^{-l}t_{2l}^{2N}p_s^m x_0^{2l}\int_{-1}^{1}z^s(1+z)^l\mathrm{d}z \tag{6.63}$$

通过代入二项式展开 $(1+z)^l=\sum\limits_{q=0}^{l}\frac{l!}{q!(l-q)!}z^q$ [4]进一步化简式（6.63），然后计算积分，z 的奇次幂整合为零，得到

$$d_m=\frac{2\pi}{R}\sum_{s=0}^{m}\sum_{l=0}^{N}\sum_{q=0}^{l}\frac{1-(-1)^{q+s+1}}{q+s+1}\frac{l!}{q!(l-q)!}2^{-l}t_{2l}^{2N}p_s^q x_0^{2l} \tag{6.64}$$

式（6.64）可以以一种矩阵形式写为

$$\boldsymbol{d}=\frac{2\pi}{R}\boldsymbol{PACTx}_0 \tag{6.65}$$

其中

$$\boldsymbol{d}=\left[d_0\ d_1\cdots\ d_N\right]^{\mathrm{T}} \tag{6.66}$$

$$\boldsymbol{x}_0=\left[1\ x_0^2\ x_0^4\cdots\ x_0^{2N}\right]^{\mathrm{T}} \tag{6.67}$$

$$
\boldsymbol{P}=\begin{bmatrix} p_0^0 & 0 & \cdots & 0 \\ p_0^1 & p_1^1 & \cdots & 0 \\ \vdots & \vdots & \ddots & \vdots \\ p_0^N & p_1^N & \cdots & p_N^N \end{bmatrix} \tag{6.68}
$$

$$
\boldsymbol{A}=\begin{bmatrix} 2 & 0 & \cdots & \dfrac{1-(-1)^{N+1}}{N+1} \\ 0 & \dfrac{2}{3} & \cdots & \dfrac{1-(-1)^{N+2}}{N+2} \\ \vdots & \vdots & \ddots & \vdots \\ \dfrac{1-(-1)^{N+1}}{N+1} & \dfrac{1-(-1)^{N+2}}{N+2} & \cdots & \dfrac{1-(-1)^{2N+1}}{2N+1} \end{bmatrix} \tag{6.69}
$$

$$
\boldsymbol{C}=\begin{bmatrix} 1 & \dfrac{1}{2} & \cdots & \dfrac{1}{2^N} \\ 0 & \dfrac{1}{2} & \cdots & \dfrac{N}{2^N} \\ \vdots & \vdots & \ddots & \vdots \\ 0 & 0 & \cdots & \dfrac{1}{2^N} \end{bmatrix} \tag{6.70}
$$

和

$$
\boldsymbol{T}=\operatorname{diag}\left(t_0^{2N}\ t_2^{2N}\cdots\ t_{2N}^{2N}\right) \tag{6.71}
$$

所有的四个矩阵的尺寸都为 $(N+1)\times(N+1)$，有矩阵 $\boldsymbol{A}$ 的第 (s,q) 个元素为 $\dfrac{1-(-1)^{q+s+1}}{q+s+1}$。球形阵列道尔夫–切比雪夫波束方向图现在可以按照如下步骤进行设计：

（1）定义阵列的阶数。

（2）选定期望旁瓣电平或者期望主瓣宽度 $2\theta_0$。

（3）利用式（6.56）或者式（6.58）求取 x_0 和 R。

（4）利用式（6.65）计算阵列系数。

图 6.7 显示了阶数为 4 和 9 的球形阵列道尔夫–切比雪夫波束方向图的两个范例。两个设计中 $20\lg R = 25\text{dB}$ 并保持了 -25dB 的旁瓣电平。如图中明确展示的那样，高阶阵列会取得一个更窄的主瓣。第二组设计的范例在图 6.8 中显示，其中两个设计都有 $\theta_0=45^\circ$，实现了一个 90° 的零点到零点的主瓣宽度。如图中明确展示的那样，高阶阵列获得了一个更低的旁瓣电平。总而言之，两幅图展

示了设计中主瓣宽度和旁瓣电平的折中关系，进一步表明了无论是按照主瓣宽度还是依据旁瓣电平，高阶球形阵列会获得更好的性能。

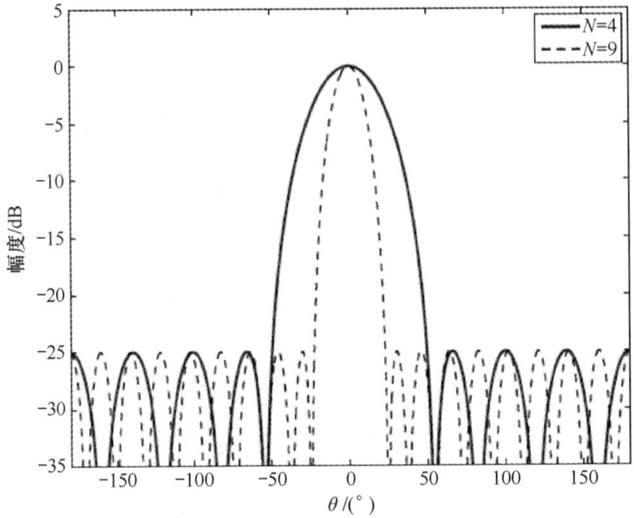

图 6.7　道尔夫−切比雪夫轴对称球阵列波束方向图，R 设置为实现降低 25dB 旁瓣电平取的值，阵列阶数为 $N=4,9$

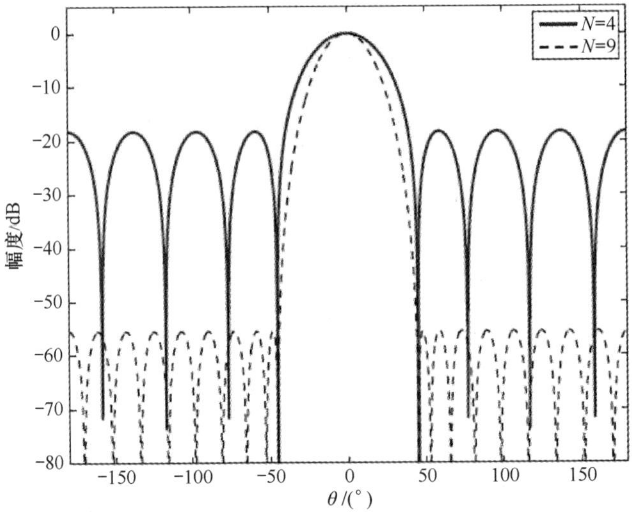

图 6.8　道尔夫−切比雪夫轴对称球阵列波束方向图，x_0 设置为实现在 $\theta_0=45^\circ$ 具有一个零点的主瓣的值，阵列阶数为 $N=4,9$

6.7 多目标设计

本章前面几节中，给出了球形麦克风阵列波束形成器的多种设计方法。每个设计方法都出于一个不同的目标，都表示了一个期望的阵列特性。除了其他设计目标，这些目标包括最大方向性、最大 WNG、最小旁瓣电平和最小主瓣宽度。设计方法包括单个目标，或者 6.4 节中给出的两个目标的设计方法，它们都给出了标准的公式化描述和闭式解。但是实际上，人们期望找到考虑了所有（或者很多）这些设计目标的设计方法，因为所有这些目标与重要的阵列特征有关。在最近的研究中文献[31，51，57]给出的结论是：虽然多目标公式化描述通常没有闭式解，但它们可以整合成一个可以数值化求解的最优化问题。

在本节将给出基于数值最优化的两个设计方法范例。包括其他混合目标的类似的公式化描述也是可能的。作为第一个范例，考虑球形阵列方向性最大化的设计，但是要通过施加 WNG 上的限制，保持具有一个最小期望电平的稳健性。除此之外，波束方向图须设计来保持其在视角方向上的无失真响应约束。利用最大方向性、最大 WNG 和无失真响应约束的结果，正如式(6.1)和式(6.20)给出的那样，接下来的最优化问题可以用下列公式表示为

$$
\begin{aligned}
&\underset{\boldsymbol{w}_{nm}}{\text{minimize}}\ \boldsymbol{w}_{nm}^{\mathrm{H}}\boldsymbol{B}\boldsymbol{w}_{nm}\\
&\text{subject to } \boldsymbol{w}_{nm}^{\mathrm{H}}\boldsymbol{v}_{nm}=1\\
&\qquad\qquad \boldsymbol{w}_{nm}\boldsymbol{A}\boldsymbol{w}_{nm}<\frac{1}{\mathrm{WNG}_{\min}}
\end{aligned}
\tag{6.72}
$$

其中

$$
\begin{aligned}
&\boldsymbol{A}=\boldsymbol{S}\boldsymbol{S}^{\mathrm{H}}\\
&\boldsymbol{B}=\frac{1}{4\pi}\mathrm{diag}\left(|b_0|^2\ \ |b_1|^2\ \ |b_1|^2\ \ |b_1|^2\ \cdots\ |b_N|^2\right)
\end{aligned}
\tag{6.73}
$$

$\mathrm{WNG}_{\min}$ 是 WNG 上的下限。矩阵 $\boldsymbol{S}$ 取决于采样方案(参见式(3.41)～式(3.43))。由于矩阵 $\boldsymbol{A}$ 和 $\boldsymbol{B}$ 的特殊架构，这些矩阵是正定的，也就是矩阵是共轭对称的，对所有非零向量 $\boldsymbol{x}$，标量 $\boldsymbol{x}^{\mathrm{H}}\boldsymbol{A}\boldsymbol{x}$ 和 $\boldsymbol{x}^{\mathrm{H}}\boldsymbol{B}\boldsymbol{x}$ 是正的。式（6.72）中的最优化问题是凸的，并且称为二次约束二次规划（QCQP），具有现成的数值求解方法[9]。

QCQP 是二阶锥规划（SOCP）的特例，使得这个最优化问题也可表示为一个 SOCP 问题：

$$
\begin{aligned}
&\underset{\boldsymbol{w}_{nm}}{\text{minimize}}\ \mu \\
&\text{subject to } \boldsymbol{w}_{nm}^{\mathrm{H}}\boldsymbol{v}_{nm}=1 \\
&\qquad\qquad \left\|\boldsymbol{w}_{nm}^{\mathrm{H}}\boldsymbol{B}\boldsymbol{w}_{nm}\right\|\leqslant\mu \\
&\qquad\qquad \left\|\boldsymbol{w}_{nm}^{\mathrm{H}}\boldsymbol{S}\right\|<\frac{1}{\sqrt{\mathrm{WNG}_{\min}}}
\end{aligned}
\tag{6.74}
$$

其中

$$
\boldsymbol{B}^{\frac{1}{2}}=\frac{1}{\sqrt{4\pi}}\operatorname{diag}\left(|b_0|\ |b_1|\ |b_1|\ |b_1|\ \cdots\ |b_N|\right)
\tag{6.75}
$$

$\|\cdot\|$表示2–范数（也可参见文献[9，15]）。

通过代入式（5.22），并假设均匀或者近似均匀采样，针对多目标设计，可以推导出一个与轴对称波束形成器类似的公式，使得式（5.36）仍然适用。在这种情况下，式（6.72）简化为

$$
\begin{aligned}
&\underset{\boldsymbol{w}_{nm}}{\text{minimize}}\ \boldsymbol{d}_n^{\mathrm{H}}\boldsymbol{B}\boldsymbol{d}_n \\
&\text{subject to } \boldsymbol{d}_n^{\mathrm{T}①}\boldsymbol{v}_{nm}=1 \\
&\qquad\qquad \boldsymbol{d}_n^{\mathrm{H}}\boldsymbol{A}\boldsymbol{d}_n\leqslant\frac{1}{\mathrm{WNG}_{\min}}
\end{aligned}
\tag{6.76}
$$

其中

$$
\begin{cases}
\boldsymbol{A}=\dfrac{4\pi}{Q}\operatorname{diag}(\boldsymbol{v}_n)\times\operatorname{diag}\left(|b_0|^{-2}\ |b_1|^{-2}\cdots\ |b_N|^{-2}\right) \\
\boldsymbol{B}=\dfrac{1}{4\pi}\operatorname{diag}(\boldsymbol{v}_n) \\
\boldsymbol{v}_n=\dfrac{1}{4\pi}\left[1\ 3\ 5\ \cdots\ 2N+1\right]^{\mathrm{T}}
\end{cases}
\tag{6.77}
$$

在下一个例子中，引入了一个阵列波束方向图最大旁瓣电平的约束。式（5.12）给出的一个阵列波束方向图在这里给出，用(θ_k,ϕ_k)表示平面波的到达方向：

$$
y(\theta_k,\phi_k)=\boldsymbol{w}_{nm}^{\mathrm{H}}\boldsymbol{v}_{nm}(\theta_k,\phi_k)
\tag{6.78}
$$

有

$$
\begin{aligned}
&\boldsymbol{v}_{nm}(\theta_k,\phi_k)=[v_{00}(\theta_k,\phi_k)\ \ v_{1(-1)}(\theta_k,\phi_k)\ \ v_{10}(\theta_k,\phi_k)\ \ v_{11}(\theta_k,\phi_k)\ \ \cdots\ \ v_{NN}(\theta_k,\phi_k)]^{\mathrm{T}} \\
&v_{nm}(\theta_k,\phi_k)=b_n(kr)\left[Y_n^m(\theta_k,\phi_k)\right]^*
\end{aligned}
\tag{6.79}
$$

① 已根据原书作者提供的勘误表进行了修正。

和式（5.13）和式（5.16）中的表达式相似。现在，如文献[51]中那样，整个方向性的区域被分为了表示主瓣方向的第一区域，表示旁瓣方向的第二区域。旁瓣方向性区域定义为 Ω_{SL}，使得这个区域的到达方向满足

$$(\theta_k,\phi_k)\in\Omega_{\mathrm{SL}} \tag{6.80}$$

现在，作为一个最大旁瓣电平的约束，可以用公式表达这样一个要求：旁瓣幅度不大于某个限度，该限度定义为 l_{SL}：

$$\begin{aligned}&\left|y(\theta_k,\phi_k)\right|\leqslant l_{\mathrm{SL}}\\&\left(\theta_k,\phi_k\right)\in\Omega_{\mathrm{SL}}\end{aligned} \tag{6.81}$$

正如文献[51]所建议的那样，对区间 Ω_{SL} 进行采样，促使以上约束条件并入波束形成最优化问题中。假设 Ω_{SL} 在 I 个离散方向上被采样，最大旁瓣电平约束可以一种离散形式写为

$$\begin{cases}\left|y(\theta_i,\phi_i)\right|\leqslant l_{\mathrm{SL}}, & i=1,\cdots,I\\\left(\theta_i,\phi_i\right)\in\Omega_{\mathrm{SL}}, & i=1,\cdots,I\end{cases} \tag{6.82}$$

注意到离散公式化描述不等同于连续的公式化描述这一点是重要的，因为除了选定的方向外，其他方向上的约束不能保证。然而，假设球谐函数域中的波束方向图是阶数有限的，也不能促使沿 (θ,ϕ) 快速变化，致使对 Ω_{SL} 密集采样往往会降低维持约束条件的误差（由于采样）[51]。

将式（6.78）代入式（6.82）中，形成一个可以整合到 QCQP 最优化的旁瓣电平约束的离散公式。一种可能是仅仅加上一个旁瓣电平约束，这样式（6.72）可以写为

$$\begin{aligned}&\underset{\boldsymbol{w}_{nm}}{\text{minimize}}\ \boldsymbol{w}_{nm}^{\mathrm{H}}\boldsymbol{B}\boldsymbol{w}_{nm}\\&\text{subject to}\ \boldsymbol{w}_{nm}^{\mathrm{H}}\boldsymbol{v}_{nm}=1\\&\qquad\qquad \boldsymbol{w}_{nm}^{\mathrm{H}}\boldsymbol{A}\boldsymbol{w}_{nm}\leqslant\frac{1}{\mathrm{WNG}_{\min}}\\&\qquad\qquad \boldsymbol{w}_{nm}^{\mathrm{H}}\boldsymbol{B}_i\boldsymbol{w}_{nm}<l_{\mathrm{SL}}^2,\quad i=1,\cdots,I\end{aligned} \tag{6.83}$$

其中

$$\begin{cases}\boldsymbol{A}=\boldsymbol{S}\boldsymbol{S}^{\mathrm{H}}\\\boldsymbol{B}=\dfrac{1}{4\pi}\mathrm{diag}\left(\left|b_0\right|^2\ \left|b_1\right|^2\ \left|b_1\right|^2\ \left|b_1\right|^2\cdots\ \left|b_N\right|^2\right)\\\boldsymbol{B}_i=\boldsymbol{v}_{nm}\left(\theta_i,\phi_i\right)\boldsymbol{v}_{nm}^{\mathrm{H}}\left(\theta_i,\phi_i\right),\quad i=1,\cdots,I\end{cases} \tag{6.84}$$

用一种类似的方式，该公式可以改写为一个 SOCP 最优化问题：

$$
\begin{aligned}
&\underset{w_{nm}}{\text{minimize}}\ \mu \\
&\text{subject to } \boldsymbol{w}_{nm}^{\mathrm{H}}\boldsymbol{v}_{nm}=1 \\
&\qquad \left\|\boldsymbol{w}_{nm}^{\mathrm{H}}\boldsymbol{B}^{\frac{1}{2}}\right\| \leqslant \mu \\
&\qquad \left\|\boldsymbol{w}_{nm}^{\mathrm{H}}\boldsymbol{S}\right\| \leqslant \frac{1}{\sqrt{\mathrm{WNG}_{\min}}} \\
&\qquad \left|\boldsymbol{w}_{nm}^{\mathrm{H}}\boldsymbol{v}_{nm}(\theta_i,\phi_i)\right| < l_{\mathrm{SL}},\quad i=1,\cdots,I
\end{aligned}
\tag{6.85}
$$

对于一个均匀采样或者近似均匀采样轴对称波束形成器，这种情况下可以有一个更为简洁的公式：

$$
\begin{aligned}
&\underset{w_{nm}}{\text{minimize}}\ \boldsymbol{d}_n^{\mathrm{H}}\boldsymbol{B}\boldsymbol{d}_n \\
&\text{subject to } \boldsymbol{d}_n^{\mathrm{T}}\boldsymbol{v}_n=1 \\
&\qquad \boldsymbol{d}_n^{\mathrm{H}}\boldsymbol{A}\boldsymbol{d}_n \leqslant \frac{1}{\mathrm{WNG}_{\min}} \\
&\qquad \boldsymbol{d}_n^{\mathrm{H}}\boldsymbol{B}_i\boldsymbol{d}_n < l_{\mathrm{SL}}^2\text{①},\quad i=1,\cdots,I
\end{aligned}
\tag{6.86}
$$

其中

$$
\begin{cases}
\boldsymbol{A}=\dfrac{4\pi}{Q}\mathrm{diag}(\boldsymbol{v}_n)\times\mathrm{diag}\left(|b_0|^{-2}\ \ |b_1|^{-2}\cdots\ |b_N|^{-2}\right) \\
\boldsymbol{v}_n=\dfrac{1}{4\pi}[1,3,5,\cdots,2N+1]^{\mathrm{T}} \\
\boldsymbol{B}=\dfrac{1}{4\pi}\mathrm{diag}(\boldsymbol{v}_n) \\
\boldsymbol{B}_i=\boldsymbol{v}_n(\Theta_i)\boldsymbol{v}_n^{\mathrm{H}}(\Theta_i) \\
\boldsymbol{v}_n(\Theta_i)=\dfrac{1}{4\pi}\left[P_0(\cos\Theta_i)\ \ 3P_1(\cos\Theta_i)\ \ \cdots\ \ (2N+1)P_N(\cos\Theta_i)\right]^{\mathrm{T}}
\end{cases}
\tag{6.87}
$$

用 Θ_i 表示阵列视角方向和 (θ_i,ϕ_i) 之间的夹角。

接下来将给出几个使用多目标方法的设计范例，考虑由近似均匀分布在一个刚性球体表面的 36 个麦克风组成的球形麦克风阵列。阵列阶数为 $N=4$，工作在 $kr=2$。对该阵列设计轴对称波束形成器。表 6.2 给出取得 $\mathrm{DF}=25$，$\mathrm{WNG}=1.6$ 的最大方向性波束形成器，而最大 WNG 波束形成器实现了 $\mathrm{WNG}=51.5$，$\mathrm{DF}=9.35$。

式（6.76）和式（6.86）中的最优化问题，被用在这两个波束形成器的设

① 已根据原书作者提供的勘误表进行了修正。

计中。在这两种设计中，期望一个 WNG 的约束 $\text{WNG}_{\min}=10$，同时也引入了一个无失真响应约束。在第一种设计中，使用式（6.76），方向性因子被最大化而保持这两个约束。在第二种设计中，使用式（6.86），在旁瓣 $\theta\in[60^\circ,180^\circ]$ 范围内，引入了一个额外的−30dB 的旁瓣电平约束，或者 $l_{\text{SL}}^2=0.001$。旁瓣范围通过 $I=50$ 个均匀分布样本点进行采样，每一个定义了一个单独的约束。

图 6.9 展示了第一种设计波束方向图的幅度。均保持了 WNG 和无失真响应约束。因为 WNG 的约束，取得的方向性因子（$\text{DF}=19.5$）小于可实现的最大值 $\text{DF}=25$。这种设计取得了一个−18.4dB 的最大旁瓣电平。

第二种设计的目标是在保持相同的 WNG 约束并最大化方向性因子的前提下，降低最大旁瓣电平。利用式（6.86）中的公式化表示且有 $l_{\text{SL}}^2=0.001$，引入了一个−30dB 的最大旁瓣电平约束。

图 6.10 显示了第二种设计波束方向图的幅度。WNG 的约束保持在 $\text{WNG}=10$，并且最大旁瓣电平约束保持在−30dB。由于旁瓣电平约束的引入，方向性因子进一步减小到 $\text{DF}=18.2$。

这些设计范例论证了具有一种数值最优化解的多目标方法的灵活性，为波束形成器的设计提供了性能规格中更高层次的详细说明。

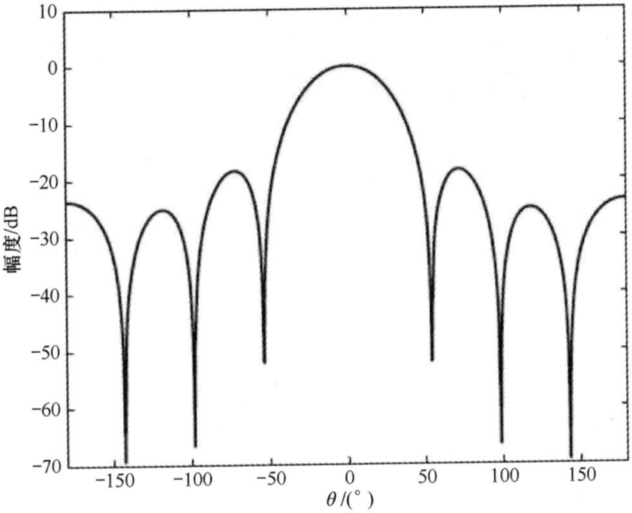

图 6.9　为实现最大化方向性因子而设计的轴对称球形阵列波束方向图幅度 $y(\Theta_i)$，保持约束 $\text{WNG}_{\min}=10$。设计实现了 $\text{DF}=19.5$，而精确保留了 WNG 约束 $\text{WNG}_{\min}=10$，并实现了一个−18.4dB 的最大旁瓣电平

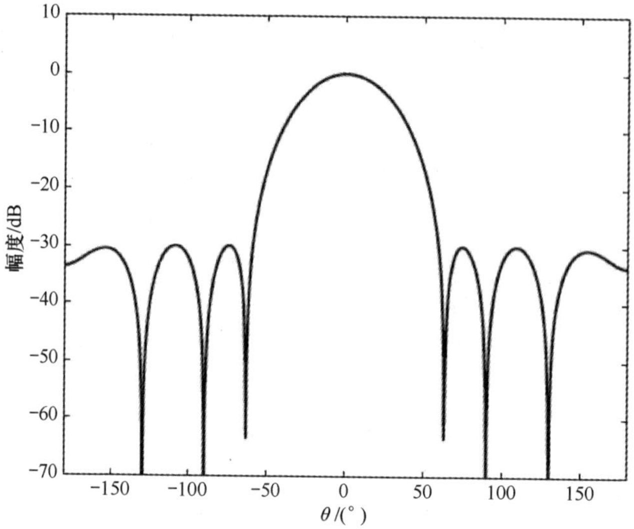

图 6.10　为实现最大化方向性因子而设计的轴对称球形阵列波束方向图幅度 $y(\Theta_i)$ ，保持约束 $\mathrm{WNG}_{\min}=10$ 和−30dB 的最大旁瓣电平。设计实现了 $\mathrm{DF}=18.2$ ，而精确保留了 WNG 约束和最大旁瓣电平约束

第七章　噪声最小化波束形成

摘要： 第六章中给出的最优波束形成器设计是非常有用的，但是其没有考虑在麦克风处的信号产生的具体声场的特性。在本章中，将给出为实际声场波束形成量身定制的波束方向图。这样的波束形成可以在期望信号和噪声之间进行分辨，因此在实际的噪声场中，潜在地获得了改善的性能。测量的声场以空间互谱矩阵为特征，通常分为代表期望信号的矩阵和代表无用噪声的矩阵。因此本章的第一部分对阵列方程进行推广，将其延伸到空间和球谐函数域（在第五章中给出）以囊括噪声。特别地，形成了考虑声学上漫射的空间白噪声场的设计所具有的明确的表达式。本章第二部分，采用了一般波束形成器发展而来的新模型，如最小方差无失真响应（MVDR）和线性约束最小方差（LCMV）。对于球形阵列，在球谐函数域中表征时突出了它们的优点，这些波束形成器在球谐函数域形成了明确的公式化表示。最后，本章以对各种条件下说明波束形成器性能的设计范例结束。

7.1　包含噪声的波束形成方程

在 5.1 节中形成了空域中的阵列方程。阵列处理的代表性方程同样包括了噪声和干扰源的影响[53]，因此在本节中，5.1 节形成的方程被扩展以包含噪声。麦克风处的声压，用 $\boldsymbol{p}$ 标记，现在用包含了噪声的 $\boldsymbol{x}$ 进行替换：

$$\boldsymbol{x}=\boldsymbol{p}+\boldsymbol{n} \tag{7.1}$$

其中，和式（5.2）相似

$$\boldsymbol{p}=\left[p_1(k)\ p_2(k)\ \cdots\ p_Q(k)\right]^{\mathrm{T}} \tag{7.2}$$

表示期望声源在第 Q 个传感器处的声压，并且类似地

$$\boldsymbol{n}=\left[n_1(k)\ n_2(k)\ \cdots\ n_Q(k)\right]^{\mathrm{T}} \tag{7.3}$$

表示传感器处的噪声。利用对应于阵列输入的阵列系数，阵列输出现在可以用公式表示为

$$y=\boldsymbol{w}^{\mathrm{H}}\boldsymbol{x} \tag{7.4}$$

阵列输出的方差现在可以计算如下：

$$E\left[|y|\right]^2=E\left[\boldsymbol{w}^{\mathrm{H}}\boldsymbol{x}\boldsymbol{x}^{\mathrm{H}}\boldsymbol{w}\right]=\boldsymbol{w}^{\mathrm{H}}\boldsymbol{S}_{xx}\boldsymbol{w} \tag{7.5}$$

其中

$$\boldsymbol{S}_{xx}=E\left[\boldsymbol{x}\boldsymbol{x}^{\mathrm{H}}\right] \tag{7.6}$$

是阵列输入的空间谱矩阵，其中的每个元素表示第 k 个波数处两个传感器上信号的互谱密度。将式（7.1）代入式（7.6），阵列输入的空间互谱密度矩阵可以写为

$$\boldsymbol{S}_{xx}=\boldsymbol{S}_{pp}+\boldsymbol{S}_{nn}+\boldsymbol{S}_{pn}+\boldsymbol{S}_{np} \tag{7.7}$$

有

$$\boldsymbol{S}_{pp}=E\left[\boldsymbol{p}\boldsymbol{p}^{\mathrm{H}}\right] \tag{7.8}$$

和

$$\boldsymbol{S}_{nn}=E\left[\boldsymbol{n}\boldsymbol{n}^{\mathrm{H}}\right] \tag{7.9}$$

分别表示期望的压力信号和噪声信号的空间互谱矩阵，而 $\boldsymbol{S}_{pn}$、$\boldsymbol{S}_{np}$ 表示信号和噪声之间的互谱矩阵。假设期望压力信号和噪声信号相互独立是常见的，因为它们通常来自于不同的相互独立源。此外，在大多数声学应用中，时域信号的常数部分中没有包含有用信息，所以实际上这部分非零信号是可以排除的。时域上的零均值变换为频域上的零均值，使得 $E[\boldsymbol{p}]=E[\boldsymbol{n}]=\boldsymbol{0}$，其中 $\boldsymbol{0}$ 是零向量。因此，期望压力信号和噪声信号之间的独立性，也就是 $E[\boldsymbol{p}\boldsymbol{n}^{\mathrm{H}}]=E[\boldsymbol{p}]\cdot E[\boldsymbol{n}]^{\mathrm{H}}$，可得一个为零的期望压力信号和噪声信号之间的互谱密度，这种情况下 $\boldsymbol{S}_{pn}=\boldsymbol{S}_{np}=\boldsymbol{0}$，式（7.7）重新改写为

$$\boldsymbol{S}_{xx}=\boldsymbol{S}_{pp}+\boldsymbol{S}_{nn} \tag{7.10}$$

式（7.10）是阵列处理中的一个普遍的结果[53]。

在传感器处一个引起噪声的常见因素是所谓的传感器噪声，它通常是指由连接到传感器上的放大器产生的电噪声，如麦克风。假设阵列中的所有传感器是完全相同的，噪声信号可以假设为独立同分布的。结合上面讨论中的零均值假设，噪声的空间互谱变为

$$\boldsymbol{S}_{nn}=\sigma_n^2\boldsymbol{I} \tag{7.11}$$

式中：$\boldsymbol{I}$ 为一个 $Q\times Q$ 的单位矩阵；σ_n^2 为传感器噪声的方差。

另一个常见的噪声模型，源于漫射声场形式的声学噪声。它可以表示一种所有方向上都散布着大量干扰源的环境，例如装有许多扬声器的大厅，或者一个高度回响的环境（因为迟反射而漫射的声场）[25]。一个漫射声场由等概率的、来自各个方向且具有相同幅度和随机相位的无限的平面波组成。用 n_q 表示由漫射声场在第 q 个麦克风处产生的声压为 n_q，阵列输出可以以一种和式（7.1）相同的方式写出。在这种情况下，噪声的空间互谱矩阵项 $\boldsymbol{S}_{nn}$ 由麦克风对之间的空间互谱组成。当麦克风放置在一个开放球体配置上时，空间互相关由下式给出[11]：

$$E\left[n_q n_{q'}^*\right]=\sigma_n^2\operatorname{sinc}\left(k\Delta r_{qq'}\right) \tag{7.12}$$

式中：$\Delta r_{qq'}$ 为麦克风 q 和麦克风 q' 之间的距离。在此情况下，数学期望运算表示在漫射场的不同实现上取平均。例如，考虑 $4(N+1)^2$ 个麦克风的等角采样；赤道上相邻麦克风之间的距离，通过将赤道周长 $2\pi r$ 除以麦克风的数量 $2(N+1)$ 来计算。在阵列的最高工作频率处，满足 $kr\approx N$，相邻麦克风之间的距离满足

$$k\Delta r=\frac{2\pi kr}{2(N+1)}\approx\pi\frac{N}{N+1}\approx\pi \tag{7.13}$$

由于 $\operatorname{sinc}(\pi)=0$ 是 sinc 函数的第一个零点，在这种情况下，相邻麦克风的相关性是接近于零。对于不相邻的麦克风对，距离更大，sinc 函数产生振荡，对于 $k\Delta r\gg\pi$ 时，收敛于零。在这种情况中，矩阵 $\boldsymbol{S}_{nn}$ 在对角线上将有较大的项（其中，$\operatorname{sinc}(1)=0$），非对角线上的元素，具有一个普遍下降的幅度。在低频部分，$kr\ll\pi$ 且 $\operatorname{sinc}(k\Delta r)\to 1$。在这种情况下，矩阵 $\boldsymbol{S}_{nn}$ 所有元素趋近于 σ_n^2 且秩为 1。因此可以清楚地看到，对于漫射场形式声学噪声情景中的矩阵 $\boldsymbol{S}_{nn}$，作为工作频率的函数，可能会明显改变其特性。

对于设置在一个刚性球体周围的阵列，来自刚性球体的散射效应会使相关性值略微减小，以致于相关函数呈现出类 sinc 型，在参数 $k\Delta r$ 中略为压缩[5]。

在 5.1 节给出了球谐函数域上的阵列方程。在本节中，这些方程被扩展以囊括噪声的影响。因此阵列输入可以重新改写，以均包含声压和噪声：

$$\boldsymbol{x}_{nm}=\boldsymbol{p}_{nm}+\boldsymbol{n}_{nm} \tag{7.14}$$

其中

$$\boldsymbol{p}_{nm}=\left[p_{00}(k)\ \ p_{1(-1)}(k)\ \ p_{10}(k)\ \ p_{11}(k)\ \ \cdots\ \ p_{NN}(k)\right]^{\mathrm{T}} \tag{7.15}$$

表示期望信源的 $(N+1)^2\times 1$ 维声压球谐系数向量，类似地，

$$\boldsymbol{n}_{nm}=\left[n_{00}(k)\ \ n_{1(-1)}(k)\ \ n_{10}(k)\ \ n_{11}(k)\ \ \cdots\ \ n_{NN}(k)\right]^{\mathrm{T}} \tag{7.16}$$

表示噪声的 $(N+1)^2\times 1$ 维声压球谐系数向量。类似与式（5.9），阵列输出可以写为

$$y=\boldsymbol{w}_{nm}^{\mathrm{H}}\boldsymbol{x}_{nm} \tag{7.17}$$

像式（5.10）那样，用 $\boldsymbol{w}_{nm}$ 表示 $(N+1)^2\times 1$ 维球谐函数域中球谐系数向量：

$$\boldsymbol{w}_{nm}=\left[w_{00}(k)\ \ w_{1(-1)}(k)\ \ w_{10}(k)\ \ w_{11}(k)\ \ \cdots\ \ w_{NN}(k)\right]^{\mathrm{T}} \tag{7.18}$$

与空域中的式（7.5）类似，阵列输出的方差可以用下列公式表示：

$$E\left[|y|\right]^2=E\left[\boldsymbol{w}_{nm}^{\mathrm{H}}\boldsymbol{x}_{nm}\boldsymbol{x}_{nm}^{\mathrm{H}}\boldsymbol{w}_{nm}\right]=\boldsymbol{w}_{nm}^{\mathrm{H}}\boldsymbol{S}_{x_{nm}x_{nm}}\boldsymbol{w}_{nm} \tag{7.19}$$

其中

$$\boldsymbol{S}_{\boldsymbol{x}_{nm}\boldsymbol{x}_{nm}} = E\left[\boldsymbol{x}_{nm}\boldsymbol{x}_{nm}^{\mathrm{H}}\right] \tag{7.20}$$

是阵列输入互谱矩阵的球函数公式。该式中矩阵的每个元素，表示在波数 k 处两个球谐系数信号之间的互谱密度。沿用导出式（7.10）的论证，假设期望信号和噪声信号相互独立且是零均值的，互谱矩阵可以表示为

$$\boldsymbol{S}_{\boldsymbol{x}_{nm}\boldsymbol{x}_{nm}} = \boldsymbol{S}_{\boldsymbol{p}_{nm}\boldsymbol{p}_{nm}} + \boldsymbol{S}_{\boldsymbol{n}_{nm}\boldsymbol{n}_{nm}} \tag{7.21}$$

有

$$\boldsymbol{S}_{\boldsymbol{p}_{nm}\boldsymbol{p}_{nm}} = E\left[\boldsymbol{p}_{nm}\boldsymbol{p}_{nm}^{\mathrm{H}}\right] \tag{7.22}$$

和

$$\boldsymbol{S}_{\boldsymbol{n}_{nm}\boldsymbol{n}_{nm}} = E\left[\boldsymbol{n}_{nm}\boldsymbol{n}_{nm}^{\mathrm{H}}\right] \tag{7.23}$$

分别表示球谐函数域中期望压力信号互谱矩阵和噪声信号互谱矩阵。

当阵列输入噪声是由传感器噪声引起时，利用式（3.40）中的球傅里叶变换的离散化公式，球谐函数域上的传感器噪声可以写为

$$\boldsymbol{n}_{nm} = \boldsymbol{S}\boldsymbol{n} \tag{7.24}$$

其中矩阵**S**取决于采样方案（参见 3.6 节），这样可得

$$\boldsymbol{S}_{\boldsymbol{n}_{nm}\boldsymbol{n}_{nm}} = \boldsymbol{S}\boldsymbol{S}_{\boldsymbol{n}\boldsymbol{n}}\boldsymbol{S}^{\mathrm{H}} = \sigma_n^2\boldsymbol{S}\boldsymbol{S}^{\mathrm{H}} \tag{7.25}$$

其中已经假设噪声是独立同分布的，这样式（7.11）可用于此处：这种情况中噪声的互谱矩阵依赖于采样方案。在均匀或者近似均匀采样的特例中，$\boldsymbol{S} = \frac{4\pi}{Q}\boldsymbol{Y}^{\mathrm{H}}$（参见式（3.43）），这样有

$$\boldsymbol{S}_{\boldsymbol{n}_{nm}\boldsymbol{n}_{nm}} = \sigma_n^2\frac{4\pi}{Q}\boldsymbol{Y}^{\mathrm{H}}\boldsymbol{Y}\frac{4\pi}{Q} = \sigma_n^2\frac{4\pi}{Q}\boldsymbol{I} \tag{7.26}$$

在这种情况中，互谱矩阵与一个单位矩阵成比例，类似于空间公式。

在噪声来自于一个漫射声场的情况下，$n_{nm}(k)$ 可以用类似于式（2.63）的方式表示为

$$n_{nm}(k) = b_n(k)a_{nm}(k) = b_n(k)\int_0^{2\pi}\int_0^{\pi} a(k,\theta_k,\phi_k)Y_n^{m}(\theta_k,\phi_k)\sin\theta_k\mathrm{d}\theta_k\mathrm{d}\phi_k \tag{7.27}$$

在这种情况中，积分表示了一个连续的平面波，或者是无限多个平面波，其中 $a(k,\theta_k,\phi_k)$ 是平面波幅度密度函数。对于一个漫射声场，假设 $a(k,\theta_k,\phi_k)$ 在所有方向上是单位的或者是等幅的，并具有随机相位，这就定义了一个沿 (θ_k,ϕ_k) 的白噪声过程，它满足

$$E\left[a(k,\theta_k,\phi_k)a(k,\theta_{k'},\phi_{k'})^*\right] = \sigma_n^2\delta(\cos\theta_k - \cos\theta_{k'})\delta(\phi_k - \phi_{k'}) \tag{7.28}$$

由于角度是实参数，所以使用了一个 Dirac-delta 函数。现在，利用式（7.27）、式（7.28）和球谐函数的正交性质，可以推导 $E\left[n_{nm}n_{n'm'}^*\right]$：

$$
\begin{aligned}
E\left[n_{nm}n_{n'm'}^{*}\right]&=b_n(kr)\left[b_{n'}(kr)\right]^{*}\int_0^{2\pi}\int_0^{\pi}\int_0^{2\pi}\int_0^{\pi}E\left[a(k,\theta_k,\phi_k)a(k,\theta_{k'},\phi_{k'})^{*}\right]\times \\
&\quad Y_n^{m}(\theta_k,\phi_k)\left[Y_{n'}^{m'}(\theta_{k'},\phi_{k'})\right]^{*}\sin\theta_k \mathrm{d}\theta_k \mathrm{d}\phi_k \sin\theta_{k'}\mathrm{d}\theta_{k'}\mathrm{d}\phi_{k'} \\
&=b_n(kr)\left[b_{n'}(kr)\right]^{*}\sigma_n^2\int_0^{2\pi}\int_0^{\pi}Y_n^{m}(\theta_k,\phi_k)\left[Y_{n'}^{m'}(\theta_{k'},\phi_{k'})\right]^{*}\sin\theta_k \mathrm{d}\theta_k \mathrm{d}\phi_k \\
&=\sigma_n^2\left|b_n(kr)\right|^2\delta_{nn'}\delta_{mm'}
\end{aligned}
\tag{7.29}
$$

这一结果表明漫射声场产生的噪声在球谐函数域中是不相关的[57]。写成一种矩阵形式，即

$$
\begin{aligned}
\boldsymbol{S}_{\boldsymbol{n}_{nm}\boldsymbol{n}_{nm}}&=E\left[\boldsymbol{n}_{nm}\boldsymbol{n}_{nm}^{\mathrm{H}}\right] \\
&=\sigma_n^2\boldsymbol{B}^{\mathrm{H}}\boldsymbol{B}
\end{aligned}
\tag{7.30}
$$

其中，$\boldsymbol{B}$ 是一个 $(N+1)^2\times(N+1)^2$ 维对角矩阵，定义为

$$
\boldsymbol{B}=\mathrm{diag}\left(b_0\ \ b_1\ \ b_1\ \ b_1\ \ \cdots\ \ b_N\right) \tag{7.31}
$$

阵列方程式（7.14）乘以 $\boldsymbol{B}$ 的逆后，也可以写为

$$
\tilde{\boldsymbol{x}}_{nm}=\boldsymbol{B}^{-1}\boldsymbol{p}_{nm}+\boldsymbol{B}^{-1}\boldsymbol{n}_{nm}=\boldsymbol{a}_{nm}+\boldsymbol{B}^{-1}\boldsymbol{n}_{nm} \tag{7.32}
$$

这种形式中的期望信号是 a_{nm}，它是球谐函数域中平面波的幅度密度函数，满足 $a_{nm}=p_{nm}/b_n$（参见式（2.63））。这种情况下阵列输入的互谱矩阵具有一种简单的形式：

$$
\boldsymbol{S}_{\tilde{\boldsymbol{x}}_{nm}\tilde{\boldsymbol{x}}_{nm}}=\boldsymbol{S}_{\boldsymbol{a}_{nm}\boldsymbol{a}_{nm}}+\sigma_n^2\boldsymbol{I} \tag{7.33}
$$

这种形式尤为有用，因为漫射声场情况中的噪声项是一个缩放了的单位矩阵，或者是空间白噪声。

7.2 最小方差无失真响应

在第六章中已经讨论了最优波束形成器。特别地，6.1 节给出了使漫射声场产生的噪声减小的最优的波束方向图。但是，当噪声场不是完全漫射时，这个最大方向性波束方向图就不再是最优的了。在这种情况下，可以设计一个适用于实际测量噪声的最优波束方向图。最小方差无失真响应（MVDR）正是其中的一种设计方法，该方法中波束方向图在视角方向上约束为单位的，而最小化阵列输出的方差。当期望信号来自阵列的视角方向的平面波，所有其他对阵列输出有贡献的都视为噪声，因此并将其最小化时的这一波束形成器尤为有用。

考虑一个期望信号 $s(k)$，来自 (θ_k,ϕ_k) 方向上的远场源。这个源在阵列位置产生了一个平面波，具有一个导向向量 $\boldsymbol{v}$ 表示从源 $s(k)$ 到阵列输入的传递函数。阵列也对噪声进行测量，这样阵列输入可以以一种类似于式（7.1）的方式写为

$$\begin{aligned} \boldsymbol{x} &= \boldsymbol{p} + \boldsymbol{n} \\ &= \boldsymbol{v}s + \boldsymbol{n} \end{aligned} \tag{7.34}$$

为简洁起见，其中 $s(k)$ 和 k 的依赖关系被移除，$\boldsymbol{p}$ 和 $\boldsymbol{n}$ 分别表示传感器处的期望压力信号和噪声。应用式（7.4）中的波束形成，阵列输出处信号的方差由下式给出：

$$\begin{aligned} E\left[|y|\right]^2 &= \boldsymbol{w}^{\mathrm{H}} \boldsymbol{S}_{xx} \boldsymbol{w} \\ &= \boldsymbol{w}^{\mathrm{H}} \boldsymbol{S}_{pp} \boldsymbol{w} + \boldsymbol{w}^{\mathrm{H}} \boldsymbol{S}_{nn} \boldsymbol{w} \\ &= \left|\boldsymbol{w}^{\mathrm{H}} \boldsymbol{v}\right|^2 E\left[|s|\right]^2 + \boldsymbol{w}^{\mathrm{H}} \boldsymbol{S}_{nn} \boldsymbol{w} \end{aligned} \tag{7.35}$$

现在，考虑以下设计目标：

$$\begin{aligned} &\underset{\boldsymbol{w}}{\text{minimize}}\ \boldsymbol{w}^{\mathrm{H}} \boldsymbol{S}_{xx} \boldsymbol{w} \\ &\text{subject to}\ \boldsymbol{w}^{\mathrm{H}} \boldsymbol{v} = 1 \end{aligned} \tag{7.36}$$

很清楚，由于无失真响应约束 $\boldsymbol{w}^{\mathrm{H}} \boldsymbol{v} = 1$，$\boldsymbol{S}_{xx}$ 中的期望信号部分不能改变，以致最小化 $\boldsymbol{w}^{\mathrm{H}} \boldsymbol{S}_{xx} \boldsymbol{w}$ 得到了一个 $\boldsymbol{w}^{\mathrm{H}} \boldsymbol{S}_{nn} \boldsymbol{w}$，也就是阵列输出端噪声方差的最小化。这一最优化的结果因此将期望信号不做任何改变地传送到阵列输出端，而最小化噪声的贡献。式（7.36）的最优化类似于式（6.1），所以其解可以以一种类似的方式写为

$$\boldsymbol{w}^{\mathrm{H}} = \frac{\boldsymbol{v}^{\mathrm{H}} \boldsymbol{S}_{xx}^{-1}}{\boldsymbol{v}^{\mathrm{H}} \boldsymbol{S}_{xx}^{-1} \boldsymbol{v}} \tag{7.37}$$

最优解需要 $\boldsymbol{S}_{xx}$ 的逆，所以这个矩阵必须是满秩的。单一平面波组成的期望信号，$\boldsymbol{S}_{pp}$ 有单位秩，所以 $\boldsymbol{S}_{xx}$ 的逆需要 $\boldsymbol{S}_{nn}$ 满秩或者近似满秩。注意，这里描述的有时称为最小功率无失真响应（MPDR）波束形成器，但是在这种情况下，MVDR 波束形成器和式（7.37）一样，用 $\boldsymbol{S}_{nn}^{-1}$ 代替 $\boldsymbol{S}_{xx}^{-1}$：

$$\begin{aligned} &\underset{\boldsymbol{w}}{\text{minimize}}\ \boldsymbol{w}^{\mathrm{H}} \boldsymbol{S}_{nn} \boldsymbol{w} \\ &\text{subject to}\ \boldsymbol{w}^{\mathrm{H}} \boldsymbol{v} = 1 \end{aligned} \tag{7.38}$$

具有一个解：

$$\boldsymbol{w}^{\mathrm{H}} = \frac{\boldsymbol{v}^{\mathrm{H}} \boldsymbol{S}_{nn}^{-1}}{\boldsymbol{v}^{\mathrm{H}} \boldsymbol{S}_{nn}^{-1} \boldsymbol{v}} \tag{7.39}$$

在本节的情景中，有期望信号的单一平面波声场和相同方向上的一个无失真响应，这两种形式是等价的。然而，当期望信号有额外的成分时，例如，由于室内墙面的反射，$\boldsymbol{S}_{xx}$ 的最小化可能导致信号成分抵消，也就是反射成分抵消了视角方向上的期望信号，甚至当无失真响应约束保持时（参见 7.4 节范例和进一步的讨论）也会消失。虽然对 $\boldsymbol{S}_{nn}$ 的估计不会总是单独从期望信号中获

得，但可以通过直接最小化 $\boldsymbol{S}_{nn}$ 来规避对期望信号的抵消。

在传感器噪声的特例中，代入式（7.11）$\boldsymbol{S}_{nn}=\sigma_n \boldsymbol{I}$，可得

$$\boldsymbol{w}=\frac{\boldsymbol{v}}{\boldsymbol{v}^{\mathrm{H}}\boldsymbol{v}} \tag{7.40}$$

对于身处自由空间中的传感器，具有由复指数组成的导向向量 $\boldsymbol{v}$（参见式（5.6）)，解简化为延迟–求和波束形成器的解，或者空域上用公式表示的一个最大 WNG 波束形成器（参见 6.2 节）[53]。的确，MVDR 波束形成器在这种情况下对信号与传感器噪声之比最大化。

沿用 7.1 节中球谐函数域中形成的阵列方程的矩阵方程，MVDR 波束形成器也可以在球谐函数域中用公式描述。从式（7.14）开始，并且利用如式（7.34）所标识的导向向量，方程可以写为

$$\begin{aligned}\boldsymbol{x}_{nm}&=\boldsymbol{p}_{nm}+\boldsymbol{n}_{nm}\\&=\boldsymbol{v}_{nm}s+\boldsymbol{n}_{nm}\end{aligned} \tag{7.41}$$

现在，沿袭式（7.35）的推导，MVDR 最优化问题在球谐函数域中，可以以一种和式（7.36）类似的方式写为

$$\begin{aligned}&\underset{\boldsymbol{w}_{nm}}{\text{minimize}}\ \boldsymbol{w}_{nm}^{\mathrm{H}}\boldsymbol{S}_{\boldsymbol{x}_{nm}\boldsymbol{x}_{nm}}\boldsymbol{w}_{nm}\\&\text{subject to}\ \boldsymbol{w}_{nm}^{\mathrm{H}}\boldsymbol{v}_{nm}=1\end{aligned} \tag{7.42}$$

和式（7.37）类似，对于球谐函数波束形成系数的一个解可以写为

$$\boldsymbol{w}_{nm}^{\mathrm{H}}=\frac{\boldsymbol{v}_{nm}^{\mathrm{H}}\boldsymbol{S}_{\boldsymbol{x}_{nm}\boldsymbol{x}_{nm}}^{-1}}{\boldsymbol{v}_{nm}^{\mathrm{H}}\boldsymbol{S}_{\boldsymbol{x}_{nm}\boldsymbol{x}_{nm}}^{-1}\boldsymbol{v}_{nm}} \tag{7.43}$$

同样，以一种类似的方式通过将 $\boldsymbol{S}_{\boldsymbol{x}_{nm}\boldsymbol{x}_{nm}}$ 替代为 $\boldsymbol{S}_{\boldsymbol{n}_{nm}\boldsymbol{n}_{nm}}$，MVDR 可以和 MPDR 区别开来：

$$\boldsymbol{w}_{nm}^{\mathrm{H}}=\frac{\boldsymbol{v}_{nm}^{\mathrm{H}}\boldsymbol{S}_{\boldsymbol{n}_{nm}\boldsymbol{n}_{nm}}^{-1}}{\boldsymbol{v}_{nm}^{\mathrm{H}}\boldsymbol{S}_{\boldsymbol{n}_{nm}\boldsymbol{n}_{nm}}^{-1}\boldsymbol{v}_{nm}} \tag{7.44}$$

在传感器噪声和一个近似均匀采样方案配置的球形阵列场景中，噪声的空间互谱矩阵与一个单位矩阵成比例（参见式（7.26)），并且这种情况下的解变为

$$\boldsymbol{w}_{nm}^{\mathrm{H}}=\frac{\boldsymbol{v}_{nm}^{\mathrm{H}}}{\boldsymbol{v}_{nm}^{\mathrm{H}}\boldsymbol{v}_{nm}} \tag{7.45}$$

这一结果和最大 WNG 波束形成器相同（参见式（6.25)），对于空域表达式展现出一种相似的表现。

在一个由漫射声场产生噪声的场景中，使用式（7.32）中的表示，噪声的空间互谱矩阵与一个单位矩阵成比例。一个式（7.45）形式的解可以写为

$$\tilde{\boldsymbol{w}}_{nm}^{\mathrm{H}} = \frac{\tilde{\boldsymbol{v}}_{nm}^{\mathrm{H}}}{\tilde{\boldsymbol{v}}_{nm}^{\mathrm{H}} \tilde{\boldsymbol{v}}_{nm}} \tag{7.46}$$

沿用式（7.32）的推导，有 $\tilde{\boldsymbol{v}}_{nm}^{\mathrm{H}} = \boldsymbol{B}^{-1}\boldsymbol{v}_{nm}^{\mathrm{H}}$。现在，利用式（5.16）中 v_{nm} 的表达式，$\tilde{v}_{nm}$ 退缩减为 $\tilde{v}_{nm} = \left[Y_{\mathrm{n}}^{m}\left(\theta_k,\phi_k\right)\right]^*$ ①，其中 $\left(\theta_k,\phi_k\right)$ 是期望平面波的来波方向。此外，利用球谐函数加法定理（式（1.26））计算 $\tilde{\boldsymbol{v}}_{nm}^{\mathrm{H}}\tilde{\boldsymbol{v}}_{nm}$，式（7.46）简化为

$$\tilde{\boldsymbol{w}}_{nm}^{\mathrm{H}} = \frac{4\pi}{\left(N+1\right)^2} Y_n^m\left(\theta_k,\phi_k\right) \text{②} \tag{7.47}$$

由 $w_{nm}^* = \tilde{w}_{nm}^* / b_n$，这一结果可得

$$\tilde{\boldsymbol{w}}_{nm}^{\mathrm{H}} = \frac{4\pi}{\left(N+1\right)^2} \frac{1}{b_n\left(kr\right)} Y_n^m\left(\theta_k,\phi_k\right) \text{③} \tag{7.48}$$

式（7.48）等价于在 6.1 节中形成的最大方向性波束形成器（参见式（6.9））。的确，最大方向性波束形成器使 SNR 最大化，其中的噪声源自一个漫射场，且在各个方向上均匀分布。

7.3 范例：具有传感器噪声和干扰的 MVDR

本节给出了一些使用 MVDR 方法设计波束方向图的范例。考虑一个围绕刚性球体设计的球形麦克风阵列，工作在 $kr = N = 4$。阵列由近似均匀分布的 36 个麦克风组成，假设传感器噪声在空间上不相关，并且方差 $\sigma_n^2 = 0.1$。在这种情况中，因传感器噪声引发的 $\boldsymbol{S}_{\boldsymbol{n}_{nm}\boldsymbol{n}_{nm}}$ 可以如式（7.26）那样写为

$$\boldsymbol{S}_{\boldsymbol{n}_{nm}\boldsymbol{n}_{nm}} = \sigma_n^2 \frac{4\pi}{Q}\boldsymbol{I} \tag{7.49}$$

假设期望信号以一个平面波形式从 $(\theta_0,\phi_0)=(60^\circ,36^\circ)$ 方向上传来，在工作频率处其方差为 $\sigma_0^2 = 1$。因为假设期望信号与噪声是不相关的，球谐函数域中波束形成权重的解从式（7.45）计算，具有一个最大 WNG 波束方向图。产生的波束方向图用 $\boldsymbol{w}_{nm}$ 和式（5.12）计算为

$$\begin{aligned} y\left(\theta,\phi\right) &= \boldsymbol{w}_{nm}^{\mathrm{H}}\boldsymbol{v}_{nm}\left(\theta,\phi\right) \\ &= \sum_{n=0}^{N}\sum_{m=-n}^{n} w_{nm}^* b_n\left(kr\right)\left[Y_n^m\left(\theta,\phi\right)\right]^* \end{aligned} \tag{7.50}$$

图 7.1 展示了该例波束方向图的幅度。等高线图展示了指向期望信号的主

①～③ 已根据原书作者提供的勘误表进行了修正。

瓣，用“+”符号标记，而球状图表明波束方向图关于视角方向对称，正如最大 WNG 波束形成器所期望的那样（参见 6.2 节）。

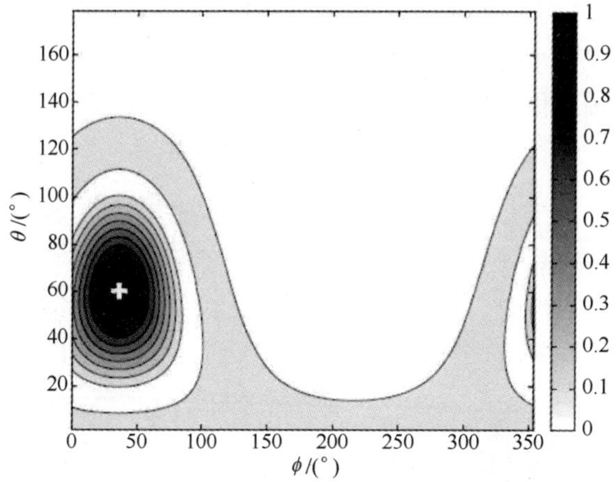

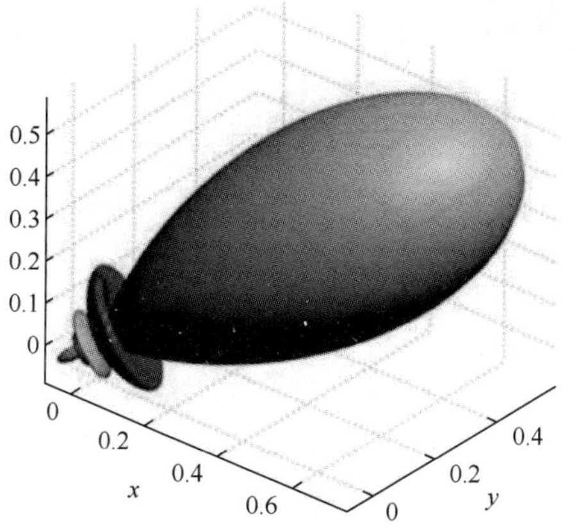

图 7.1　具有传感器噪声的 MVDR 波束形成器的阵列波束方向图幅度 $|y(\theta,\phi)|$。上面的等高线图，包含期望信号的平面波到达方向以“+”标记。下面的球状图，青（绿蓝）色阴影部分表示 $\mathrm{Re}\{y(\theta,\phi)\}$ 的正值，而品红（紫红）色阴影部分表示 $\mathrm{Re}\{y(\theta,\phi)\}$ 负值（见彩图）

在这个范例的第二部分，以平面波形式从 $(\theta_1,\phi_1)=(60°,320°)$ 方向上传来的一个干扰叠加到噪声信号上，干扰信号与期望信号和传感器噪声信号都不相关，方差为 $\sigma_1^2=0.5$。该例中噪声的空间谱矩阵，在球谐函数域内可以用公式写为

$$\boldsymbol{S}_{\boldsymbol{n}_{nm}\boldsymbol{n}_{nm}}=\sigma_n^2\frac{4\pi}{Q}\boldsymbol{I}+\sigma_1^2\boldsymbol{v}_{nm1}\boldsymbol{v}_{nm1}^{\mathrm{H}} \tag{7.51}$$

式中：$\boldsymbol{v}_{nm1}$ 为干扰方向的导向向量。该例中最优波束形成权重由式（7.44）给出，产生的波束方向图由式（7.50）给出。图 7.2 画出了该例的波束方向图幅度。

如同第一个范例那样，主瓣指向期望信号。在干扰信号方向，用黑色“+”标记，正如所期望的那样，如果由$\boldsymbol{S}_{n_{nm}n_{nm}}$引起的阵列输出被最小化，波束方向图具有低幅度。有趣的是，通过比较图 7.1 和图 7.2 的球状图，第一旁瓣已经发生进行了修正，现在在干扰信号方向上包含了一个零点，因此破坏了波束方向图围绕观测方向的轴对称性。这一范例表明了 MVDR 波束形成器的优点——为说明声场中不相关干扰而对波束方向图赋形的能力。

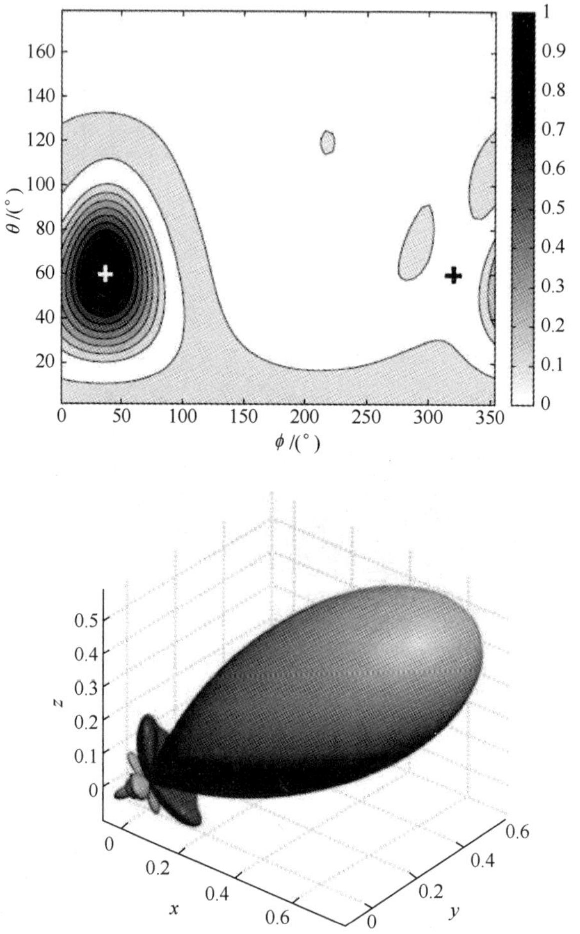

图 7.2 具有传感器噪声和一个干扰的 MVDR 波束形成器的阵列波束方向图幅度$|y(\theta,\phi)|$。上面的等高线图，包含期望信号的平面波到达方向以白色“+”标记，而包含干扰信号的平面波到达方向以黑色“+”标记。下面球状图的配色方案参见图 7.1（见彩图）

7.4 范例：具有相关干扰的 MVDR

在本节中，7.3 节中的范例进一步推广到包含一个与期望信号相关的干扰信号场景。这个在实际中出现的，例如，当干扰是期望信号经过附近表面（如室内的墙面）反射而产生的时候。在工作频率上，干扰信号因而是期望信号的一种衰减和相移后的版本。用 s_0 定义期望信号在坐标原点处的幅度，干扰信号满足 $s_1 = As_0$，其中 A 是一个复数常量。

在这个范例中也会用到如 7.3 节中相同的球形阵列，也就是一个近似均匀采样的刚性球体阵列，$Q=36$，$N=4$，$kr=N$。来自 $(\theta_0,\phi_0)=(60^\circ,36^\circ)$ 方向上的期望信号方以平面波形式传播，$\sigma_0^2=1$；干扰是来自 $(\theta_1,\phi_1)=(60^\circ,320^\circ)$ 方向上的另一个平面波，$\sigma_1^2=|A|^2\sigma_0^2$，$A=0.8\mathrm{e}^{-\mathrm{i}\pi/3}$。同样假设传感器噪声有 $\sigma_n^2=0.1$。噪声的空间谱矩阵，包含了干扰的贡献，由下式给出：

$$\boldsymbol{S}_{\boldsymbol{n}_{nm}\boldsymbol{n}_{nm}}=\sigma_n^2\frac{4\pi}{Q}\boldsymbol{I}+\sigma_1^2\boldsymbol{v}_{nm1}\boldsymbol{v}_{nm1}^{\mathrm{H}} \tag{7.52}$$

现在，回想到干扰与期望信号是相关的，全部输入信号的空间谱矩阵可以推导为

$$\begin{aligned}\boldsymbol{S}_{\boldsymbol{x}_{nm}\boldsymbol{x}_{nm}}&=\sigma_n^2\frac{4\pi}{Q}\boldsymbol{I}+\sigma_0^2\boldsymbol{v}_{nm0}\boldsymbol{v}_{nm0}^{\mathrm{H}}+\sigma_1^2\boldsymbol{v}_{nm1}\boldsymbol{v}_{nm1}^{\mathrm{H}}\\&\quad+A^*\sigma_0^2\boldsymbol{v}_{nm0}\boldsymbol{v}_{nm1}^{\mathrm{H}}+A\sigma_0^2\boldsymbol{v}_{nm1}\boldsymbol{v}_{nm0}^{\mathrm{H}}\end{aligned} \tag{7.53}$$

其中 $E\left[s_1 s_0^*\right]=A\sigma_0^2$。

在服从无失真响应约束条件下，通过最小化 $\boldsymbol{S}_{\boldsymbol{n}_{nm}\boldsymbol{n}_{nm}}$（式（7.44）给出的解），令 $\boldsymbol{v}_{nm1}$ 置为 $\boldsymbol{v}_{nm0}$，就可以设计出一个 MVDR 波束形成器。然后，利用式（7.50）计算波束方向图，其幅度在图 7.3 中给出。对波束方向图的检视揭示了其和图 7.2 是系统的。的确，在两个例子中，空间谱矩阵 $\boldsymbol{S}_{\boldsymbol{n}_{nm}\boldsymbol{n}_{nm}}$ 在两种情况下均为相同的，以致于最优波束形成器也是相同的。从这个意义上讲，具有这样一个事实：和期望信号相关的干扰不会影响波束方向图。

但是，两个范例显著的差别在于实际中估计 $\boldsymbol{S}_{\boldsymbol{n}_{nm}\boldsymbol{n}_{nm}}$ 的能力。在不相关干扰情况下，当期望信号不活跃而干扰很活跃时，间或地记录输入信号已经充足。会作为备选，也可以仅仅记录整个输入信号，因为最小化 $\boldsymbol{S}_{\boldsymbol{n}_{nm}\boldsymbol{n}_{nm}}$ 和 $\boldsymbol{S}_{\boldsymbol{x}_{nm}\boldsymbol{x}_{nm}}$ 会产生相同的波束形成器。然而，在相关干扰情况下，比如一个干扰是期望信号反

射后的版本，期望信号和干扰的出现和消失紧凑相干，因此实际中通常不能够对估计 $\boldsymbol{S}_{\boldsymbol{n}_{nm}\boldsymbol{n}_{nm}}$（不包含期望信号，而包含干扰）进行估计。所以，实际中不能实现图 7.3 中的波束方向图。

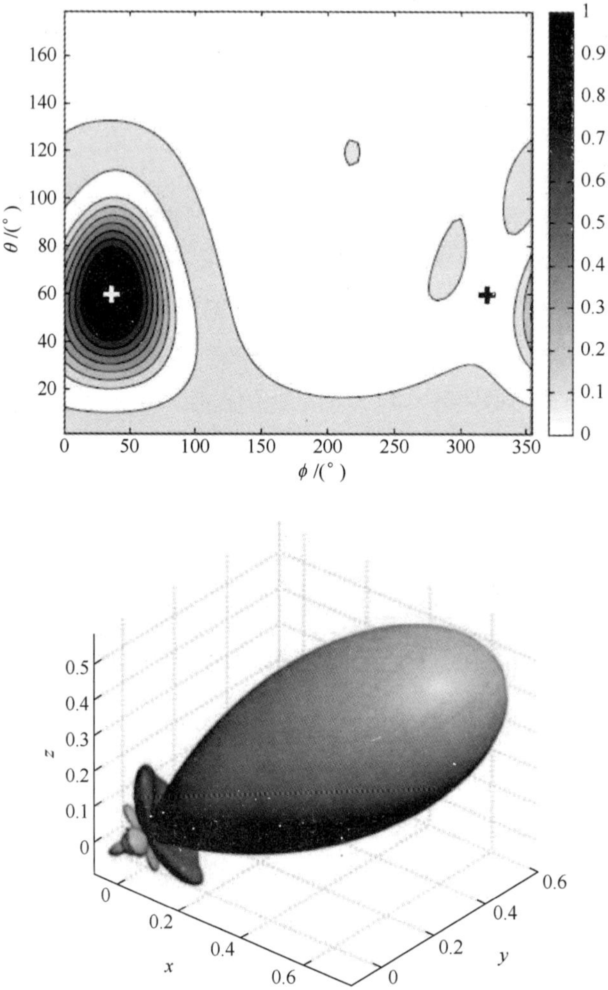

图 7.3　如式（7.44）给出的，具有传感器噪声和单一相关干扰的 MVDR 波束形成器的阵列波束方向图幅度 $|y(\theta,\phi)|$，上面的等高线图，包含期望信号的平面波到达方向以白色“+”标记，而包含干扰信号的平面波到达方向以黑色“+”标记。以及对准干扰信号方向的平面波到达方向标为黑色的“+”。下面球状图的配色方案参见图 7.1

为了克服这一限制，可能会像式(7.42)和式(7.43)那样，通过最小化 $\boldsymbol{S}_{x_{nm}x_{nm}}$ 来采用 MVDR。产生的波束方向图在图 7.4 中给出。该图展示了由两个重要的

波瓣组成的波束方向图，分别对应期望信号和干扰的视角方向。这是颇为令人惊讶的，因为波束形成器的设计目标在于减弱干扰。一个更加详细的波束形成器研究，揭示了 $\boldsymbol{w}_{nm}^{\mathrm{H}}\boldsymbol{v}_{nm0}=1$，证实无失真响应约束是满足的。波束形成器也满足 $\left|\boldsymbol{w}_{nm}^{\mathrm{H}}\boldsymbol{v}_{nm1}\right|=1.25$，这表明干扰不仅没有衰减甚至会加强！现在，因为期望信号和干扰是相关的，所以在阵列输出端，期望信号和干扰的组合贡献由下式给出：

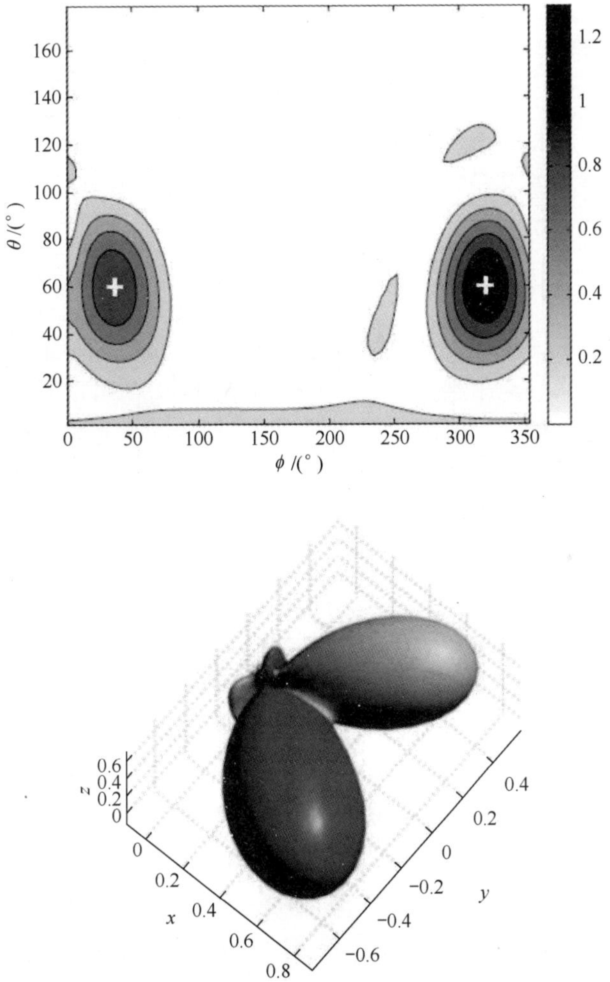

图 7.4　如式（7.43）给出的，具有传感器噪声和单一相关干扰的 MVDR 波束形成器的阵列波束方向图幅度 $|y(\theta,\phi)|$，上面的等高线图，包含期望信号和干扰的平面波到达方向以“+”标记，下面球状图的配色方案参见图 7.1

$$
\begin{aligned}
|y|^2 &= \left|s_0 \boldsymbol{w}_{nm}^{\mathrm{H}} \boldsymbol{v}_{nm0} + s_1 \boldsymbol{w}_{nm}^{\mathrm{H}} \boldsymbol{v}_{nm1}\right|^2 \\
&= |s_0|^2 \left|\boldsymbol{w}_{nm}^{\mathrm{H}} \boldsymbol{v}_{nm0} + A\boldsymbol{w}_{nm}^{\mathrm{H}} \boldsymbol{v}_{nm1}\right|^2 \\
&= 7.5\times 10^{-6} |s_0|^2
\end{aligned}
\tag{7.54}
$$

表明阵列输出端所有信号被衰减了至少 50dB。这个现象称为信号抵消[53]，其中替代了保持期望信号不变和衰减干扰的设计目标，这个波束形成器在视角方向上满足无失真响应约束，但是通过最小化包含二者的 $\boldsymbol{S}_{x_{nm}x_{nm}}$ ，采用相关干扰来抵消期望信号。

这个范例表明了对于相干干扰 MVDR 方法的局限性。克服这个局限性的一个方法是在干扰方向上，通过一个附加的约束设计一个零点。这就需要用到 LCMV，这种将在下节中详细介绍的拓展性方法，使之成为可能。

7.5 线性约束最小方差

7.2 节给出的 MVDR 设计方法旨在使阵列输出端的噪声最小化，在阵列视角方向上施加一个约束来避免信号的失真。MVDR 方法可以通过对期望的波束方向图进行拓展。例如，可以在视角方向附近引入无失真响应约束，或者一个类似的约束，从而改善对期望信号到达方向估计误差的稳健性。同样，如果噪声场由干扰源组成，那么这些干扰源的影响可以通过在这些方向上约束波束方向图为零而被明确地消除。这称为零点约束。除此之外，可以采用波束方向图的空间导数，例如，旨在视角方向上控制主瓣宽度，或者干扰方向上的零点宽度。本节将推导结合了波束形成器设计中的线性约束的线性约束最小方差（LCMV）波束形成器的一般公式，而接下来的那节将给出更加具体的设计。

首先在空域中用公式表示 LCMV 波束形成器，设计为如下最优化问题的解[53]：

$$
\begin{aligned}
&\underset{\boldsymbol{w}}{\text{minimize}}\ \boldsymbol{w}^{\mathrm{H}} \boldsymbol{S}_{xx} \boldsymbol{w} \\
&\text{subject to}\ \boldsymbol{V}^{\mathrm{H}} \boldsymbol{w} = \boldsymbol{c}
\end{aligned}
\tag{7.55}
$$

矩阵 $\boldsymbol{V}$ 的维数为 $Q\times L$， L 代表约束的个数。在简单的情景中， $\boldsymbol{V}$ 的列代表一组给定方向的导向向量，而 $L\times 1$ 维向量 $\boldsymbol{c}$ 包含了这些方向上波束形成器的增益。其值可以取 1，代表一个无失真的响应；0 代表一个零点约束，或者其他值，指定了期望的增益。同一个公式可以进行扩展而包括其他约束，如一个导数约束。

式（7.55）中问题的解，可以以类似式（6.4）那样的一种方式，利用拉格朗日乘子进行公式化表示[53]：

$$\underset{w}{\text{minimize}}\ \boldsymbol{w}^{\mathrm{H}}\boldsymbol{S}_{xx}\boldsymbol{w}+\boldsymbol{\lambda}^{\mathrm{H}}\left(\boldsymbol{V}^{\mathrm{H}}\boldsymbol{w}-\boldsymbol{c}\right)+\left(\boldsymbol{w}^{\mathrm{H}}\boldsymbol{V}-\boldsymbol{c}^{\mathrm{H}}\right)\boldsymbol{\lambda}^{①} \tag{7.56}$$

其中，$\boldsymbol{\lambda}$ 是一个 $L\times 1$ 维的拉格朗日乘子向量。将式（7.56）对 $\boldsymbol{w}$ 求导并令结果为零，可得

$$\boldsymbol{w}^{\mathrm{H}}\boldsymbol{S}_{xx}+\boldsymbol{\lambda}^{\mathrm{H}}\boldsymbol{V}^{\mathrm{H}}=\boldsymbol{0}^{②} \tag{7.57}$$

其中 $\boldsymbol{w}$ 满足

$$\boldsymbol{w}^{\mathrm{H}}=-\boldsymbol{\lambda}^{\mathrm{H}}\boldsymbol{V}^{\mathrm{H}}\boldsymbol{S}_{xx}^{-1} \tag{7.58}$$

上式两边右乘 $\boldsymbol{V}$，代入式（7.55）中的约束项，$\boldsymbol{\lambda}$ 可以写为

$$\boldsymbol{\lambda}^{\mathrm{H}}=-\boldsymbol{c}^{\mathrm{H}}\left(\boldsymbol{V}^{\mathrm{H}}\boldsymbol{S}_{xx}^{-1}\boldsymbol{V}\right)^{-1} \tag{7.59}$$

代入式（7.58）中，式（7.55）的解变为

$$\boldsymbol{w}^{\mathrm{H}}=\boldsymbol{c}^{\mathrm{H}}\left(\boldsymbol{V}^{\mathrm{H}}\boldsymbol{S}_{xx}^{-1}\boldsymbol{V}\right)^{-1}\boldsymbol{V}^{\mathrm{H}}\boldsymbol{S}_{xx}^{-1} \tag{7.60}$$

将 LCMV 和 LCMP（线性约束最小功率）区分开的一个类似的公式，同样通过用 $\boldsymbol{S}_{nn}$ 替换 $\boldsymbol{S}_{xx}$ 可以得到[53]。在这种情况下，假设传感器噪声有 $\boldsymbol{S}_{nn}=\sigma^2\boldsymbol{I}$，解变为

$$\boldsymbol{w}^{\mathrm{H}}=\boldsymbol{c}^{\mathrm{H}}\left(\boldsymbol{V}^{\mathrm{H}}\boldsymbol{V}\right)^{-1}\boldsymbol{V}^{\mathrm{H}} \tag{7.61}$$

LCMV 波束形成器也可以在球谐函数域中用公式表示，在式（7.42）中的 MVDR 的球谐函数公式中加入约束，LCMV 可以写为

$$\begin{gathered}\underset{w_{nm}}{\text{minimize}}\ \boldsymbol{w}_{nm}^{\mathrm{H}}\boldsymbol{S}_{x_{nm}x_{nm}}\boldsymbol{w}_{nm}\\ \text{subject to}\ \boldsymbol{V}_{nm}^{\mathrm{H}}\boldsymbol{v}_{nm}=\boldsymbol{c}\end{gathered} \tag{7.62}$$

采用类似式（7.56）到式（7.60）中空域解的推导，可以以一种类似的方式推导出式（7.62）的解：

$$\boldsymbol{w}_{nm}^{\mathrm{H}}=\boldsymbol{c}^{\mathrm{H}}\left(\boldsymbol{V}_{nm}^{\mathrm{H}}\boldsymbol{S}_{x_{nm}x_{nm}}^{-1}\boldsymbol{V}_{nm}\right)^{-1}\boldsymbol{V}_{nm}^{\mathrm{H}}\boldsymbol{S}_{x_{nm}x_{nm}}^{-1} \tag{7.63}$$

球谐函数域中的 LCMV 通过替换 $\boldsymbol{S}_{x_{nm}x_{nm}}$ 为 $\boldsymbol{S}_{n_{nm}n_{nm}}$，也能够用公式表示和求解。此外，在传感器噪声和采用近似均匀采样方案的球形阵列场景中，$\boldsymbol{S}_{n_{nm}n_{nm}}$ 与一个单位矩阵成比例（参见式（7.26）），解变为

$$\boldsymbol{w}_{nm}^{\mathrm{H}}=\boldsymbol{c}^{\mathrm{H}}\left(\boldsymbol{V}_{nm}^{\mathrm{H}}\boldsymbol{V}_{nm}\right)^{-1}\boldsymbol{V}_{nm}^{\mathrm{H}} \tag{7.64}$$

当使用式（7.32）给出的阵列方程，并假设噪声信号由漫射声场产生时，噪声的空间互谱矩阵也与一个单位矩阵成比例。这种情况下的解变为

---

① 原文误为“ $\underset{w}{\text{minimize}}\ \boldsymbol{w}^{\mathrm{H}}\boldsymbol{S}_{xx}\boldsymbol{w}+\lambda^{\mathrm{H}}\left(\boldsymbol{V}^{\mathrm{H}}\boldsymbol{w}-\boldsymbol{c}\right)+\left(\boldsymbol{w}^{\mathrm{H}}\boldsymbol{V}-\boldsymbol{c}^{\mathrm{H}}\right)\lambda,$ ”，已修正。

② 原文误为“ $\boldsymbol{w}^{\mathrm{H}}\boldsymbol{S}_{xx}+\lambda^{\mathrm{H}}\boldsymbol{V}^{\mathrm{H}}=0$ ”，已修正。

$$\tilde{\boldsymbol{w}}_{nm}^{\mathrm{H}} = \boldsymbol{c}^{\mathrm{H}}\left(\tilde{\boldsymbol{V}}_{nm}^{\mathrm{H}}\tilde{\boldsymbol{V}}_{nm}\right)^{-1}\tilde{\boldsymbol{V}}_{nm}^{\mathrm{H}} \quad (7.65)$$

其中，$\tilde{\boldsymbol{V}}_{nm} = \boldsymbol{B}^{-1}\boldsymbol{V}_{nm}$（参见式（7.32）），$\tilde{\boldsymbol{V}}_{nm}$ 的各列等于 $Y_{\mathrm{n}}^{m}(\theta,\phi)$，$\boldsymbol{V}_{nm}$ 表示导向向量。

7.6 范例：具有波束方向图幅度约束的 LCMV

本节中将给出一个针对球谐函数公式化表示的 LCMV 的设计范例。约束是基于波束方向图的幅值，这样 $\boldsymbol{V}_{nm}$ 直接是导向矩阵。在 $(\theta_0,\phi_0)=(60^\circ,36^\circ)$ 方向上运用一项无失真响应约束。另一个零点约束应用于 $(\theta_1,\phi_1)=(60^\circ,320^\circ)$ 方向。所有其他的阵列参数和工作频率，都与 7.3 节中前面的范例相同。期望信号假设具有方差 $\sigma_0^2=1$，而同样假设传感器噪声方差为 $\sigma_n^2=0.1$。因此矩阵 $\boldsymbol{S}_{\boldsymbol{x}_{nm}\boldsymbol{x}_{nm}}$ 可以写为

$$\boldsymbol{S}_{\boldsymbol{x}_{nm}\boldsymbol{x}_{nm}} = \sigma_0^2\boldsymbol{v}_{nm0}\boldsymbol{v}_{nm0}^{\mathrm{H}} + \sigma_n^2\frac{4\pi}{Q}\boldsymbol{I} \quad (7.66)$$

导向矩阵包括期望信号方向和零点方向，定义如下：

$$\boldsymbol{V}_{nm0} = \left[\boldsymbol{v}_{nm0},\boldsymbol{v}_{nm1}\right] \quad (7.67)$$

式中：$\boldsymbol{v}_{nm0}$ 和 $\boldsymbol{v}_{nm1}$ 分别为来自于方向 (θ_0,ϕ_0) 和 (θ_1,ϕ_1) 平面波相对应的导向向量。约束向量由下式给出：

$$\boldsymbol{c} = [1 \ \ 0]^{\mathrm{T}} \quad (7.68)$$

LCMV 最优化问题的解，如式（7.62）所示，已经由式（7.63）给出。作为结果的的波束方向图利用式（7.50）计算。图 7.5 展示了这个范例的波束方向图的幅度。和图 7.3 对比发现这两个波束形成器是相同的。然而，在 MVDR 设计中，干扰方向的零点通过最小化 $\boldsymbol{S}_{\boldsymbol{n}_{nm}\boldsymbol{n}_{nm}}$ 获得，在 LCMV 中，同样的零点通过在干扰方向上的一个零点约束实现，也就是 $\boldsymbol{v}_{nm1}\boldsymbol{w}_{nm}^{\mathrm{H}}=0$。MVDR 设计的优势在于干扰方向上的零点获取不需要确定干扰的波达方向，而在 LCMV 中，零点通过在 $\boldsymbol{V}_{nm}$ 中明确指出零点方向获得。但是，LCMV 设计的优点是获取零点时可以不顾及干扰信号的类型，然而对于 MVDR，若干扰信号与期望信号相关，该方法性能会因为信号抵消而明显恶化。

正如上面所讨论的，这里的 LCMV 设计需要干扰的波达方向信息来设置零点约束。在这一方向估计不准确的情况下，波束方向图上展宽零点宽度可能是可取的，以便于干扰能够明显衰减，尽管此时干扰到达方向与零点方向略微不同。一种实现方法是在靠近原零点的方向上引入附加的零点约束，如下面的范例展示的那样。

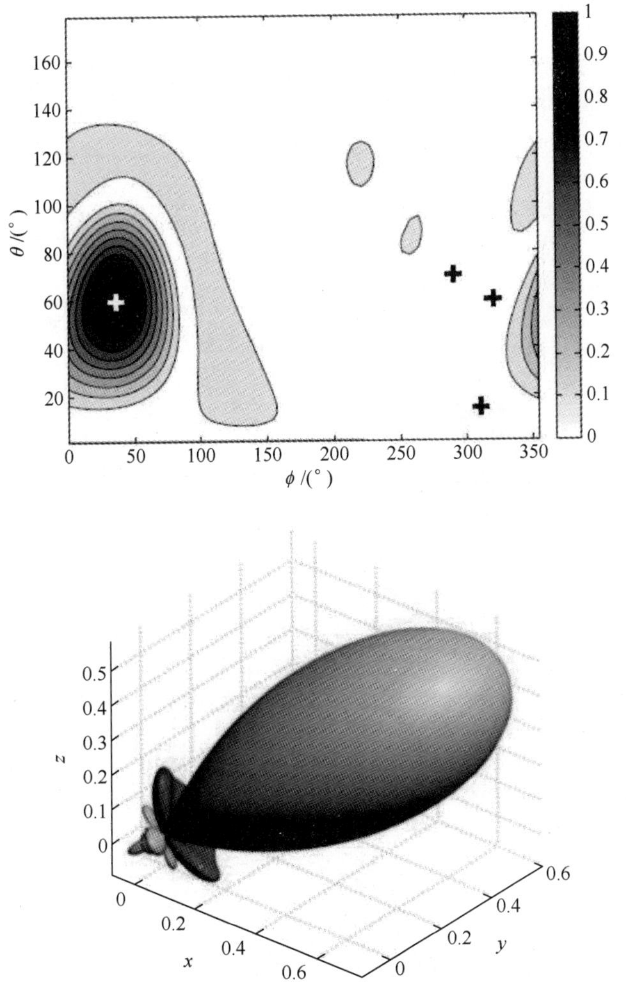

图7.5　具有传感器噪声和单一零点约束的LCMV波束形成器的阵列波束方向图幅度$|y(\theta,\phi)|$，上面的等高线图，包含期望信号的平面波到达方向以白色“+”标记，而零点约束方向以黑色“+”标记。下面球状图的配色方案参见图 7.1

除了前面的范例中介绍的无失真响应和零点约束外，在$(\theta_2,\phi_2)=(70^\circ,290^\circ)$和$(\theta_3,\phi_3)=(15^\circ,310^\circ)$方向上还有两个零点。矩阵$\boldsymbol{S}_{\boldsymbol{x}_{nm}\boldsymbol{x}_{nm}}$像式（7.66）中定义的那样，而导向矩阵$\boldsymbol{V}_{nm}$被重构以包含新的导向向量：

$$\boldsymbol{V}_{nm0}=\left[\boldsymbol{v}_{nm0}\ \boldsymbol{v}_{nm1}\ \boldsymbol{v}_{nm2}\ \boldsymbol{v}_{nm3}\right] \tag{7.69}$$

相应地

$$\boldsymbol{c}=\left[1\ 0\ 0\ 0\right]^{\mathrm{T}} \tag{7.70}$$

像式（7.63）中那样计算上式的解，用式（7.50）计算产生的波束方向图。图 7.6 展示了波束方向图的幅度，同样也指出了三个零点的方向。和图 7.5 对比可以清楚地看到，在零点方向周围，波束方向图有一个更宽的近零点相应，从而如期望的那样得到一个更宽的低幅度方向区域。相应的球状图在图 7.6 中给出。

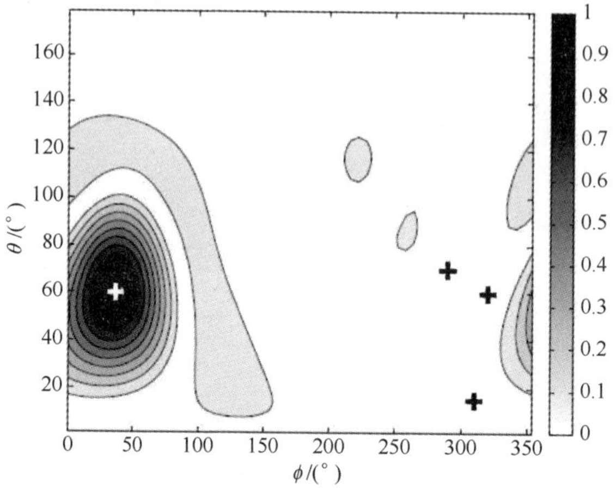

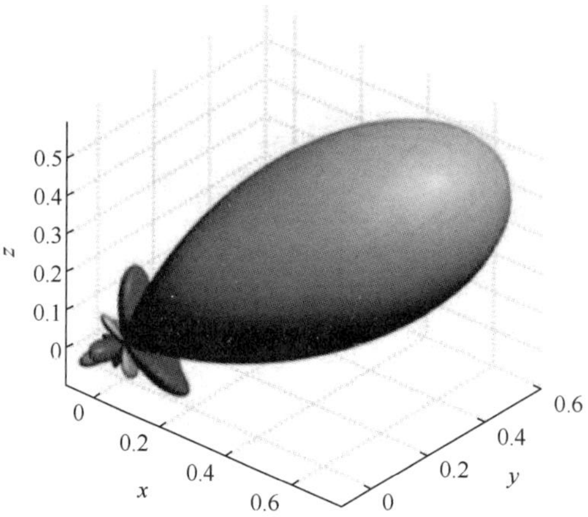

图7.6　具有传感器噪声和三个零点约束的LCMV波束形成器的阵列波束方向图幅度$|y(\theta,\phi)|$，上面的等高线图，包含期望信号的平面波到达方向以白色“+”标记，而零点约束方向以黑色“+”标记。下面球状图的配色方案参见图 7.1

在本节最后的范例中，如第一个范例那样使用了单一零点约束，但是在阵列视角方向上加入了四项无失真响应约束。这在期望信号到达角度无法高精度已知的情况下，将主瓣宽度进行拓展可能是有帮助的。在这个范例中，视角方向是$(\theta_0,\phi_0)=(60^\circ,36^\circ)$，四个无失真响应约束加在$(60^\circ\pm5^\circ,36^\circ\pm5^\circ)$处。在

$(\theta_1,\phi_1)=(60^\circ,320^\circ)$ 方向上，和前面一样，有一个零点约束。在这种情况下，导向矩阵 $\boldsymbol{V}_{nm}$ 构造为

$$\boldsymbol{V}_{nm0}=[\boldsymbol{v}_{nm0}\ \boldsymbol{v}_{nm1}\ \boldsymbol{v}_{nm2}\ \boldsymbol{v}_{nm3}\ \boldsymbol{v}_{nm4}\ \boldsymbol{v}_{nm5}] \tag{7.71}$$

用下标 3～5 表示另外的无失真响应约束，相应地

$$\boldsymbol{c}=[1\ 0\ 1\ 1\ 1\ 1]^{\mathrm{T}} \tag{7.72}$$

图 7.7 展示了波束方向图的幅度，并指出了所有约束的方向。很清楚，保持了零点约束，而主瓣宽度相较于图 7.5 明显增加，这展示了 LCMV 通过引入另外的约束来控制主瓣宽度的能力。

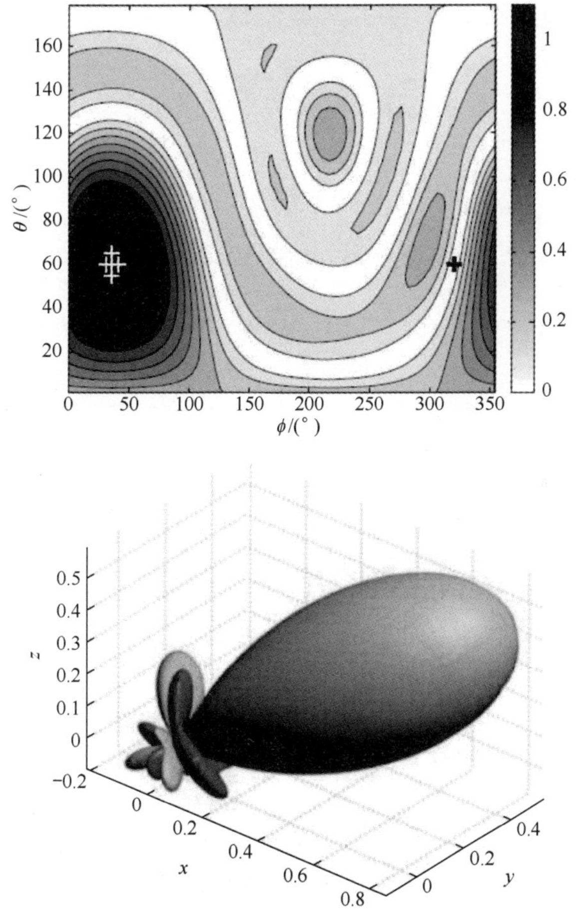

图 7.7　具有传感器噪声、几个无失真响应和零点约束的 LCMV 波束形成器的阵列波束方向图幅度 $|y(\theta,\phi)|$，上面的等高线图，包含无失真响应约束的平面波到达方向以白色“+”标记，而零点约束方向以黑色“+”标记。下面球状图的配色方案参见图 7.1

7.7 具有导数约束的 LCMV

前一节中给出的具有幅度约束的 LCMV，说明通过在靠近视角和零点方向增加约束，可以来拓展主瓣和零点宽度。利用一个更加解析化的方法，即通过约束波束方向图的一（和更高）阶的导数为零，可以得到类似的效果。这一导数约束在波束方向图最优化问题中，可以作为线性约束进行公式化表示，因此直接整合到 LCMV 框架[53]中。球谐函数域内的导向向量，首次更加明确地被写为一个角度函数。重要的是，注意到由于球谐函数域中在频率、距离和角度的有效分离，下面导数约束的公式化表示有一个闭式的表达式。如式（5.16）中那样，导向向量写为

$$v_{nm}(\theta,\phi)=b_n(kr)\left[Y_n^m(\theta,\phi)\right]^* \tag{7.73}$$

有

$$\boldsymbol{v}_{nm}(\theta,\phi)=\left[v_{00}(\theta,\phi)\ v_{1(-1)}(\theta,\phi)\ v_{10}(\theta,\phi)\ v_{11}(\theta,\phi)\ \cdots\ v_{NN}(\theta,\phi)\right]^{\mathrm{T}} \tag{7.74}$$

首先导出波束方向图关于方位角 ϕ 的偏微分，微商写为

$$\frac{\partial}{\partial\phi}y(\theta,\phi)=\frac{\partial}{\partial\phi}\boldsymbol{w}_{nm}^{\mathrm{H}}\boldsymbol{v}_{nm}(\theta,\phi)=\boldsymbol{w}_{nm}^{\mathrm{H}}\left[\frac{\partial}{\partial\phi}\boldsymbol{v}_{nm}(\theta,\phi)\right] \tag{7.75}$$

其中

$$\frac{\partial}{\partial\phi}\boldsymbol{v}_{nm}(\theta,\phi)=\left[\frac{\partial}{\partial\phi}\mathrm{v}_{00}(\theta,\phi)\ \cdots\ \frac{\partial}{\partial\phi}\mathrm{v}_{\mathrm{NN}}(\theta,\phi)\right]^{\mathrm{T}} \tag{7.76}$$

从式（1.9）中回顾球谐函数的定义：

$$Y_n^m(\theta,\phi)\equiv\sqrt{\frac{2n+1}{4\pi}\frac{(n-m)!}{(n+m)!}}P_n^m(\cos\theta)\mathrm{e}^{\mathrm{i}m\phi} \tag{7.77}$$

$\dfrac{\partial}{\partial\phi}\boldsymbol{v}_{nm}$ 的元素可以推导得出

$$\frac{\partial}{\partial\phi}v_{nm}(\theta,\phi)=-\mathrm{i}mb_n(kr)\left[Y_n^m(\theta,\phi)\right]^*=-\mathrm{i}mv_{nm}(\theta,\phi) \tag{7.78}$$

接下来直接是二阶微分的表达式：

$$\frac{\partial^2}{\partial\phi^2}v_{nm}(\theta,\phi)=-m^2v_{nm}(\theta,\phi) \tag{7.79}$$

同理可以导出高阶微分。

最后，用新推导的微分向量，对在一个给定的方向 (θ_0,ϕ_0) 上设置零微商

约束：

$$\boldsymbol{w}_{nm}^{\mathrm{H}}\left[\frac{\partial}{\partial\phi}\boldsymbol{v}_{nm}(\theta,\phi)\right]_{(\theta_0,\phi_0)}=0 \tag{7.80}$$

下面推导对θ的一阶微分约束。以一种和对ϕ的求导的推导方式，我们能够写出

$$\frac{\partial}{\partial\theta}y(\theta,\phi)=\frac{\partial}{\partial\theta}\boldsymbol{w}_{nm}^{\mathrm{H}}\boldsymbol{v}_{nm}(\theta,\phi)=\boldsymbol{w}_{nm}^{\mathrm{H}}\left[\frac{\partial}{\partial\theta}\boldsymbol{v}_{nm}(\theta,\phi)\right] \tag{7.81}$$

其中

$$\frac{\partial}{\partial\theta}\boldsymbol{v}_{nm}(\theta,\phi)=\left[\frac{\partial}{\partial\theta}v_{00}(\theta,\phi)\ \cdots\ \frac{\partial}{\partial\theta}v_{NN}(\theta,\phi)\right]^{\mathrm{T}} \tag{7.82}$$

和

$$\frac{\partial}{\partial\theta}v_{nm}(\theta,\phi)=b_n(kr)\frac{\partial}{\partial\theta}\left[Y_n^m(\theta,\phi)\right]^* \tag{7.83}$$

通过下面的关系[1]可以导出球谐函数的微分：

$$\frac{\partial}{\partial\theta}Y_n^m(\theta,\phi)=m\cot\theta Y_n^m(\theta,\phi)+\sqrt{(n-m)(n+m+1)}\mathrm{e}^{-\mathrm{i}\phi}Y_n^{m+1}(\theta,\phi) \tag{7.84}$$

接下来给出一些关于这个方程的注意事项：第一，一般对于$m+1>n$和$m=n$，有$Y_n^{m+1}(\theta,\phi)=0$；第二，对于$\theta=0$和$\theta=\pi$，余切函数 cot 发散，但是对于这些角度$\frac{\partial}{\partial\theta}Y_n^m(\theta,\phi)=0$。这是因为$Y_n^m(0,\phi)=Y_n^m(\pi,\phi)=0\,\forall m\neq 0$，而对于$m=0$，球谐函数退化为拉格朗日多项式，由在$\theta=0$和$\theta=\pi$处梯度为零的余弦函数组成[4]。对于$Y_n^{m+1}(\theta,\phi)$项也有类似的论证。因此，在这些特定的角度上，对$\theta$的一阶微分约束始终满足。

总的来说，导向向量中的元素对θ的微分可以写为

$$\begin{gathered}\frac{\partial}{\partial\theta}v_{nm}(\theta,\phi)=g_1v_{nm}(\theta,\phi)+g_2v_{n(m+1)}(\theta,\phi)\\ g_1=m\cot\theta\\ g_2=\sqrt{(n-m)(n+m+1)}\mathrm{e}^{\mathrm{i}\phi}\\ v_{n(m+1)}(\theta,\phi)=0\quad\forall m=n\end{gathered} \tag{7.85}$$

在(θ_0,ϕ_0)方向上对θ的零微商约束现在用公式表示为

$$\boldsymbol{w}_{nm}^{\mathrm{H}}\left[\frac{\partial}{\partial\theta}\boldsymbol{v}_{nm}(\theta,\phi)\right]_{(\theta_0,\phi_0)}=0 \tag{7.86}$$

最后，关于θ和ϕ的微分，利用 LCMV 框架中的线性约束置零如下：

$$\boldsymbol{w}_{nm}^{\mathrm{H}}\left[\frac{\partial}{\partial\theta}\boldsymbol{v}_{nm}(\theta,\phi),\frac{\partial}{\partial\phi}\boldsymbol{v}_{nm}(\theta,\phi)\right]_{(\theta_0,\phi_0)}=[0,0] \tag{7.87}$$

7.8 范例：具有导数约束的稳健性 LCMV

本节中给出了一个 LCMV 的设计范例，旨在说明微分约束的功能。本节中采用了与 7.6 节中的设计范例具有相同配置的球形麦克风阵列。沿用 7.5 节给出的公式化表示，设计一个在 $(\theta_0,\phi_0)=(60^\circ,36^\circ)$ 处有一个无失真响应约束和在 $(\theta_1,\phi_1)=(60^\circ,90^\circ)$ ① 处有一个零点约束的 LCMV 波束形成器。阵列的输入信号假设由一个期望信号（来自于观测方向 (θ_0,ϕ_0)、方差为 $\sigma_0^2=1$ 的平面波）和方差为 $\sigma_n^2=0.1$ 的传感器噪声信号组成。图 7.8 展示了波束方向图的一个等高线图和球状，清楚地说明了视角方向上的主瓣和 $(60^\circ,90^\circ)$ 方向上的零点。

在下一步中，沿用 7.7 节中形成的公式化表示，在 LCMV 设计中加入了一个微分约束，在 (θ_1,ϕ_1)，也就是零点方向上的关于 ϕ 的单个微分约束。图 7.9 展示了这个设计的结果。和图 7.8 相比，观察到波束方向图微分约束的两个效果。第一，在方位角 ϕ 上零点约束附近的波束方向图，其低幅区域的宽度增加。这是一个我们所期望的效果，因为波束方向图函数及其沿 ϕ 的微分为零。这一零点宽度增加的优势在于其改善了对潜在干扰方向不确定性的鲁棒性。但是，波束方向图的另一个改变是主瓣方向的轻微偏移，这样如图 7.9 中的等高线图所示，相对于视角方向，峰值似乎略微偏左。这可被认为是一个性能的恶化，因为我们希望在视角方向上有最大的增益。这个问题将在这个设计范例的最后讨论。

接下来的步骤中，一个关于 θ 零点方向上的微分约束添加到关于 ϕ 的微分约束中。图 7.10 展示了产生的波束方向图。当与图 7.9 比较时发现，沿 θ 零点约束附近低幅度区域的宽度增加。这是我们所期望的，因为在这个设计中，关于 θ 和 ϕ 的微分在零点方向附近置零。

该设计的最后一步，包括了两个微分约束。这些微分约束与 θ 和 ϕ 都有关系，但是这次是在视角方向 $(\theta_0,\phi_0)=(60^\circ,36^\circ)$ 上。现在，视角方向和零点方向上都设置为具有零微商。如图 7.11 所示，这对主瓣的影响清晰可见。主瓣峰值向视角方向后移，这是因为微分约束强制主瓣在视角方向上有一个局部最大值。因此，这就纠正了因零点方向微分约束引起的不希望的偏移。但是，这个矫正付出的代价是由于存在这一些列复杂的约束，LCMV 在远离约束的方向上引入

---

① 原文误为“$(\theta_0,\phi_0)=(60^\circ,90^\circ)$”，已修正。

了高的旁瓣。虽然保留了所有施加的约束，但这个波束方向图所有的行为可能并不引人注目。这一范例告诉我们，引入约束必须小心，因为它们可能会损害对其他方向的噪声和干扰的降低。

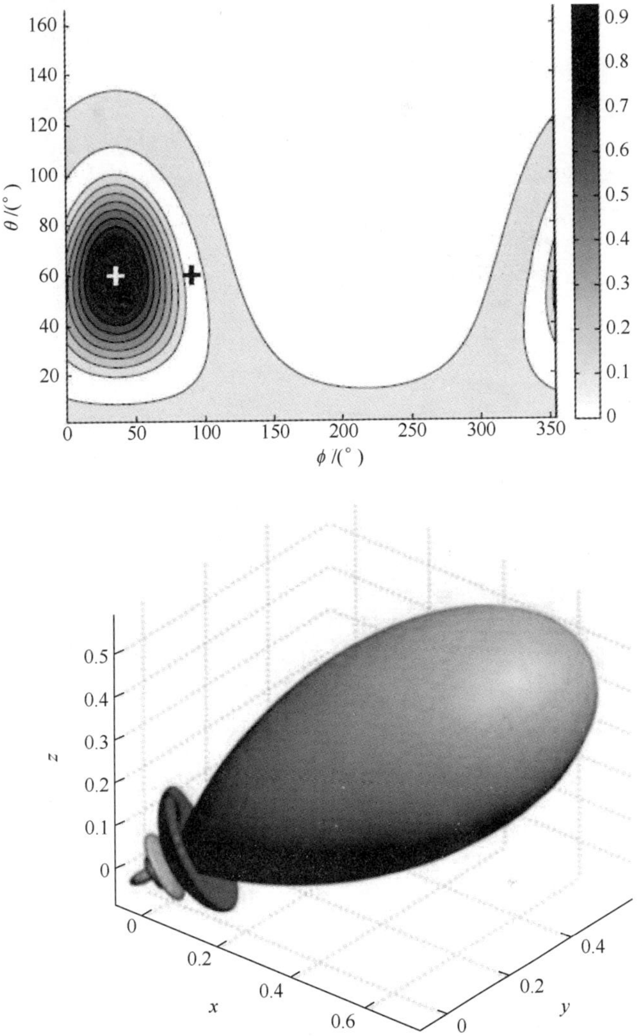

图7.8　具有传感器噪声和单一零点约束的LCMV波束形成器的阵列波束方向图幅度$|y(\theta,\phi)|$，上面的等高线图，包含期望信号的平面波到达方向以白色“+”标记，而零点约束方向以黑色“+”标记。下面球状图的配色方案参见图 7.1

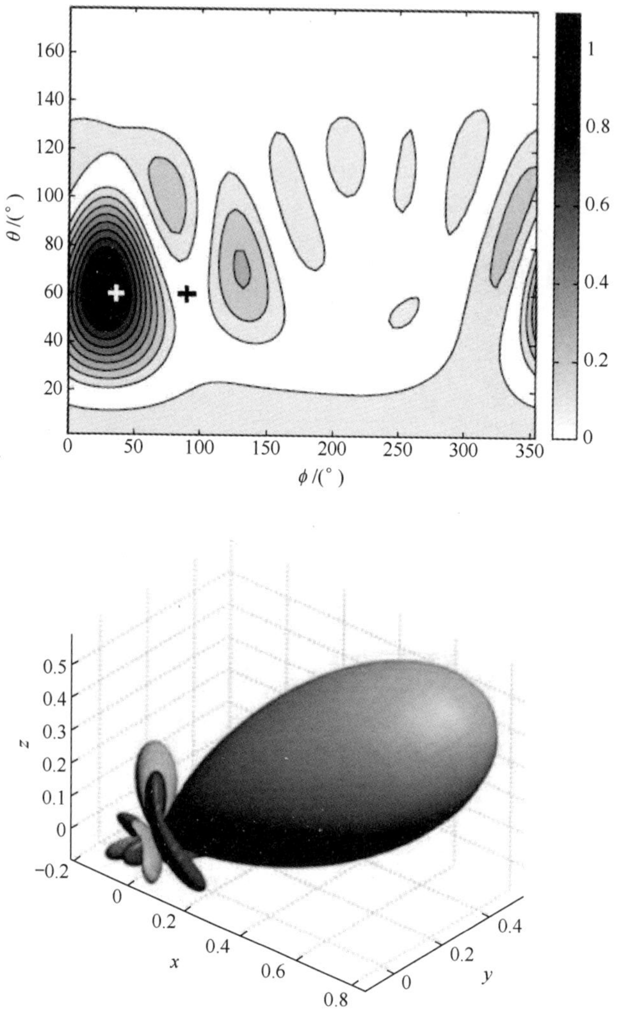

图 7.9 具有传感器噪声、单一零点约束和一个关于 ϕ 的零点方向微分约束的 LCMV 波束形成器的阵列波束方向图幅度 $|y(\theta,\phi)|$，上面的等高线图，包含期望信号的平面波到达方向以白色“+”标记，而零点约束方向以黑色“+”标记。下面球状图的配色方案参见图 7.1

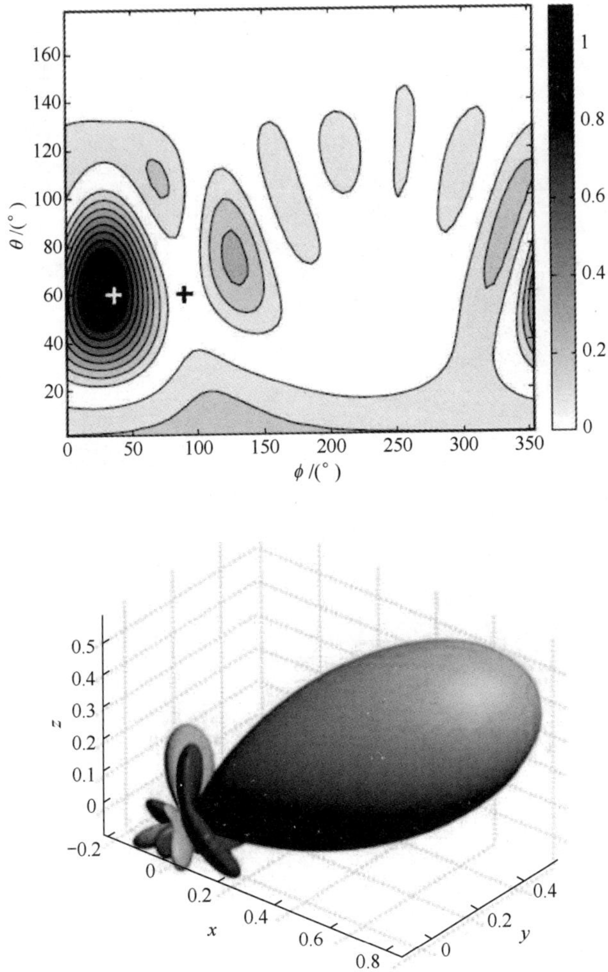

图 7.10　具有传感器噪声、单一零点约束和一个关于 θ 和 ϕ 的零点方向和视角方向微分约束的 LCMV 波束形成器的阵列波束方向图幅度 $|y(\theta,\phi)|$，上面的等高线图，包含期望信号的平面波到达方向以白色“+”标记，而零点约束方向以黑色“+”标记。下面球状图的配色方案参见图 7.1

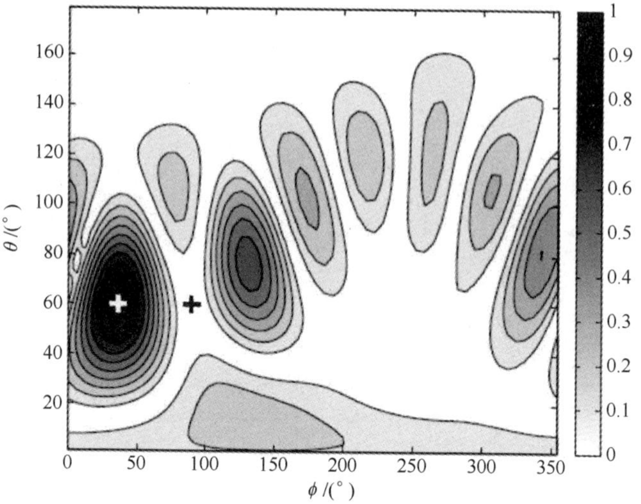

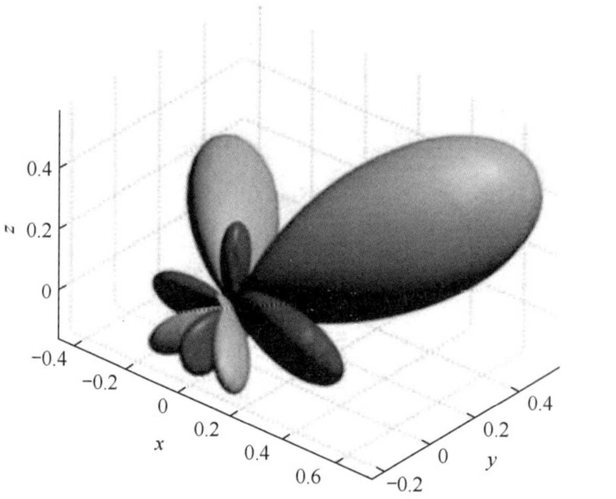

图 7.11　具有传感器噪声、单一零点约束和一个关于 θ 和 ϕ 的零点方向和视角方向微分约束的 LCMV 波束形成器的阵列波束方向图幅度 $|y(\theta,\phi)|$，上面的等高线图，包含期望信号的平面波到达方向以白色“+”标记，而零点约束方向以黑色“+”标记。下面球状图的配色方案参见图 7.1

缩略语与符号表

首字母缩略语

LCMP	Linearly constrained minimum power	线性约束最小功率
LCMV	Linearly constrained minimum variance	线性约束最小方差
MPDR	Minimum power distortionless response	最小功率无失真响应
MVDR	Minimum variance distortionless response	最小方差无失真响应
QCQP	Quadratically-constrained quadratic program	二次约束的平方过程
SNR	Signal-to-noise ratio	信噪比
SOCP	Second-order cone programming	二阶锥规则
WNG	White noise gain	白噪声增益

数学运算符号表

$\|\cdot\|$	2–范数
$(\cdot)^*$	复共轭
$(\cdot)^{\mathrm{T}}$	转置
$(\cdot)^{\mathrm{H}}$	埃尔米特或者共轭转置
$(\cdot)^{\dagger}$	矩阵伪逆
$(\cdot)!$	阶乘
∇	梯度
$\nabla_{\boldsymbol{x}}^2$	笛卡儿坐标系中的拉普拉斯算子
$\nabla_{\boldsymbol{r}}^2$	球坐标系中的拉普拉斯算子
$E[\cdot]$	期望
$\mathrm{Im}\{\cdot\}$	虚部
$\kappa(\cdot)$	一个矩阵的条件数
$\mathrm{Re}\{\cdot\}$	实部

$\Lambda(\cdot)$　旋转运算符

希腊符号

α_q, α_q^{nm}　采样权重

$\boldsymbol{\alpha}$　采样权重向量

δ_{nm}, δ_n　克罗内克函数

$\delta(\cdot)$　狄拉克函数

θ　俯仰角

α　方位角

Ω　立体角

符号

$a(\cdot)$　空域中的平面波分解

a_{nm}　球谐函数域中的平面波分解

$b(\cdot)$　将压力和平面波分解联系起来的函数

DF　方向性因子

DI　方向性指数

d_n　轴对称波束形成加权函数

$d_{nm'}^n(\cdot)$　Wigner-d 函数

$D_{nm'}^n(\cdot)$　Wigner-D 函数

$\boldsymbol{d_n}$　轴对称波束形成加权向量

F　前后比

$h_n(\cdot)$　第一类球汉克尔函数

$h_n^{(2)}(\cdot)$　第二类球汉克尔函数

$\boldsymbol{I}$　单位矩阵

$j_n(\cdot)$　第一类球贝塞尔函数

k　波数

$\boldsymbol{k}$　指代传播方向的波向量

$\tilde{\boldsymbol{k}}$　指代到达方向的波向量

$L_2(\cdot)$　平方可积函数空间

N　球谐函数的阶数

$\mathbb{N}$	所有自然数的集合
$\boldsymbol{n}$	空域中的噪声向量
$\boldsymbol{n}_{nm}$	球谐函数域中的噪声向量
$P_n(\cdot)$	勒让德多项式
$P_n^m(\cdot)$	连带勒让德多项式
p	空域中的声压
p_{nm}	球谐函数域中的声压
$\boldsymbol{p}$	声压向量
$\boldsymbol{p}_{nm}$	球谐函数域中的声压向量
Q	样本或者麦克风的数量
$\mathbb{R}$	实数中的一维空间
$\mathbb{R}^3$	实数中的三维空间
$\boldsymbol{r}$	球坐标中的向量
$\boldsymbol{R}_y$	绕 y 轴旋转的欧拉旋转矩阵
$\boldsymbol{R}_z$	绕 z 轴旋转的欧拉旋转矩阵
S^2	单位球面
$\boldsymbol{S}$	球傅里叶变换矩阵
$\boldsymbol{S}_{xx}$	空域中的互谱矩阵
$\boldsymbol{S}_{x_{nm}x_{nm}}$	球谐函数域中的互谱矩阵
$\boldsymbol{S}_{nn}$	空域中的噪声互谱矩阵
$\boldsymbol{S}_{n_{nm}n_{nm}}$	球谐函数域中的噪声互谱矩阵
$T_M(\cdot)$	切比雪夫多项式
$\boldsymbol{v}$	空域中的导向向量
$\boldsymbol{v}_{nm}$	球谐函数域中的导向向量
WNG	白噪声增益
$w(\cdot)$	空域中的波束形成加权函数
w_{nm}	球谐函数域中的波束形成加权函数
$\boldsymbol{w}$	空域中的波束形成加权向量
$\boldsymbol{w}_{nm}$	球谐函数域中的波束形成加权向量
$y_n(\cdot)$	第二类球贝塞尔函数
$Y_n^m(\cdot)$	球谐函数
$\boldsymbol{Y}$	球谐函数矩阵
$\mathbb{Z}$	所有整数的集合

参考文献

1. Spherical harmonics, low order differentiation with respect to θ (2013). http://functions.wolfram.com/05.10.20.0001.01
2. Legendre Polynomials (2014). http://functions.wolfram.com/Polynomials/LegendreP/
3. Alon, D., Rafaely, B.: Efficient sampling for scanning spherical array. In: Second International Symposium on Ambisonics and Spherical Acoustics (Ambisonics 2010). Paris, France (2010)
4. Arfken, G., Weber, H.J.: Mathematical Methods for Physicists, 5th edn. Academic Press, San Diego (2001)
5. Avni, A., Rafaely, B.: Interaural cross-correlation and spatial correlation in a sound field represented by spherical harmonics. In: First International Symposium on Ambisonics and Spherical Acoustics (Ambisonics 2009). Graz, Austria (2009)
6. Balmages, I., Rafaely, B.: Open-sphere designs for spherical microphone arrays. IEEE Trans. Audio Speech Lang. Proc. **15**(2), 727–732 (2007)
7. Ben Hagai, I., Pollow, M., Vorlander, M., Rafaely, B.: Acoustic centering of sources measured by surrounding spherical microphone arrays. J. Acoust. Soc. Am. **130**(4), 2003–2015 (2011)
8. Born, M., Wolf, E.: Principles of Optics: Electromagnetic Theory of Propagation, Interference and Diffraction of Light, 7th edn. Cambridge University Press, Cambridge (1999)
9. Boyd, S., Vandenberghe, L.: Convex Optimization. Cambridge University Press, Cambridge (2004)
10. Chew, W.C.: Waves and Fields in Inhomogeneous Media, 1st edn. Wiley-IEEE Press, New York (1999)
11. Cook, R.K., Waterhouse, R.V., Berendt, R.D., Seymour, E., Thompson, M.C.: Measurement of correlation coefficients in reverberant sound fields. J. Acoust. Soc. Am. **27**(6), 1072–1077 (1955)
12. Driscoll, J.R., Healy D.M., Jr.: Computing Fourier transforms and convolutions on the 2-sphere. Adv. Appl. Math. **15**(2), 202–250 (1994)
13. Elko, G.W.: Differential microphone arrays. In: Huang, Y., Benesty, J. (eds.) Audio Signal Processing for Next-generation Multimedia Communication Systems, pp. 11–89. Kluwer Academic Publishers, Boston (2004)
14. Fisher, E., Rafaely, B.: Near-field spherical microphone array processing with radial filtering. IEEE Trans. Speech Audio Proc. **19**(2), 256–265 (2011)
15. Fliege, J., Maier, U.: The distribution of points on the sphere and corresponding cubature formulae. IMA J. Numer. Anal. **19**(2), 317–334 (1999)
16. Gelb, A.: The resolution of the gibbs phenomenon for spherical harmonics. Math. Comput. **66**(218), 699–717 (1997)
17. Golub, G.H., Loan, C.F.V.: Matrix Computations, 3rd edn. The John Hopkins University Press, Baltimore (1996)
18. Hardin, R.H., Sloane, N.J.A.: Mclaren's improved snub cube and other new spherical designs in three dimensions. Discrete Comput. Geom. **15**(4), 429–441 (1995)
19. Healy D., Jr, Rockmore, D., Kostelec, P., Moore, S.: FFTs for the 2-sphere—improvements and variations. J. Fourier Anal. Appl. **9**(4), 341–384 (2003)
20. Hildebrand, F.B.: Introduction to Numerical Analysis, 2nd edn. McGraw-Hill, New York (1974)
21. Huang, Y., Benesty, J. (eds.): Audio Signal Processing for Multimedia Communication Systems. Kluwer Academic Publishers, Boston (2004)

22. Hulsebos, E., Schuurmans, T., de Veris, D., Boone, R.: Circular microphone array for discrete multichannel audio recording. In: Proceedings of 114th AES Convention, 5716. Amsterdam (2003)
23. Jackson, J.D.: Classical Electrodynamics, 3rd edn. Wiley, New York (1999)
24. Jespen, D.W., Haugh, E.F., Hirschfelder, J.O.: The integral of the associated legendre function. University of Wisconsin, Naval Research Laboeatory, Tech. rep. (1955)
25. Kinsler, L.E., Frey, A.R., Coppens, A.B., Sanders, J.V.: Fundamentals of Acoustics, 4th edn. Wiley, New York (1999)
26. Koretz, A., Rafaely, B.: Dolph-chebyshev beampattern design for spherical arrays. IEEE Trans. Sig. Proc. **57**(6), 2417–2420 (2009)
27. Kostelec, P.J., Rockmore, D.N.: FFTs on the rotation group. J. Fourier Anal. Appl. **14**, 145–179 (2008)
28. Krylov, V.I.: Approximate Calculation of Integrals. Macmillan, New York (1962)
29. Leopardi, P.: A partition of the unit sphere into regions of equal area and small diameter. Electron. Trans. Numer. Anal. **25**, 309–327 (2006)
30. Li, Z., Duraiswami, R.: Hemispherical microphone arrays for sound capture and beamforming. In: Proceedings of the IEEE Workshop on Applications of Signal Processing to Audio and Acoustics. New York (2005)
31. Li, Z., Duraiswami, R.: Flexible and optimal design of spherical microphone arrays for beamforming. IEEE Trans. Audio Speech Lang. Proc. **15**(2), 702–714 (2007)
32. Melchior, F., Thiergart, O., Galdo, G.D., de Vries, D., Brix, S.: Dual radius spherical cardioid microphone arrays for binaural auralization. In Proceedings the 127th meeting of the Audio Engineering society (7855) (2009)
33. Meyer, J.: Beamforming for a circular microphone array mounted on spherically shaped objects. J. Acoust. Soc. Am. **109**(1), 185–193 (2001)
34. Meyer, J., Elko, G.W.: A highly scalable spherical microphone array based on an orthonormal decomposition of the soundfield. In: IEEE International Conference on Acoustics, Speech and Signal Processing (ICASSP 2002) **II**, pp. 1781–1784 (2002)
35. Mohlenkamp, M.J.: A fast transform for spherical harmonics. J. Fourier Anal. Appl. **5**(2/3), 159–184 (1999)
36. Osnaga, S.M.: On rank one matrices and invariant subspaces. Balkan J. Geom. Appl. **10**(1), 145–148 (2005)
37. Parthy, A., Jin, C., van Schaik, A.: Acoustic holography with a concentric rigid and open spherical microphone array. In: IEEE International Conference on Acoustics, Speech and Signal Processing (ICASSP 2009), pp. 2173–2176. Taipei, Taiwan (2009)
38. Peled, Y., Rafaely, B.: Objective performance analysis of spherical microphone arrays for speech enhancement in rooms. J. Acoust. Soc. Am. **132**(3), 1473–1481 (2012)
39. Peleg, T., Rafaely, B.: Investigation of spherical loudspeaker arrays for local active control of sound. J. Acoust. Soc. Am. **130**(4), 1926–1935 (2011)
40. Proakis, J.G., Manolakis, D.K.: Digital Signal Processing, 4th edn. Prentice Hall, New Jersey (2006)
41. Rafaely, B.: Plane-wave decomposition of the pressure on a sphere by spherical convolution. J. Acoust. Soc. Am. **116**(4), 2149–2157 (2004)
42. Rafaely, B.: Analysis and design of spherical microphone arrays. IEEE Trans. Speech Audio Proc. **13**(1), 135–143 (2005)
43. Rafaely, B.: Phase-mode versus delay-and-sum spherical microphone array processing. IEEE Sig. Proc. Lett. **12**(10), 713–716 (2005)
44. Rafaely, B.: Spherical microphone array beam steering using Wigner-D weighting. IEEE Sig. Proc. Lett. **15**, 417–420 (2008)
45. Rafaely, B.: The spherical-shell microphone array. IEEE Trans. Audio Speech Lang. Proc. **16**(4), 740–747 (2008)

46. Rafaely, B.: Spherical loudspeaker array for local active control of sound. J. Acoust. Soc. Am. **125**(5), 3006–3017 (2009)
47. Rafaely, B., Balmages, I., Eger, L.: High-resolution plane-wave decomposition in an auditorium using a dual-radius scanning spherical microphone array. J. Acoust. Soc. Am. **122**(5), 2661–2668 (2007)
48. Rafaely, B., Weiss, B., Bachmat, E.: Spatial aliasing in spherical microphone arrays. IEEE Trans. Sig. Proc. **55**(3), 1003–1010 (2007)
49. Saff, E.B., Kuijlaars, A.B.J.: Distibuting many points on a sphere. Math. Intell. **19**(1), 5–11 (1997)
50. Sansone, G.: Orthogonal Functions. Interscience Publishers, New York (1959)
51. Sun, H., Yan, S., Svensson, U.P.: Robust minimum sidelobe beamforming for spherical microphone arrays. IEEE Trans. Speech Audio Proc. **19**(4), 1045–1051 (2011)
52. Trefethen, L.N., Bau, D.: Numerical Linear Algenra. Siam, Philadelphia (1997)
53. Van Trees, H.L.: Optimum Array Processing (Detection, Estimation, and Modulation Theory, Part IV), 1 edn. Wiley, New York (2002)
54. Varshalovich, D.A., Moskalev, A.N., Khersonskii, V.K.: Quantum Theory of Angular Momentum, 1st edn. World Scientific Publishing, Singapore (1988)
55. Weyl, H.: Die Gibbssche Erscheinung in der theorie der kugelfunktionen. In: Gesammelte Abhandlungen. Springer, Berlin (1968)
56. Williams, E.G.: Fourier Acoustics: Sound Radiation and Nearfield Acoustical Holography. Academic Press, New York (1999)
57. Yan, S., Sun, H., Svensson, U.P., Xiaochuan, M., Hovem, J.M.: Optimal modal beamforming for spherical microphone arrays. IEEE Trans. Speech Audio Proc. **19**(2), 361–371 (2011)

术语对照表

A

Aliasing	混叠
Associated Legendre differential equation	连带勒让德差分方程
Associated Legendre function	连带勒让德函数
Axis symmetry	轴对称

B

Bessel function, spherical Bessel function	贝塞尔函数，球贝塞尔函数
zeros	零点

C

Cartesian coordinate	笛卡儿坐标
Chebyshev polynomial	切比雪夫多项式
Concentric spheres	同心球
Condition number	条件数
Convolution	卷积

D

Delay and sum	延迟与求和
Derivative constraint	导数约束
Diffuse sound	漫射声场
Directivity	方向性
factor	因子
index	指数
maximum	最大值
Distortionless-response constraint	无失真响应约束
Dolph-Chebyshev design	道尔夫-切比雪夫设计
Dual radius	双半径
Dual sphere	双球形

E

Equal-angle sampling 等角采样
Euler angles 欧拉角

F

Front-back ratio 前后比

G

Gaussian sampling 高斯采样

H

Hankel function, spherical Hankel function, 汉克尔函数，球汉克尔函数
Helmholtz equation 亥姆霍兹方程
Hemispherical array 半球形阵列
Hermitian marix 埃尔米特矩阵
Hilbert space 希尔伯特空间
Hyper-cardioid 超心形

I

Isotropic noise 各向同性噪声

L

Lagrange multiplier 拉格朗日乘子
Laplacian 拉普拉斯算子
Legendre polynomial 勒让德多项式
Linearly constrained minimum power 线性约束最小功率
Linearly constrained minimum variance 线性约束最小方差

M

Main lobe 主瓣
Manifold vector 流行向量
Microphone 麦克风
　cardioid 心形
　mismatch 失配
　pressure 压力
Minimum power distortionless response 最小功率无失真响应

Minimum variance distortionless response　最小方差无失真响应

N

Null constraint　零点约束

O

Open sphere　开放球体

P

Perturbation　扰动

Planewave　平面波

　amplitude density　幅度密度

　decomposition　分解

　sound field　声场

Platonic solids　柏拉图立体(正多面体)

Point source　点源

Q

Quadratically-constrained quadratic program　二次约束二次规划

Quadrature　求积

R

Rank　秩

Rayleigh formula　瑞利公式

Rayleigh quotient　瑞利熵

　generalized　广义的

Rayleigh resolution　瑞利分辨率

Regular beamformer　常规波束形成器

Rigid sphere　刚性球体

Robustness　稳健性

Rotation　旋转

S

Sampling weights　采样权值

Second-order cone programming　二阶锥规划

Sensor noise　传感器噪声

Side lobe　旁瓣

Spatial resolution	空间分辨率
Spherical Bessel equation	球贝塞尔方程
Spherical cap	球冠
Spherical coordinate	球坐标
Spherical Fourier transform	球傅里叶变换
complex conjugate	复共轭
conditions	条件
definision	定义
descrete	离散的
Gibbs phenomenon	吉伯斯现象
inner product	内积
linearity	线性性
Parseval's relation	帕斯瓦尔关系
symmetry	对称性
Spherical harmonics	球谐函数
addition theorem	加法定理
completeness	完备性
complex conjugate	复共轭
definition	定义
derivative	导数
illustration	实例
orthogonality	正交性
symmetry	对称性
zeros	零点
Spherical shell	球壳
Spindle torus	主轴圆环
Steering	导向
matrix	矩阵
vector	向量

T

T-design	T-设计
Translation	转换

U

Uniform sampligng, nearly-uniform sampling	均匀采样，近似均匀采样

V

Velocity	速度

W

Wave equation	波动方程
Wave number	波数
Wave vector	波向量
White noise gain	白噪声增益
maximum	最大值
Wigner 3-j symbol	Wigner3-j 符号
Wigner-D function	Wigner-D 函数

内容简介

本书就球形麦克风阵列理论与其实践进行了综合介绍；适合从事球形麦克风阵列这一广泛应用领域研究的研究生、科研工作者和工程师阅读。

本书最初的两章向读者提供了必要的数学和物理背景，其中包括球傅里叶变换的介绍和球谐函数域中平面波声场的公式化表示。第三章涵盖了空间采样理论，当选择麦克风位置以在空间中对声压函数采样时会用到该理论。接下来的一章给出了各种各样的球形阵列配置，包括一般的基于刚性球体的配置。本书继而对球谐函数域中的波束形成（空间滤波器），包括轴对称波束形成、方向性指数和白噪声增益的性能度量一起进行了介绍。接下来，形成了一系列针对球形阵列的最优波束形成器，包括取得最大方向性和最大稳健性的波束形成器、道尔夫–切比雪夫波束形成器。本书最后一章探讨了更为先进的波束形成器，例如 MVDR 和 LCMV 那样为测量声场量身定制的波束形成器。

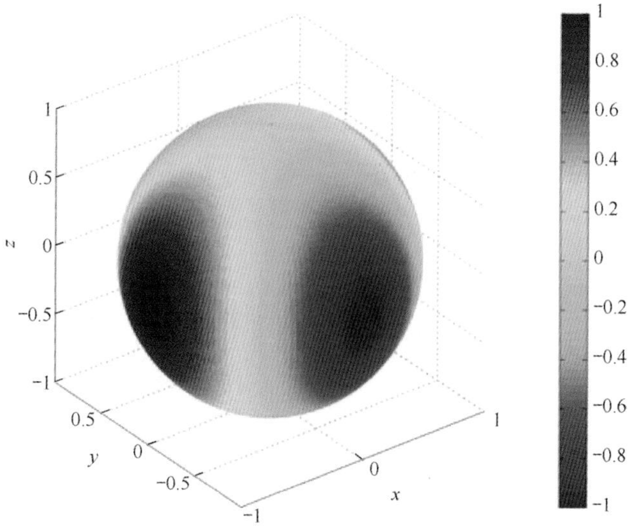

图 1.2　单位球表面上的函数 $f(\theta,\phi)=\sin^2\theta\cos(2\phi)$ 的图像

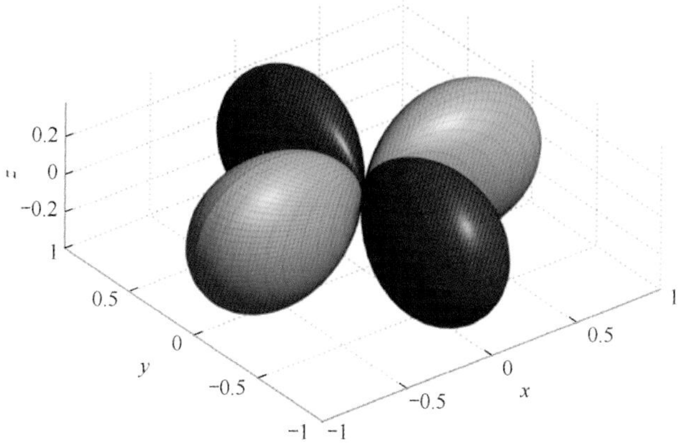

图 1.4　函数 $f\left(\theta,\phi\right)=\sin^2\theta\cos\left(2\phi\right)$ 的球状图，依据用 $\left|f\left(\theta,\phi\right)\right|$ 表示的到原点的距离进行绘制，其中青（绿蓝）色的阴影部分表示 f 的正值，品红（紫红）色的阴影部分表示 f 的负值

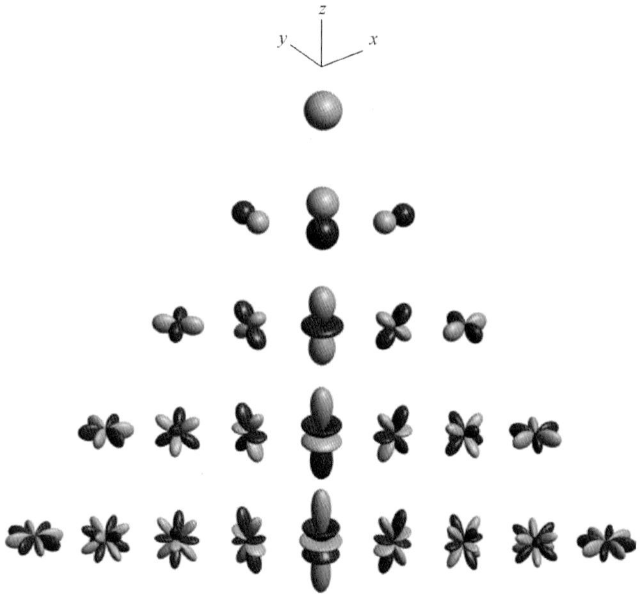

图 1.5　球谐函数的球状图，从 $n=0$（顶行）到 $n=4$（底行），实函数 $Y_n^0(\theta,\phi)$ 排在正中的列上。$\mathrm{Im}\{Y_n^m(\theta,\phi)\}(-n\leqslant m\leqslant -1)$ 排在左手边各列上，$\mathrm{Re}\{Y_n^m(\theta,\phi)\}(1\leqslant m\leqslant n)$ 排在右手边各列上。观察方向由图顶部给出的坐标轴的取向来指示。颜色表明了球谐函数的正负号，青（绿蓝）色阴影部分表示正值，而品红（紫红）色阴影部分表示负值

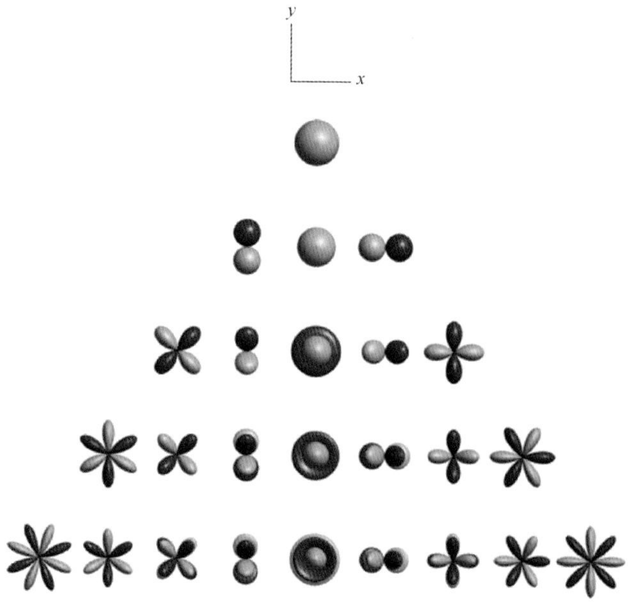

图 1.6　和图 1.5 相同，只是从 z 轴方向看（俯视图）

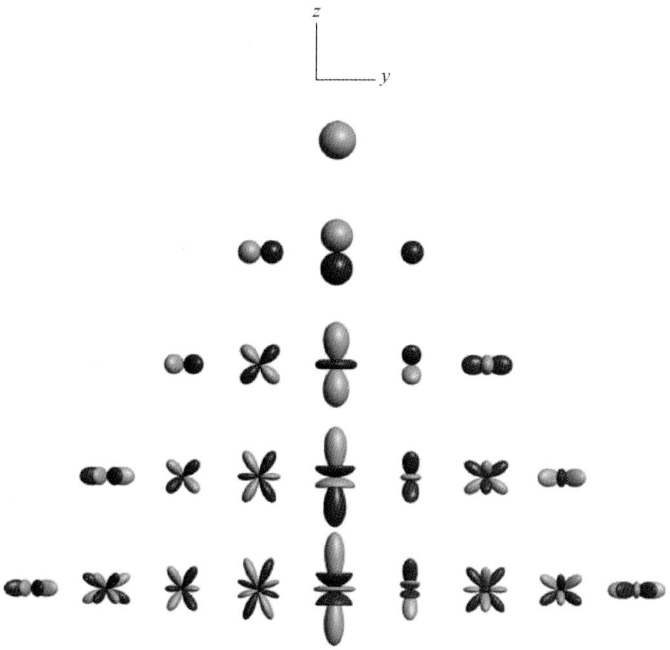

图 1.7　和图 1.5 相同，只是从 x 轴方向看（前视图）

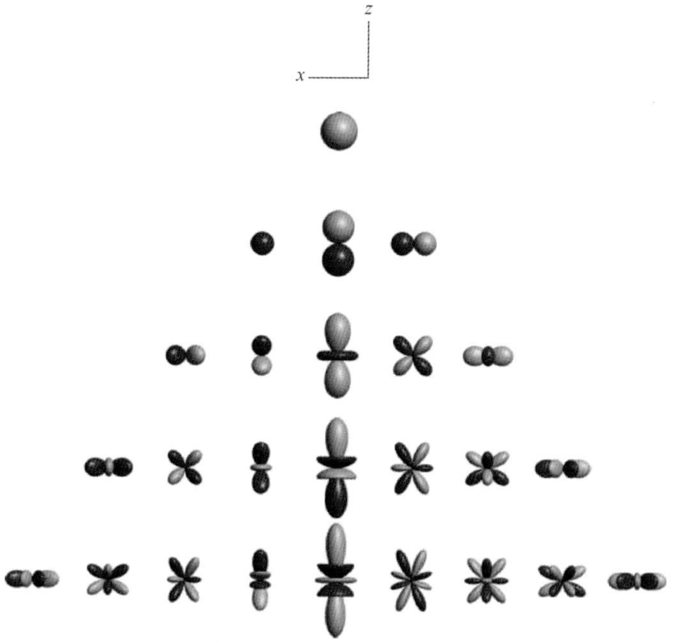

图 1.8　和图 1.5 相同，只是从 y 轴方向看（侧视图）

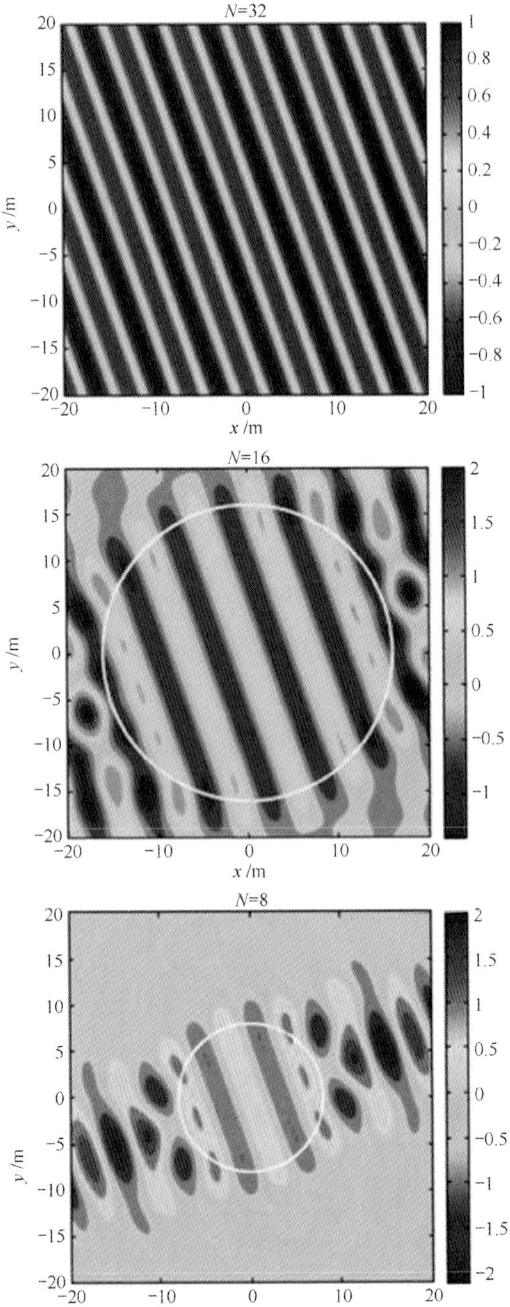

图 2.5　单位振幅平面波的实部 $\mathrm{Re}\{p\}$，波达方向为 $(\theta_k,\phi_k)=(90^\circ,20^\circ)$，使用式（2.39）计算，其中 N=8,16,32，k=1，在 xy 平面上作图

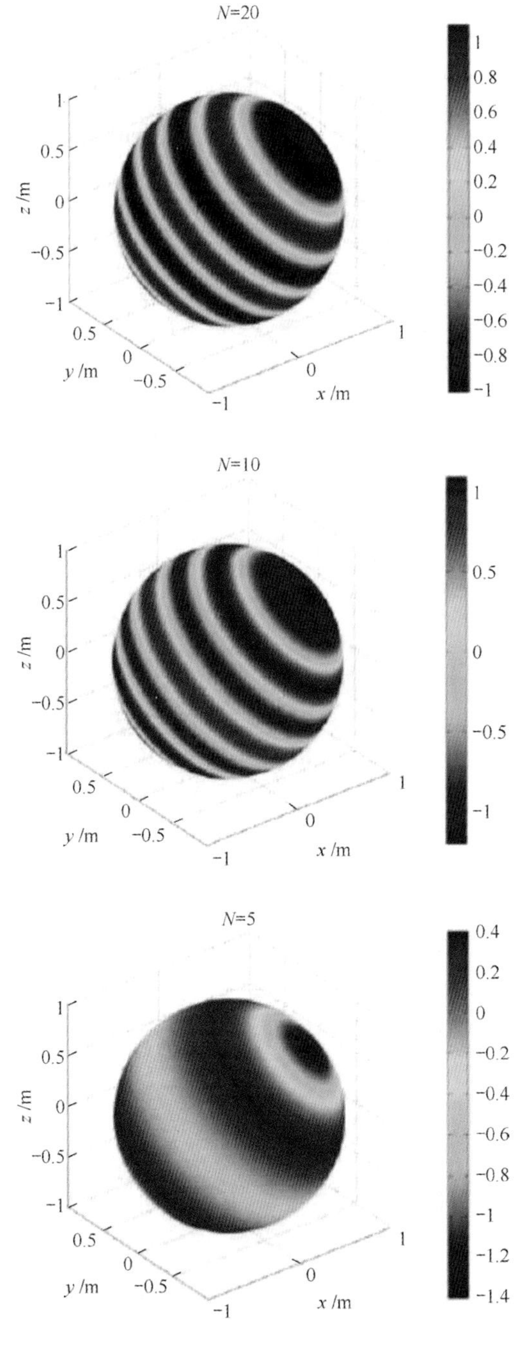

图 2.7　单位振幅平面波的实部 $\mathrm{Re}\{p(k,r,\theta,\phi)\}$，波达方向为 $(\theta_k,\phi_k)=(45^\circ,-45^\circ)$，用式（2.39）计算，在 kr=10 的球面上作图，N=5,10,20

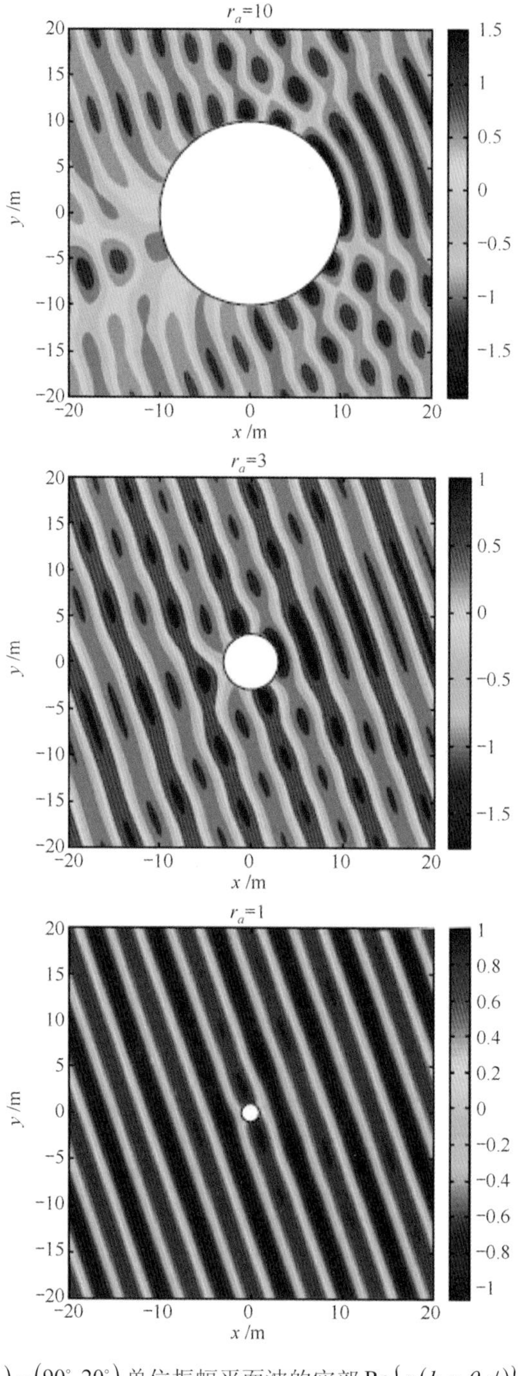

图 2.11 来自 $(\theta_k,\phi_k)=(90^\circ,20^\circ)$ 单位振幅平面波的实部 $\mathrm{Re}\{p(k,r,\theta,\phi)\}$，$k$=1，在 xy 平面上作图。图中还在原点处画出了半径 r_a 为 1、3、10 的刚性球体

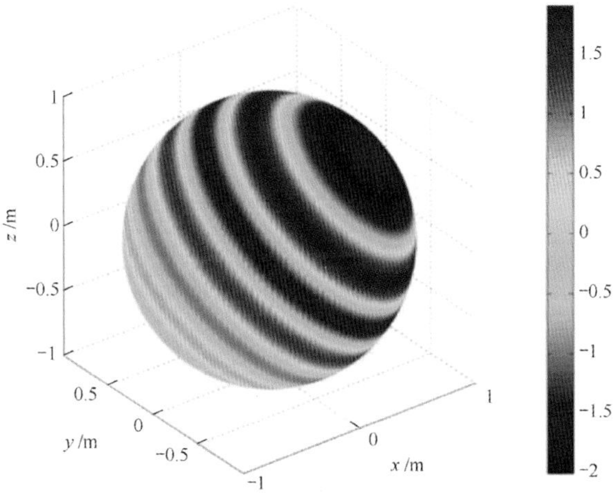

图 2.12　来自 $\left(45^{\circ},-45^{\circ}\right)$ 单位振幅平面波的实部 $\operatorname{Re}\left\{p\left(k,r,\theta,\phi\right)\right\}$，通过式（2.61）在 $kr_a=10$ 时求得，绘制在一个刚性球体的表面上

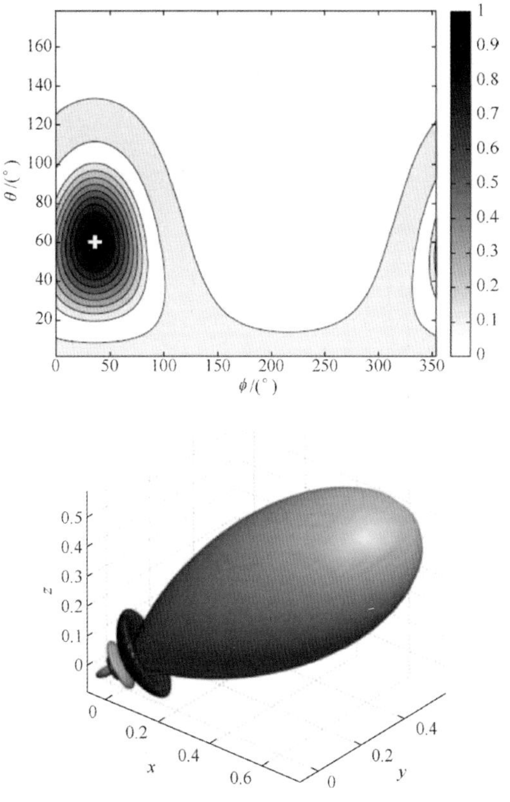

图 7.1　具有传感器噪声的 MVDR 波束形成器的阵列波束方向图幅度 $|y(\theta,\phi)|$。上面的等高线图，包含期望信号的平面波到达方向以“+”标记。下面的球状图，青（绿蓝）色阴影部分表示 $\operatorname{Re}\{y(\theta,\phi)\}$ 的正值，而品红（紫红）色阴影部分表示 $\operatorname{Re}\{y(\theta,\phi)\}$ 负值

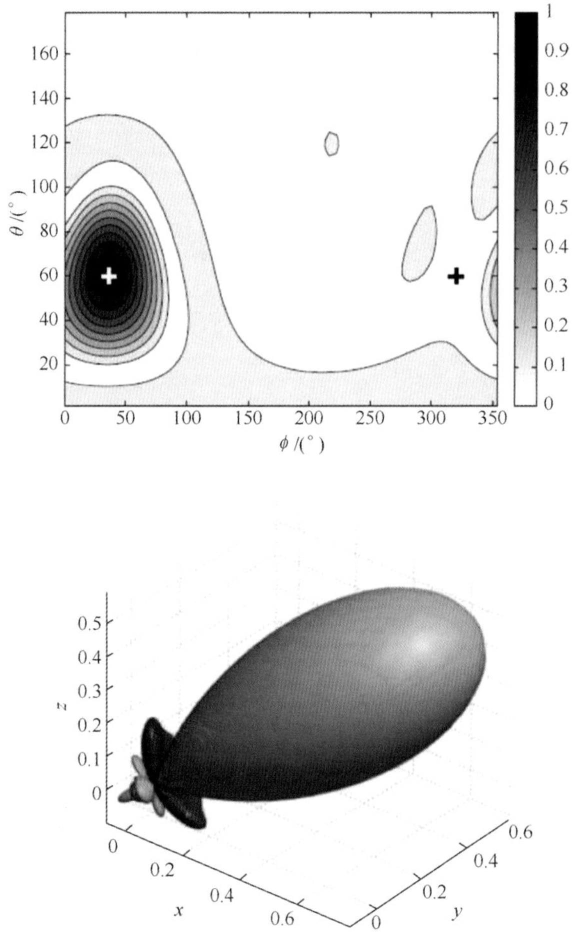

图 7.2　具有传感器噪声和一个干扰的 MVDR 波束形成器的阵列波束方向图幅度 $|y(\theta,\phi)|$。上面的等高线图，包含期望信号的平面波到达方向以白色“+”标记，而包含干扰信号的平面波到达方向以黑色“+”标记。下面球状图的配色方案参见图 7.1